南京航空航天大学研究生系列精品教材

图形图像中的离散数据处理技术

刘浩 戴宁 崔海华 编著

科学出版社
北京

内 容 简 介

本书包含了图形和图像的基础处理技术，大部分内容是与图像处理和图形处理都相关的原理和方法。图形和图像处理是实践性很强的学科，为了让读者实践本书讲述的内容，本书附录中针对图形和图像处理介绍了 Matlab 的使用方法，供读者入门学习。

本书适用于计算机可视化专业和数字化设计制造技术专业本科高年级学生、研究生，以及相关工程技术人员。书后的附录部分也可供科研人员学习 Matlab 绘图之用。

图书在版编目(CIP)数据

图形图像中的离散数据处理技术 / 刘浩，戴宁，崔海华编著. —北京：科学出版社，2015.6

南京航空航天大学研究生系列精品教材

ISBN 978-7-03-044596-4

Ⅰ. ①图… Ⅱ. ①刘…②戴…③崔 Ⅲ. ①离散－数据处理－研究生教育－教材 Ⅳ. ①V557

中国版本图书馆 CIP 数据核字(2015)第 126187 号

责任编辑：潘斯斯 王正飞 / 责任校对：蒋 萍

责任印制：徐晓晨 / 封面设计：迷底书装

科学出版社出版

北京东黄城根北街 16 号

邮政编码：100717

http://www.sciencep.com

北京教图印刷有限公司 印刷

科学出版社发行 各地新华书店经销

*

2015 年 6 月第 一 版 开本：787×1092 1/16

2017 年 5 月第三次印刷 印张：11 1/8

字数：251 000

定价：58.00 元

(如有印装质量问题，我社负责调换)

前　言

随着计算机技术及图形与图像数字化采集技术的发展，图形与图像的相关理论、算法和软件已经有了长足的进步。而且，图形与图像处理的相关理论和算法一直相互借鉴，相互促进，相互融合发展。例如，图形与图像有相同的去噪原理、分割原理、光滑原理。CT 扫描机和相机采集的影像可以转化为 3D 图形，从图像中提取的曲线和曲面的处理也离不开图形技术。因此，在现代计算机可视化技术和数字化设计制造技术中，相关科技人员同时懂得图形和图像二者的处理技术是必然的发展趋势。

本书包含了图形和图像的基础处理技术，大部分内容是与图像处理和图形处理都相关的原理和方法，供读者学习和参考。图形和图像处理是实践性很强的学科，为了让读者实践本书讲述的内容，本书附录中针对图形和图像处理介绍了 Matlab 的使用方法，供读者入门学习。本书适用于计算机可视化专业和数字化设计制造技术专业本科高年级学生、研究生，以及相关工程技术人员。书后的附录部分也可供科研人员学习 Matlab 绘图之用。

本书由刘浩、戴宁、崔海华 3 位副教授合作撰写。全书内容包括：正文部分 11 章，附录部分 1 章。戴宁副教授撰写第 1、2 章，崔海华副教授撰写第 11 章，刘浩副教授撰写第 3～10 章和附录部分，最后由刘浩副教授统稿。程筱胜教授、刘胜兰副教授对本书的撰写给予帮助，本书关于逆向工程的部分取材于刘胜兰的博士毕业论文，关于孔洞修补的部分内容取材于程筱胜的博士毕业论文。在此一并表示感谢。

作者

2015 年 5 月

目　录

第 1 章　绪　　论

1.1　数据与数据处理

1.1.1　自然界物体的数据表示

自然界中的物体主要由离散物体模型与连续物体模型组成，生长的树木具有连续的组织结构，而无数离散的沙粒组成了广袤的沙漠，如图 1.1 所示。它们都是反映物质本身的结构与变化的数学模型，又是刻画产生这种组成系统动态特性的数学模型。从物体建模角度来看，离散物体模型便于数字处理，而连续模型则更好地反映了连续物理介质与相应的系统动态特征及系统结构参数之间的关系[1]。

(a) 树木　　　　(b) 沙漠

图 1.1　连续模型与离散模型

1.1.2　数据的组织结构

要想更好地刻画或描述现实世界，通过数字是一个有效的手段。可以从不同的维数数字、以不同的组织结构的方式描述现实世界的物理模型。数据组织结构主要包含以下 4 类。

1．一维信号

一维信号采用了一个自变量描述的物理信号，如声音信号等。

2．图像

图像采用了二维参数的方式，为由在二维平面上扩展的、各像素的明暗与色彩变化组成的，并且能够进行图像识别、变换、增强、压缩、修复与区域分割等行为的信号。

3．图形

图形为由一个或多个面经过拓扑变换围成的、可以描述客观存在于现实生活中的三维图形。

4．视频

当引入了时间参数后，上述的数据描述建立了一系列有内在联系的一维信号、二维图像、三维图形的动态序列，扩展了对动态物体的描述能力。

1.1.3 图形与图像的特征

现实物体组织结构中的二维的图像和三维的图像占据主导地位，它们是我们开展研究的核心内容，具有鲜明的特点。

1．离散性

当我们描述物体时，无论物体是以连续的形式存在，还是由离散的方式组成，当我们希望进行数据处理时，首先就是离散化。离散化是利用计算机技术、信息处理技术、光电技术等，将各种模拟图形、图像转换成便于计算机处理的数字信息的方法[2]。离散性就成为图形和图像数据处理的基础。

2．可加工性

图形和图像的可加工性是指利用计算机仿真、多媒体、传感器等技术，将现实的产品设计制造过程虚拟化，使人们在产品投产之前就能预见和评估所设计的产品的性能和设计制作过程[3]。

3．相似性

图像和图形在离散的基础上，在拓扑结构、几何形状以及表达功能上具有相似性。图像和图形从不同的角度刻画了物体的不同方面，图像从物体的不同角度提供了认知的二维信息，图形则从三维的角度描述了物体特征的内在联系。它们都可以通过相似度来度量其相似程度。而基本几何元素、相关的符号元素以及它们之间的关系则是图像和图形相似性特征的基础[4]。

1.1.4 数据处理

在图形与图像特征的基础上，不同的数据维数和特征具有不同的处理方式和流程。

1．处理的基本方式

(1)一维信号处理基本方法，如：傅里叶变换法、小波分析方法、模态分解法等[5]。

(2)图像处理基本方法，如：图像平滑、图像二值化、边缘检测等[6]。

(3)图形处理基本方法，如：网格质量、网格平滑、网格参数化、网格简化、网格重划分、形状变形[7]。

2．处理的流程

(1)一维信号：首先获取所需的原始信号，若原始信号是连续信号，则需要离散处理，再经过模数转换，得到数字计算机或处理器能接受的二进制数字信号。再将转换得来的数字信号按照一定的要求，加以处理，最后经过数模转换输出信号，如图 1.2 所示[8]。

图 1.2 一维信号流程图

(2) 图像：图像处理又称影像处理，常见的处理有图像数字化、图像编码、图像增强、图像复原、图像压缩、图像分割。图像分析等，数字图像处理流程图如图 1.3 所示[9]。

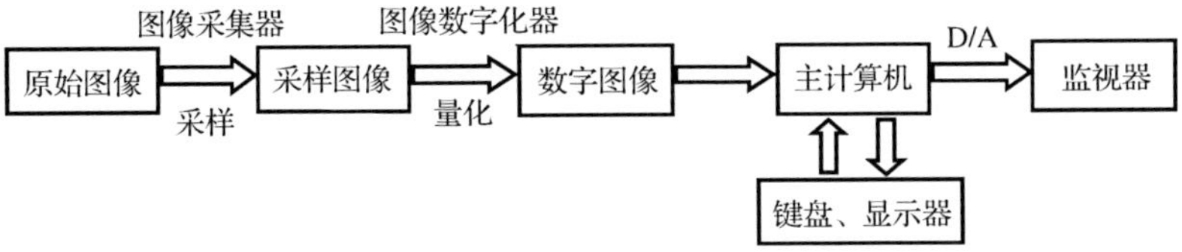

图 1.3　数字图像处理流程图

(3) 图形：图形处理依赖计算机显示和处理技术，一般需要投影、平移、缩放、旋转等几何转变，图像分析和分割，数字化和编码，增强以及复原等，消除计算机图形、图像的隐面和线，计算机图形图像的造型和建模，将图形图像的曲面和曲线进行拟合操作，进行色彩设计，以及对相对的明暗处及贴图纹理进行处理[10]。图形处理流程如图 1.4 所示[11]。

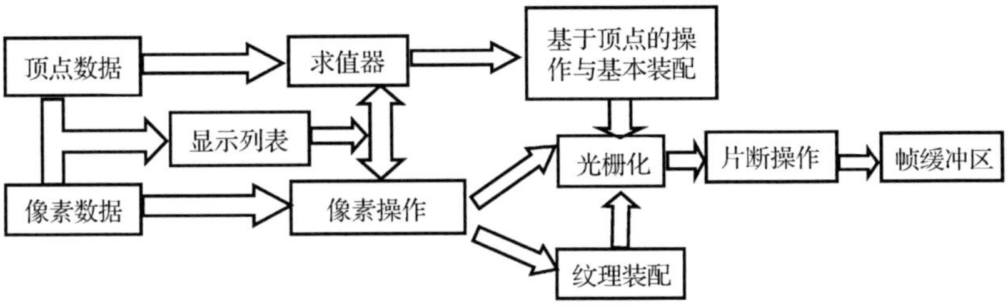

图 1.4　图形处理流程图

3. 目前主流的图像和图形处理平台

1) 图像处理平台

LeadTools (Lead Technology) 由 Moe Daher and Rich Little 创建于 1990 年，其总部设在美国北卡罗来纳州夏洛特。LeadTools 是一种图形图像处理开发包，可以处理各种格式的文件，并包含所有图形图像的处理和转换功能，支持对图形、图像、多媒体、条形码、OCR、Internet、DICOM 等的处理，具有各种软硬件平台下的开发包。使用它可以很方便地设计出类似 Photoshop 和 Colordraw 的处理系统[12]。

ImageStone C++类库是一个功能强大的图像处理库。它包括加载、保存、显示、转换等功能，以及近 100 种特殊图像效果。它可以跨平台使用 (包括 Windows、Linux、Mac)，特别是在 Windows 下，它可以用作 DIB 包装器类[13]。

OpenCV (Open Source Computer Vision Library) 1999 年诞生于 Intel 研究中心，是一个开放源码的计算机视觉库。OpenCv 采用 C/C++语言编写，可以运行在 Linux/Windows/Mac 等操作系统上。OpenCV 还提供了 Python、Ruby、MATLAB 以及其他语言的接口。它包含的函数有 500 多个，覆盖了计算机视觉的许多应用领域。OpenCV 主要有以下几个优点：跨平台，可移植性好；独立性好；源代码公开；具备强大的图像和矩阵运算能力；运行速度快[14]。

VTK (Visualization Toolkit) 是一个开放源码的、面向对象的软件系统，诞生于 1993 年。VTK 包含 3D 计算机图形、图像处理和可视化三大功能。VTK 用 C++实现，同时包含众多的翻译接口层，包括 TCL/TK、Python、Java，可以在 Windows、UNIX 等操作系统下运作，其内核独立于操作系统。VTK 封装了图形图像和可视化领域内各种常用算法，把一些在可视化开发过程中经常会遇到的细节屏蔽起来，给广大研究和开发人员带来了极大的方便。同时，开发人员还可以根据需要在VTK基本类的基础上开发自己的类库[15]。

由意大利人 Davide Pizzolato 开发的 CxImage 类库是一个优秀的图像操作类库，它可以简便而快速地打开、保存、显示和转换不同类型的图像文件，同时对 MFC 也有较好的支持。它还提供了多种图像后处理的功能，如图像模糊、锐化等。另外作为一个类库，其可移植性也很强，该库已经通过了绝大多数编译器的测试，包括 Microsoft VC++6.0 版本、VC++2010、Borland C++、Builder 3 和 Builder 6 等。相较封装好的图形库和 GDI+来说，由于其开放的源代码，使得对 CxImage 图像库进行二次开发更便利，可以避免工程人员对于技术的了解浮于表面[16]。

CImag 是在 1999 年出现的，为 C++程序设计的一个开源图像处理库。它可以对不同类型的图像进行加载、显示、访问像素值、图像处理等操作。由于 CImg 库只使用标准系统库，从而避免了兼容性所带来的问题，具有高度的可移植性。在实际使用中，只需要包含头文件 CImg.h，就可以在 C++程序中处理图像，不需要复杂的依赖关系。此外，CImg 库被设计为使用 C++模板和面向对象编程技术。由于在 CImg 库中没有任何继承的公共类，并且每个 CImg 类至多有一个模板参数，所以 CImg 库易于理解接受，便于非专业 C++程序员理解，同时又为 C++专家提供了强大的扩展能力。因此，CImg 库被广泛应用于 C++中完成图像处理工作的工具箱[17]。

2) 图形平台简介

CGAL 诞生于 1998 年，是一种开源高效的几何算法 C++库。CGAL 可应用于需要使用几何计算的各领域，如：计算机图形学中，为科学可视化、计算机辅助设计和建模、地理信息系统、分子生物学、医学成像、机器人技术和运动规划、网格生成、数值方法等提供支持。它提供了数据结构和计算几何的算法，如三角多边形法图、多边形和多面体的布尔操作、曲线与网格生成、几何处理、凸包算法等。CGAL 提供了几何对象生成和空间几何对象排序功能，以及一个矩阵搜索框架和一个能解决线性和二次问题的求解程序。并且进一步提供接口给第三方软件，如 Qt GUI 库、Geomview、增强图形库的功能[18]。

OpenMesh 是一种为了表示和操作多边形网格的通用的、高效的数据结构。它提供了丰富的多边形网格操作的数据结构和相关算法，其中最重要的是半边结构。OpenMesh 可处理任意多边形网格，而且可以支持用户自行定义边、点、面的任意属性。

OpenMesh 的组织结构图如图 1.5 所示[19]。

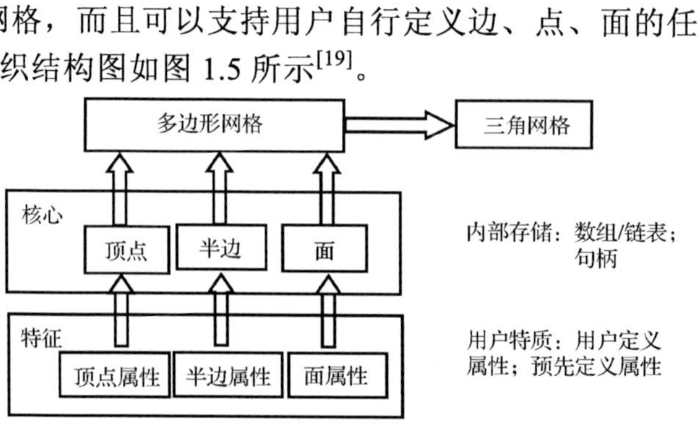

图 1.5　OpenMesh 组织结构图

Geometry Tools 是一个开源的，用于计算领域的图形、数学、物理和图像分析的源代码库。它支持高性能计算中使用的通用 GPU 编程。由于 Geometry Tools 是用 C++11 编写的，所以能够自动访问多核心、多线程的标准结构[20]。

1.2 图形与图像的统一

1.2.1 滤波与光顺技术

自图像技术诞生以来，滤波和光顺技术在图像处理领域得到广泛应用。随着三维数据的丰富，许多学者尝试将该技术发展到三维数据处理领域。1995 年，Taubin 将 Laplacian 算子引入三维网格模型。1999 年，Desbrun 等将几何扩散算法(Geometric diffusion algorithms)应用于三维网格。2001 年，Peng 等人在三维网格中引入自适应 Wiener 滤波。2000 年，Desbrun 等引入高度场各向异性扩散(Anisotropic diffusion for height fields)，Clarenz 等在三维网格上对各向异性扩散进行离散化并给出了公式。2003 年，Bajaj 和 Xu 将 Loop 细分方案与各向异性扩散相结合。

空域中，测量所得的数据到实体模型表面的高度场和二维图像里的灰度值具有相似性，因此对网格模型的高度场进行滤波，可以产生和对图像灰度值滤波同样的效果(对高度场滤波后)，如图 1.6 所示。

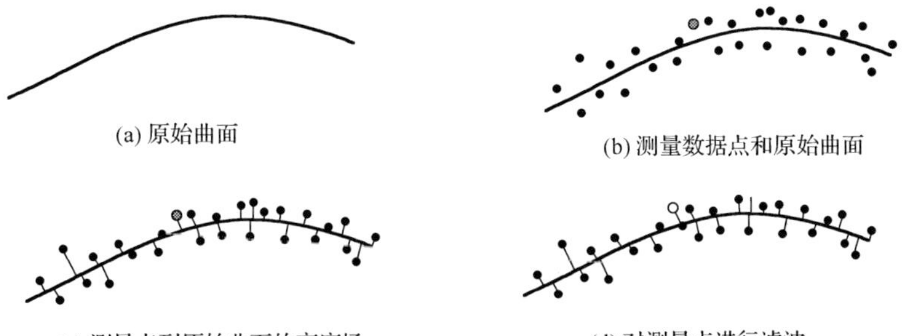

(a) 原始曲面　(b) 测量数据点和原始曲面　(c) 测量点到原始曲面的高度场　(d) 对测量点进行滤波

图 1.6　曲面、测量点云、对应高度场[21]

频域中，三维模型的低频部分代表几何模型的整个形状，而高频部分代表几何模型表面的细节和噪声。根据这样的理解，就可以在几何图像的频率域内控制网格模型的滤波效果。

正是图形与图像的这些共性，为我们将图像处理技术和算法拓展到三维网格模型提供了可能性。1998 年，C. Tomasi 提出了双边滤波器(Bilateral Filter)对图像进行平滑处理。和传统的图像平滑化算法不同，双边滤波器除了使用像素之间几何上的靠近程度(邻近性)之外，还考虑了像素之间的亮度/色彩差异(相似性)，使得双边滤波器能够有效地将图像上的噪声去除，同时保存图像上的边缘信息。双边滤波器可以看作 Gaussian 低通滤波器(定义域上滤波)和 α-截尾均值滤波器(值域上滤波)的一个组合。

假设目标源图像为图 1.7(a)中左右区域分明的带有噪声的图像，蓝色框的中心即为目标像素所在的位置，那么当前像素处所对应的高斯权重与双边权重因子 3D 可视化后的形状如图 1.7(b)、(c)所示。

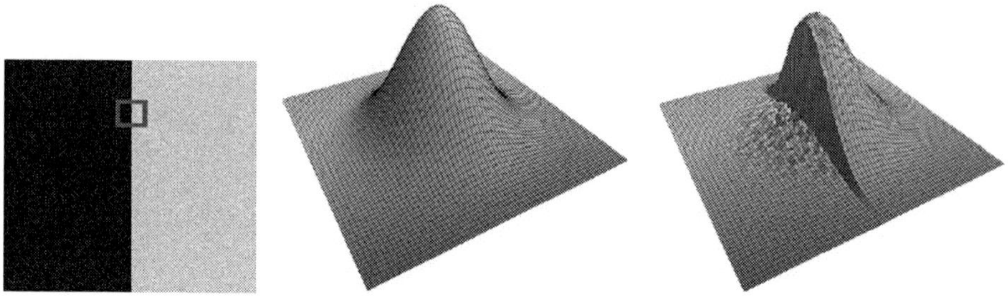

(a) 原始的噪声图像　(b) 高斯采样的权重　(c) Bilateral 采样的权重

图 1.7　Gaussian 与 Bilateral 采样权重

Bilateral 加入了相似程度分部后，可以将源图像左侧那些跟当前像素差值过大的点滤去，这样就很好地保持了边缘[22]。为了更加形象地观察两者间的区别，使用 Matlab 将该图在两种不同方式下的高度图 3D 绘制出来，如图 1.8 所示。

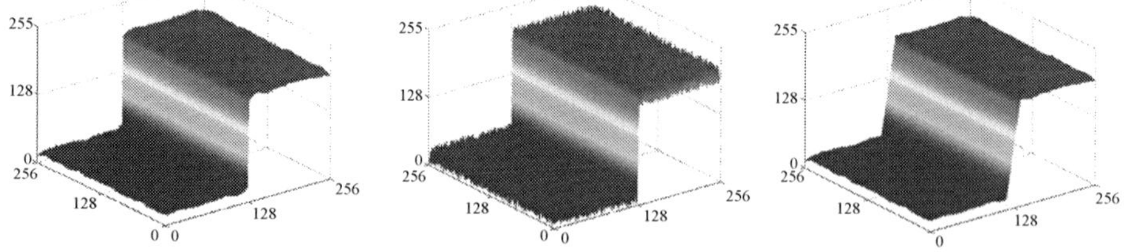

(a) 双边滤波　(b) 原始图像　(c) 高斯滤波

图 1.8　Gaussian 与 Bilateral 滤波效果

Bilateral 较好地保持了边缘处的梯度，而高斯滤波，由于其在边缘处的变化是线性的，因而梯度呈现渐变状态，在图像中就表现为边界的丢失[22]。Fleishman 把图像中的双边滤波应用到了三维图形中，用网格顶点之间的邻近性和网格顶点到模型表面高度场之间的相似性，来取代图像中像素之间的邻近性和相似性，从而得到应用于三角网格的双滤波，如图 1.9、图 1.10 所示。

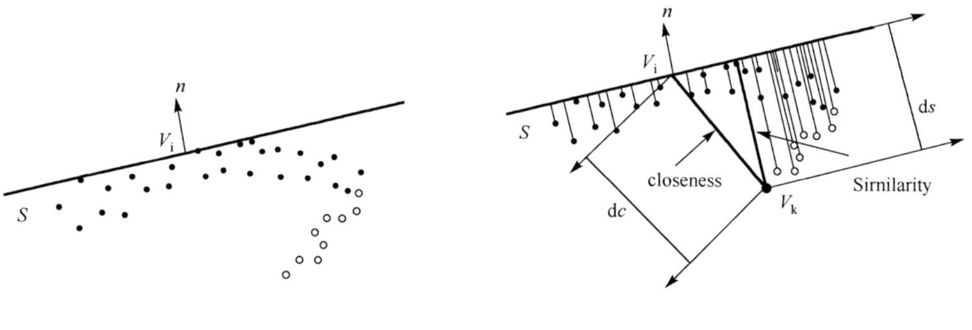

(a) 点的切平面及法向量　(b) 点云的高度场、相似性、邻近性

图 1.9　点云的图像特性[21]

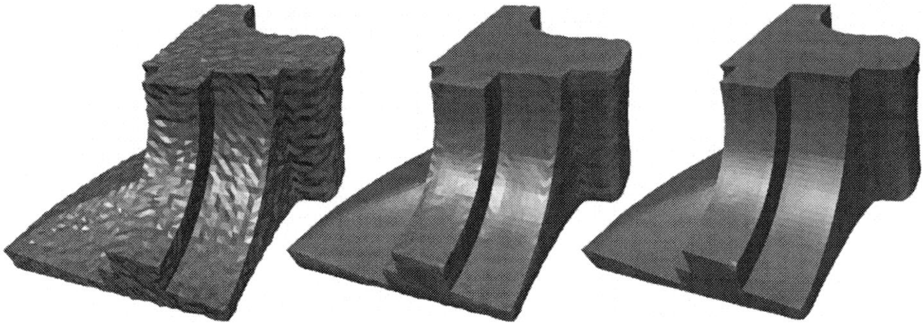

(a) 原始的带噪 Fandisk 模型　(b) Non-iterative, featurepreserving mesh smoothing 算法　(c) Bilateral 滤波

图 1.10　网格模型双边滤波效果图[23]

1.2.2　图像与图形的变形技术

变形技术是目前在图像图形处理中应用最为广泛的技术，许多学者开展了相关的研究工作。典型的图像变形技术，如 Beier 等在 1992 年提出的基于特征线对的变形方法(Feature-Based Image Metamorphosis)，该方法允许动画师用线对对变形进行直观的控制，通过交互地指定图像的特征，可以方便地达到动画师预期的视觉效果。基本原理主要通过两幅图像之间的变换用一对直线来指定。设 I_s 为源图像，I_D 为目标图像。若先在源图像中定义一条有向直线段，再在目标图像中定义一条有向直线段，那么这一对直线定义了一个从一幅图像到另一幅图像的映射，如图 1.11 所示。

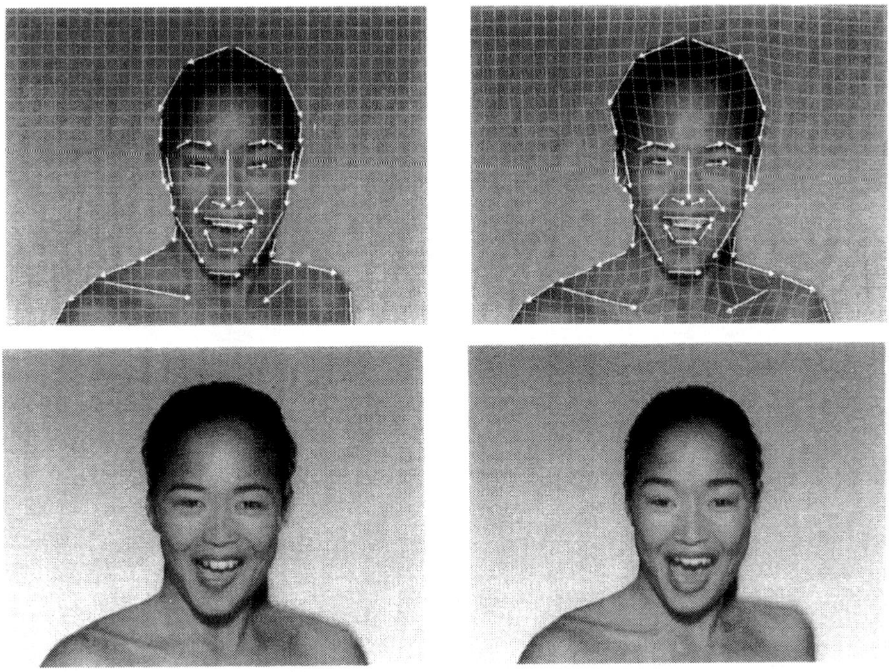

图 1.11　基于线对的图像 morphing[24]

Lerios 等通过把 Berier 的 2D morphing 方法推广到三维，提出了 Feature-Based Volume Metamorphosis。基本思想与二维图像 morphing 的思想类似，给定源体 S 和目标体 T，首先根据指定的对应特征生成一空间变换，该变换使给定的两个体扭曲变形(warp)成 S' 和 T'，达到几何对齐的目的；然后对得到的两个扭曲变形体 S' 和 T' 进行混合。在源体和目标体中指定特征元素对 (e_s, e_t)，使给定的两个体扭曲变形，达到几何对齐，特征元素包括点、线、长方形和长方体，如图 1.12 所示。

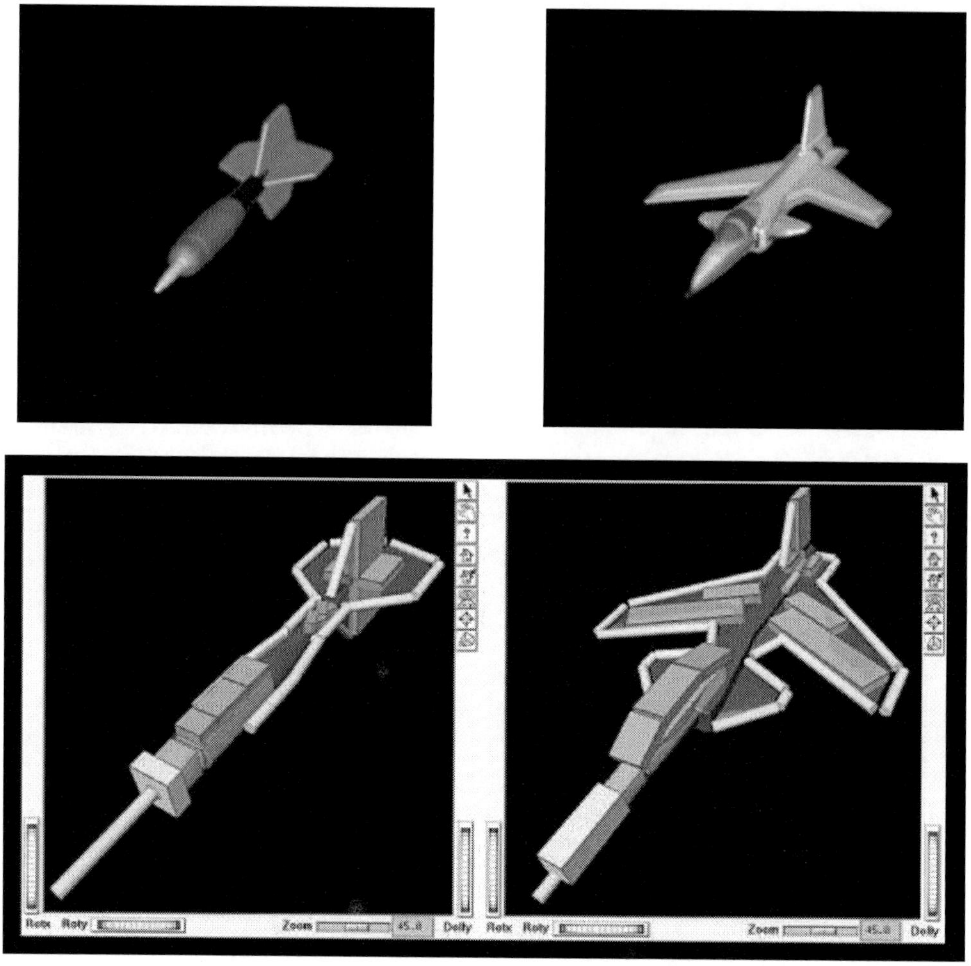

图 1.12　建立源体与目标体之间的对应关系

注：图中点(未显示)、线段、长方形、长方体分别用红球、绿条、紫板和黄盒表示[25]

为了便于在三维空间指定特征，Lerios 将特征的位置和朝向编码为一个包含 4 个向量的特征局部坐标系，这 4 个向量包括一个位置向量 c 和 3 个定义坐标轴方向的正交单位向量 x、y、z。另外，特征元素还包括比例缩放因子属性 Sx、Sy、Sz，它们定义了特征沿每个轴的伸展程度。这些变换把 S 中的特征进行平移、旋转和比例缩放后，分别与 T 中对应特征的位置、朝向和大小相匹配。当 Warping 操作生成两个扭曲变形的体后，就可以对它们进行混合，如图 1.13 所示。

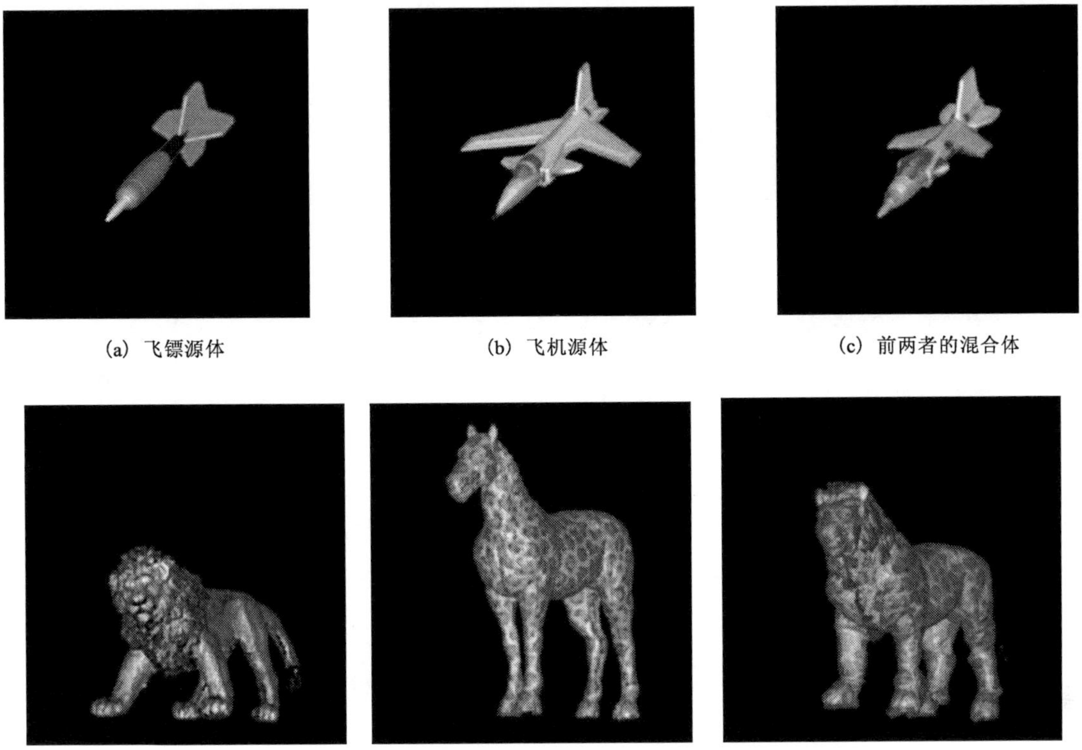

(a) 飞镖源体　(b) 飞机源体　(c) 前两者的混合体

(d) 狮子源体　(e) 斑马源体　(f) 前两者的混合体

图 1.13　基于体的 3D morphing[25]

1.3　离散数据处理技术应用

1.3.1　工业应用

对汽车的研究一直受到广泛的重视，建立模型是汽车研究的关键环节。例如，1953 年生产的法拉利车，如图 1.14(a)所示。获得其模型的步骤为：首先对其进行测量，采用了 OPL-3D 光学扫描设备，从不同角度获得汽车的点数据；然后将全部数据对准，从而得到汽车的整个点云，如图 1.14(b)所示。接下来使用 IMMerge 模块将点云转换成三角网格模型，用 IMEdit 工具对三角网格模型进行编辑，编辑后的模型如图 1.14(c)所示。然后通过 Geomagic 软件自动生成，如果为了提高面片布局，可以使用软件进行一些调整，最后生成 CAD 模型，如图 1.14(d)所示[26]。

热成型模具在当前应用非常广泛，比如鼠标模具的制造。鼠标实物图如图 1.15(a)所示。首先将鼠标放到针阵列数字转换器中，从而获得鼠标表面点的原始数据，如图 1.15(b)所示。然后应用拉普拉斯变换操作，将表面形成的点云重新安排分割成单独的区域，如图 1.15(c)所示。最后通过双三次方表面拟合，得到热成型模具，如图 1.15(d)所示[27]。

(a) 法拉利车

(b) 法拉利车的整个点云

(c) 编辑后的法拉利车的三角网格模型

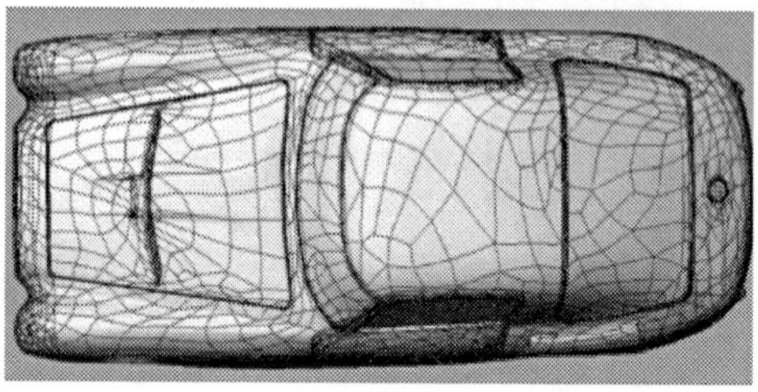

(d) CAD 模型

图 1.14　汽车建模应用

(a) 鼠标模型

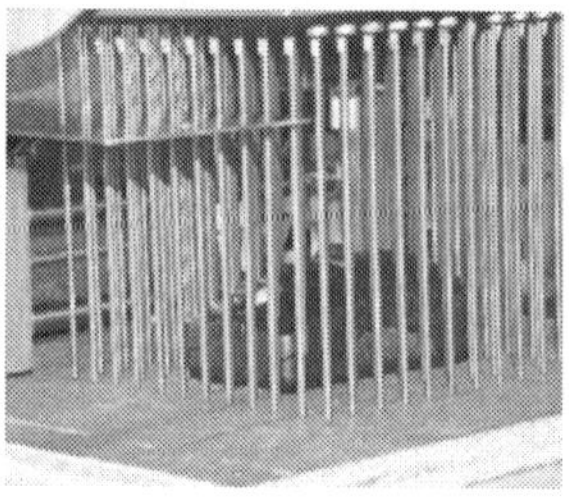

(b) 放在针阵列数字转换器中的鼠标

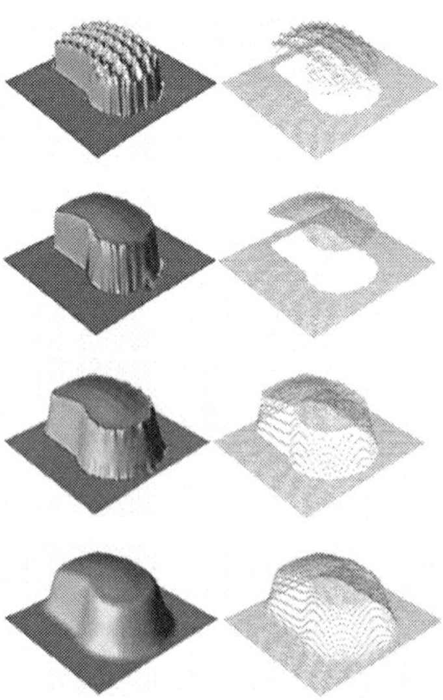

(c) 捕捉的鼠标的原始数据

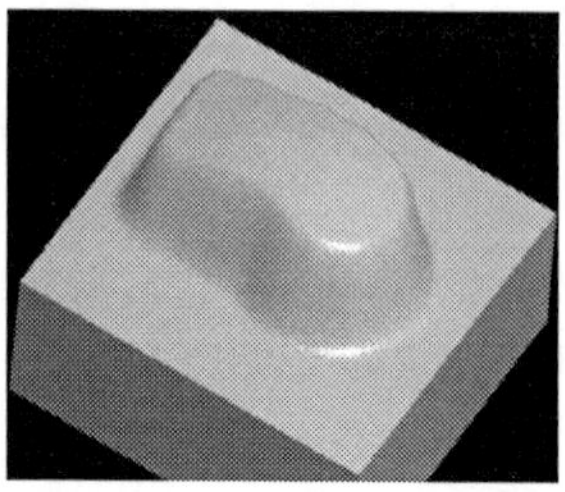

(d) 拟合后的热成型模具

图 1.15　鼠标建模应用

全世界对月球的探索一直进行着，我国发射的嫦娥一号搭载的三线阵 CCD 立体相机成功获得了月球表面的图像数据，图像数据经过一些初步工作，获得了全月面数学高程 DEM 模型，如图 1.16(a)所示。后期经过了几何校正，主要包括月面坐标解算和使用激光测距数据对几何校正结果进行修正，几何修复之后定位精度明显提高，如图 1.16(b)所示；然后经过光度校正，大大提高了图像质量，如图 1.16(c)所示。最后，成功地制作出了全月球影像图，如图 1.16(d)所示。这为我国对月球的分析和探索奠定了重要的基础[28]。

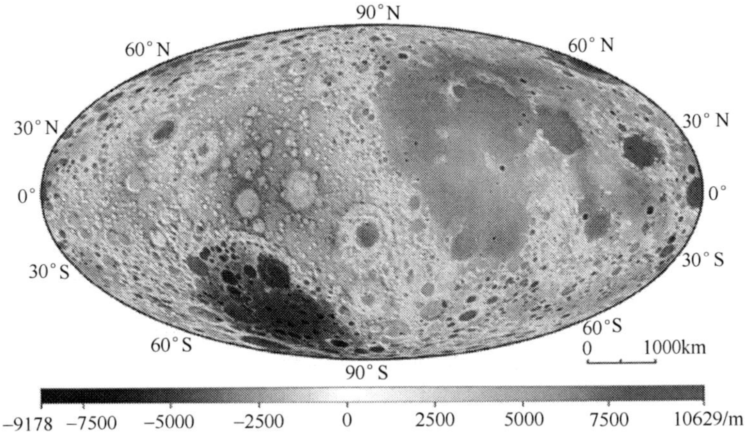

(a) 全月面数学高程模型(DEM模型)

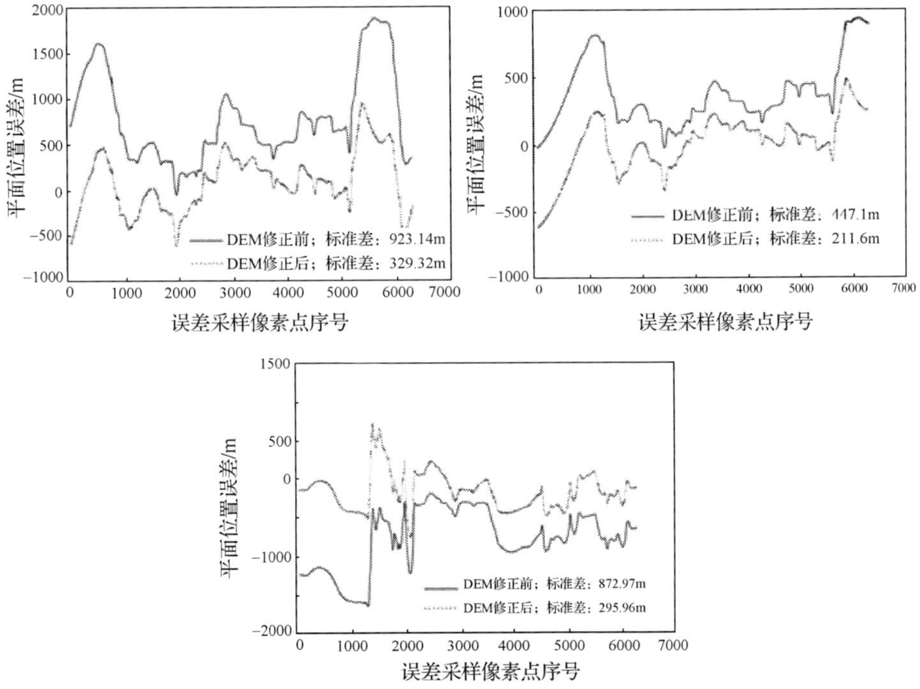

(b) 几何校正结果比较

图 1.16　制作全月球影像图

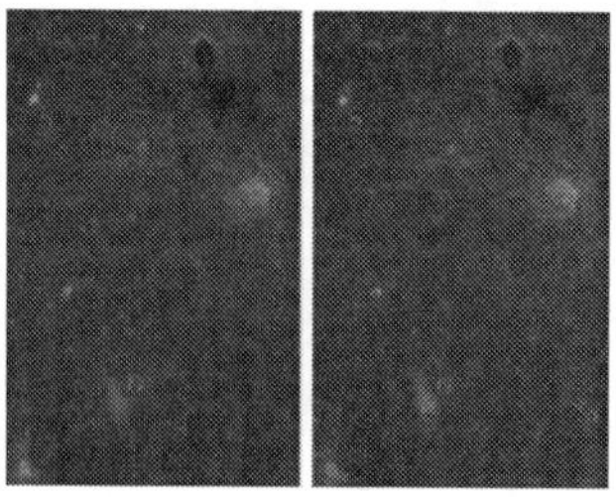

(c) 光度校正

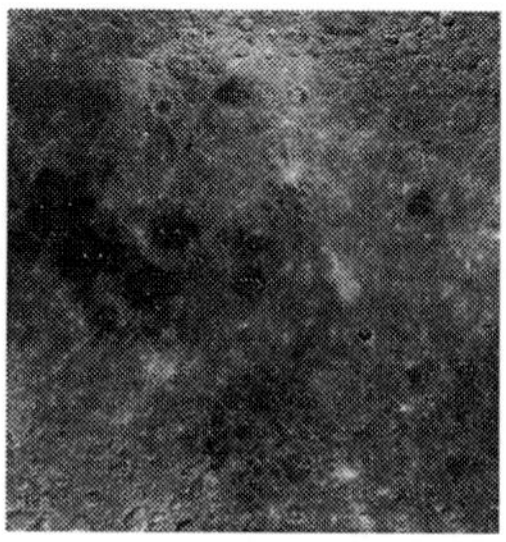

(d) 全月球影像图

图 1.16　制作全月球影像图(续)

飞机外形三角网格模型的分片光滑 B 样条曲面重建，对飞机的制造具有重要意义。其原理是，首先采用最小二乘法逼近散乱数据，初步获得分片 B 样条曲面；然后将光顺准则加权到最小二乘函数中，调节曲面光顺程度；最后运用罚函数法，保证去曲面片边界近似 G^1 连续。运用上述方法，对实际测量获得的某型飞机的中机身的三角网格模型实现了其 B 样条曲面的重建。图 1.17(a)所示为由光学测量机获得的中机身的三角网格模型，图 1.17(b)所示为对中机身进行四边界域划分的结果，图 1.17(c)所示为最后重建的中机身 B 样条曲面，图 1.17(d)所示为曲面误差云图。这种方法不仅使得拟合出的曲面具有较好的光顺性，同时曲面重建产生的大误差点均很少[29]。

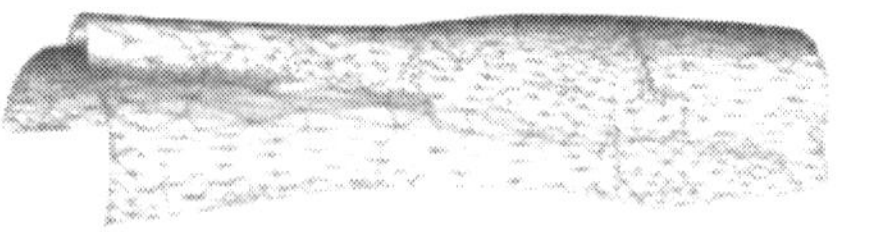

(a) 三角网格模型

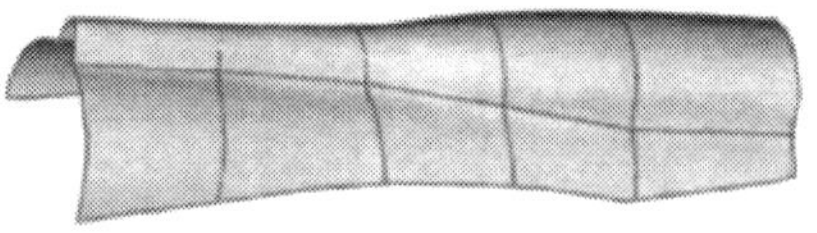

(b) 模型的四边界域

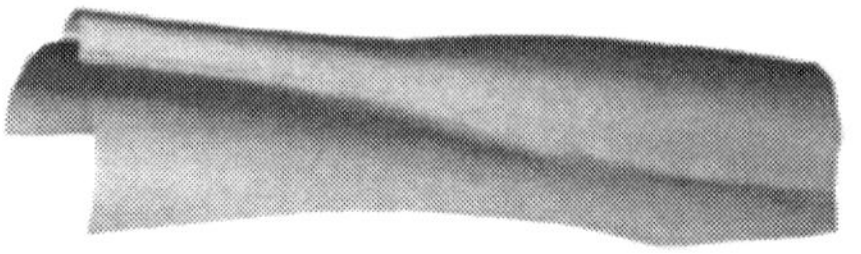

(c) 拟合的B样条曲面

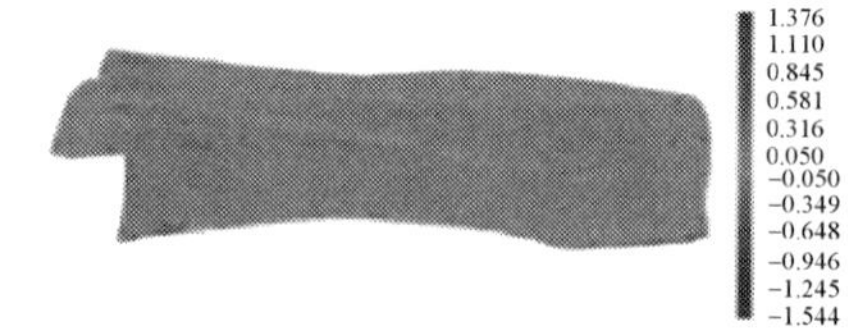

(d) 曲面误差云图

图 1.17　飞机外形造型应用

1.3.2　生物医学

如今，有许多人的牙齿都存在缺损的情况。由于每个人的牙齿和缺损不相同，所以假体的制造也不尽相同。首先使用三维光学扫描器获得指针位置处的数据，如图 1.18(a)所示。然后校正、简化、重新划分三角网格、消除表面异常和填充漏洞，另外删除外部边缘地区不必要的点来减少扫描表面的尺寸，这些所有的后处理操作都是使用 Rapidform 操作的，从而将三维扫描数据点云数据转换成多边形网格模型。考虑到假体位置的移动，采用了计算机辅助设计。通过镜像病人对侧的健康的牙齿到缺损的牙齿上，可避免了拮抗物表面的干扰，如图 1.18(b)所示。接下来用计算机辅助模拟软件进行模拟校正。最后使用 ABS 材料通过快速成型得到假体，如图 1.18(c)所示。这样可以得到私人定制的牙齿假体，而且其精度更高[30]。

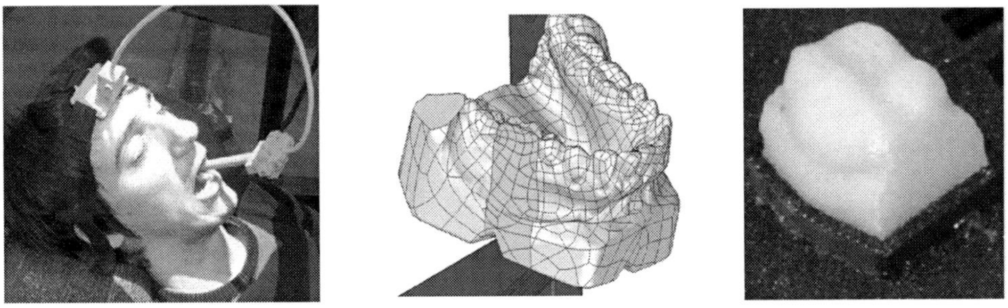

(a) 获取数据　　(b) 假体设计　　(c) 假体模型

图 1.18　定制义齿应用

现在许多患者在进行颅骨切除手术后，有部分的颅骨缺失。颅骨的修复，不但可以改善形象，而且有利于保护颅内的神经组织，也可以提高它的充满性和新陈代谢。修复步骤为：首先通过 CT 得到颅骨切除后患者的颅骨损失图像，如图 1.19(a)所示。然后通过光亮分析法减少边缘检测误差，如图 1.19(b)所示。接下来使用 CAD 软件的 CATIA，利用 CT 扫描的数据建立颅骨的虚拟模型，如图 1.19(c)所示。最后，数控加工中心加工出该模型，如图 1.19(d)所示。图 1.19(e)所示为神经外科医生在手术前使用该模型获得的假体，并对其调整。然后将假体植入到患者脑中，如图 1.19(f)所示。这样就减少了颅骨修复的时间，减小颅骨修补手术的假体装配的难度，为患者的康复带来了巨大的益处[31]。

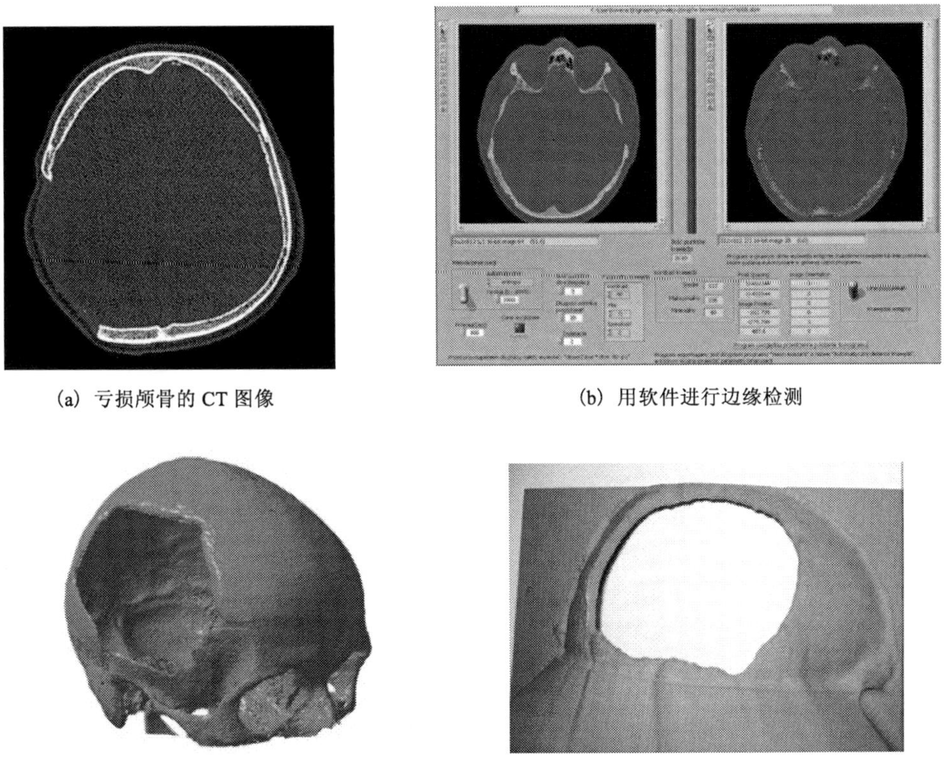

(a) 亏损颅骨的 CT 图像　　(b) 用软件进行边缘检测

(c) 产生颅骨的虚拟模型　　(d) 使用快速成型产生缺损颅骨模型

图 1.19　颅骨修复应用

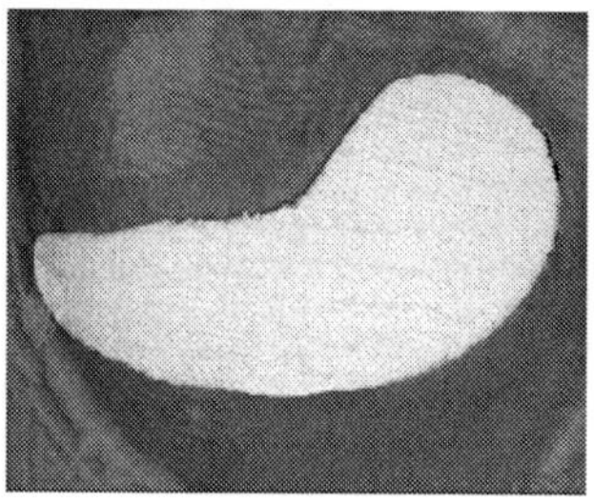

(e) 对假体的调整

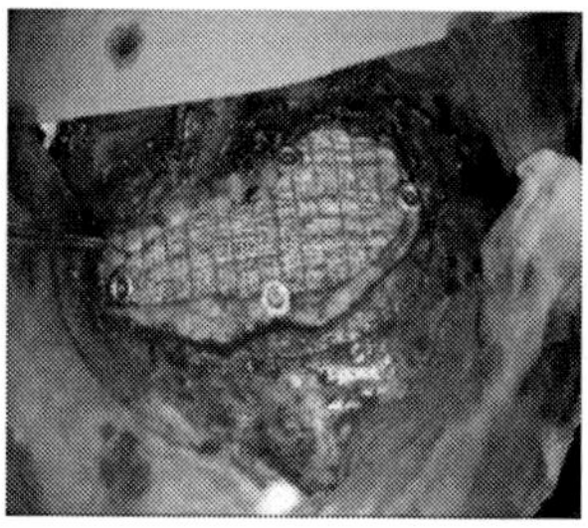

(f) 将假体植入患者脑中

图 1.19 颅骨修复应用(续)

1.3.3 文物保护

现在发掘出来的一些文物经常存在残损的状况，如图 1.20(a)所示为破损高足杯。其口沿处有一处长约 5cm、高 1.8cm 的缺失，腹部有一处炸纹。为了更好地恢复文物原貌，修复步骤如下：首先将高足杯表面清洗，之后对其裂纹加固，然后使用美能达 VIVID 9i 激光扫描仪进行文物三维模型采集，之后采用 Rapidform 构建出文物缺失处的三维模型，如图 1.20(b)所示。并将制作的三维模型以 STL 格式保存，然后通过 Objet Studio 添加到三维层析系统的模型中，如图 1.20(c)所示。通过 Object30 光敏树脂三维打印机打印，最后使用与补全材料相同的物质——光敏树脂进行缺失处的补全粘接，如图 1.20(d)所示。修复完成前后对比如图所示 1.20(e)所示。此技术与传统的手工修复技术相比，大大节约了成本和时间，最重要的是能够最大程度地恢复文物原貌，补全材料(光敏树脂)其材质很轻，大大降低了由于补全而对文物可能造成的再损失[32]。

(a) 隋代白瓷高足杯

(b) 采用 Rapidform 构建缺失处三维模型

图 1.20 高足杯修复应用

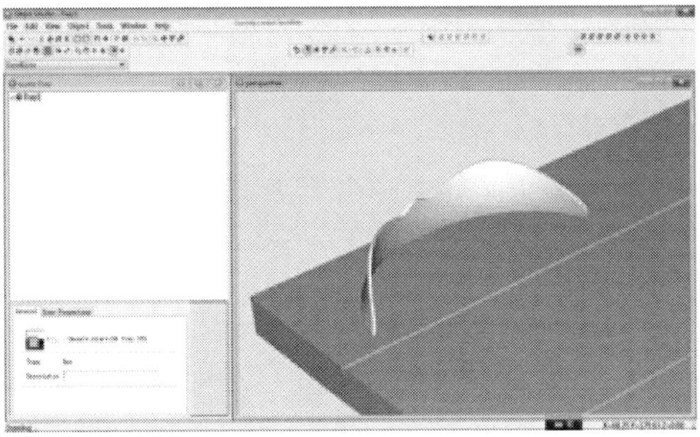

(c) Objet Studio 软件打印界面

(d) 光敏树脂补全处

(e) 修复前后对比

图 1.20　高足杯修复应用(续)

吴虎鼎如图 1.21(a)所示，该鼎有一腿断裂，口沿破裂，且整体有变形。由于该鼎铭文很多，对考古意义重大，用传统修复方法很难达到满意的修复效果，而且影响保存和展示。计算机修复的具体修复步骤为：首先通过三维激光扫描测量获得吴虎鼎三维数据；然后进行三维计算机辅助建模；接下来通过有限元进行力学分析，模拟修复过程，以保证在修复过程中应力分布的均匀，不会产生新的开裂。图 1.21(b)所示为激光扫描测量，图 1.21(c)所示为外侧面激光扫描测量数据，图 1.21(d)所示为支撑腿扫描数据，图 1.21(e)所示为计算机建立的模型，图 1.21(f)所示为计算机模拟修复后的模型，图 1.21(g)所示为内壁文字照片，图 1.21(h)所示为图像处理后的文字，图 1.21(i)所示为文字嵌入鼎内壁的计算机辅助模拟修复结果[33]。

(a) 吴虎鼎

(b) 激光扫描测量

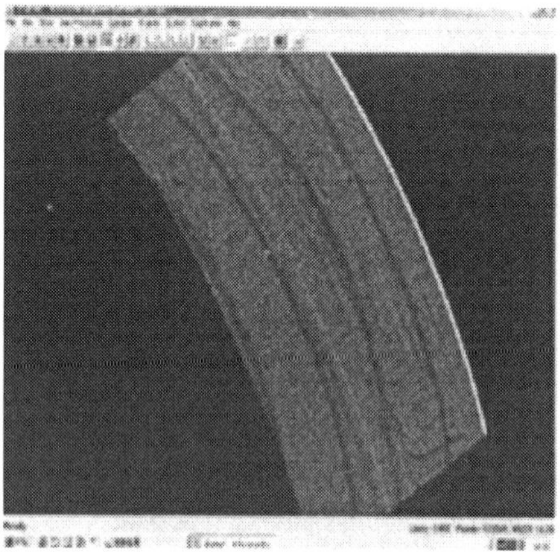

(c) 外侧面激光扫描测量数据

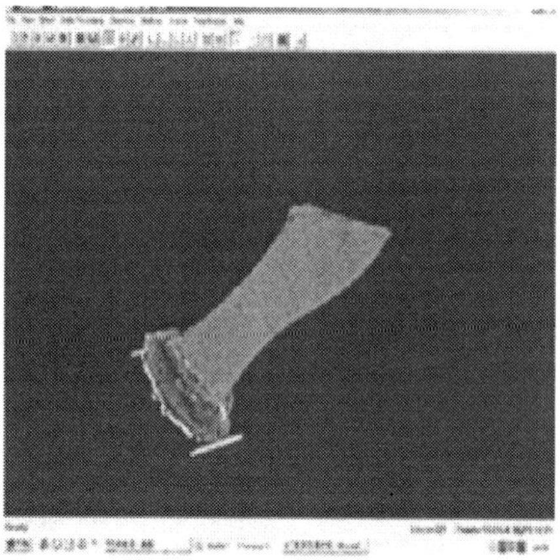

(d) 支撑腿的三维扫描数据

(e) 计算机建立的模型

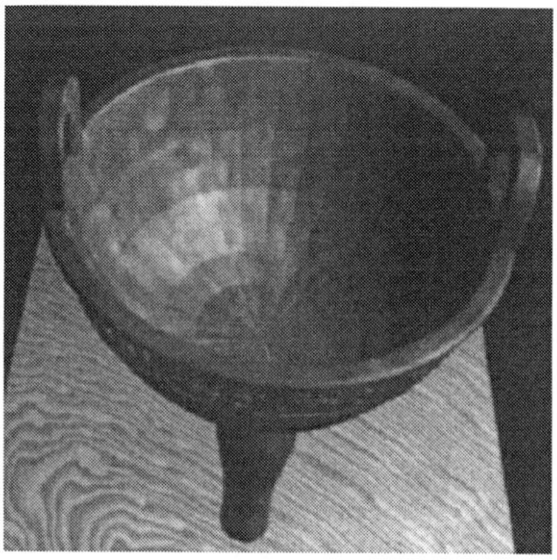

(f) 计算机修复后的模型

图 1.21　吴虎鼎修复应用

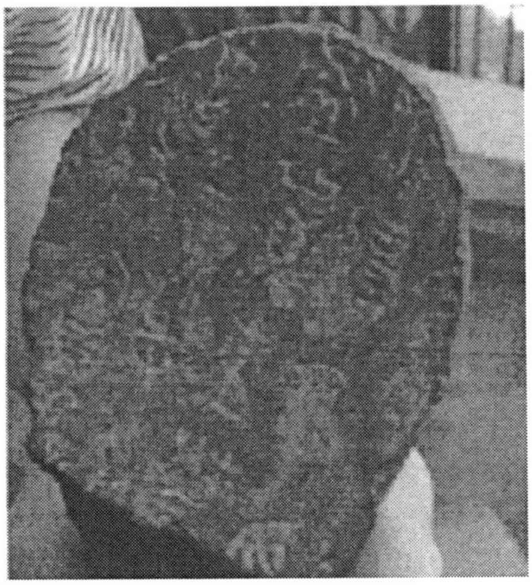

(g) 残损部分的文字照片

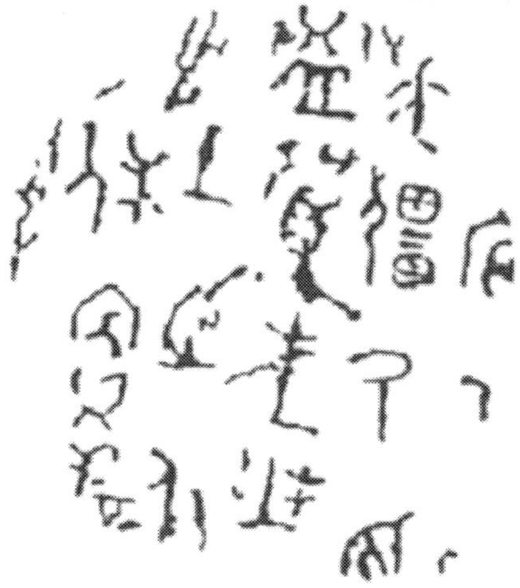

(h) 图像处理后的文字

(i) 文字嵌入鼎内壁的修复模型

图 1.21 吴虎鼎修复应用(续)

参 考 文 献

[1] Huang N, Aggarwal J K. On linear shift-variant digital filters. IEEE Trans on CAS, 1980, 27(8): 672-677

[2] 陈娜. 图像数字化质量控制. 计算机与网络, 2005, 18:17-18

[3] 柳卓之, 李圣怡, 王罗, 等. 虚拟加工过程的建模与仿真. 国防科技大学学报, 1998, 04:34-37

[4] 周美立, 相似工程学. 北京: 机械工业出版社, 1998

[5] 李中付, 华宏星, 宋汉文, 等. 一维信号的模态分解与重构研究. 数据采集与处理, 2001, 03:324-329

[6] 安宁, 林树忠, 刘海华, 等. 图像处理方法研究及其应用. 仪器仪表学报, 2006, S1:792-793

[7] http://kesen.realtimerendering.com/eg2008papers.htm

[8] 沙永忠，田方正，姚辉. 数字信号处理的新方法——超量化. 测控技术, 2006, 04:8-10
[9] 陈汗青，万艳玲，王国刚. 数字图像处理技术研究进展. 工业控制计算机, 2013, 01:72-74
[10] 和晓娟. 计算机图形图像处理技术的探讨. 信息与电脑(理论版), 2013, 11:164-165
[11] Dave Shreiner, The khronos OpenGL ARB Working Group. OpenGL Programming Guide (8th). New Yourk: Addison-Wesley Professionac, 2013
[12] http://leadtools.gcpowertools.com.cn
[13] http://imagestone.codeplex.com
[14] http://opencv.org/about.html
[15] http://www.vtk.org
[16] http://www.xdp.it
[17] http://cimg.sourceforge.net
[18] http://www.cgal.org
[19] http://www.openmesh.org
[20] http://www.geometrictools.com
[21] 袁天然. 三角网格模型光顺、简化和缝补技术的研究及应用. 南京：南京航空航天大学, 2007
[22] http://blog.csdn.net/bugrunner/article/details/7170471
[23] Fleishman S, Drori I, Cohen-Or D. Bilateral Mesh Denoising. ACM Trans Graphics, 2003, 22(3): 950-953
[24] Beier T, Neely S.Feature-based image metamorphosis. ACM SIGGRAPH Computer Graphics. ACM, 1992, 26(2): 35-42
[25] Lerios A, Garfinkle C D, Levoy M. Feature-based volume metamorphosis.Proceedings of the 22nd annual conference on Computer graphics and interactive techniques. ACM, 1995, 449-456
[26] Sansoni G. Docchio F. Three-dimensional optical measurements and reverse engineering for automotive applications. Robotics and Computer-Integrated Manufacturing, 2004, 20:359-367
[27] Tam K W. Chan K W. Thermoforming mould design using a reverse engineering approach. Robotics and Computer-Integrated Manufacturing, 2007, 23:305-314
[28] Li C L, et al. The global image of the Moon obtained by the Chang'E-1 Data processing and lunar cartography. Sci China Earth Sci, 2010, 53:1091-1102
[29] 王宏涛. 飞机外形件三角网格模型光滑 B 样条曲面重建. 南京航空航天大学学报, 2007, 39(3): 323-328
[30] Solaberrieta E, et al. Computer-aided dental prostheses construction using reverse engineering. Computer Methods in Biomechanics and Biomedical Engineering, 2014, 17:1335-1346
[31] Chrzan R, et al. Cranioplasty prosthesis manufacturing based on reverse engineering technology. Med Sci Monit, 2012, 18(1): MT1-6
[32] 李文怡. 三维扫描及快速成型技术在文物修复中的应用. 文博, 2012, 06:78-82
[33] 李涤尘. 文物计算机辅助修复方法探讨. 文物保护与考古科学, 2005, 17(3): 12-16

第 2 章　拓扑与几何建模

2.1　拓扑学相关理论

拓扑学是现代数学的一个重要分支，同时是渗透到整个现代数学的思想方法。“拓扑”一词音译自德文 topologie，最初由高斯的学生李斯亭引入(1848 年)，用来表示一个新的研究方向——“位置的几何”。1931 年，中国第一个拓扑学家是江泽涵，他早年在哈佛大学师从数学大师莫尔斯，学成后为中国引进了这个新学科[1]。

2.1.1　纽结理论(knot theory)

1. 纽结问题

所谓纽结，顾名思义就是一根绳子首尾相接，它可能打了结。更一般地，可能是几根绳子，除了自身打结以外，还互相打结。对具体的一个纽结，也许可以通过做实验的办法判断它是否打结，但是数学家希望找一个普适的、定量的办法。比如说，任意画一个纽结(它实际上是一个空间纽结的平面投影)，比较复杂的，如何不动手做实验就能判断它到底有没有打结(见图 2.1)？这个问题后来证实是非常复杂的问题。在有了计算机以后，才找到了一种时间代价很高的算法，让计算机帮助我们判断一个纽结投影到底有没有打结。直到 2006 年，才找到一种真正快速的计算机算法来判断这件事。

图 2.1　纽结问题

2. 纽结分类

纽结分类的问题比判断是否打结更困难。比如，图 2.2 中两个纽结都打了结，它们是否在本质上是同一种结呢？

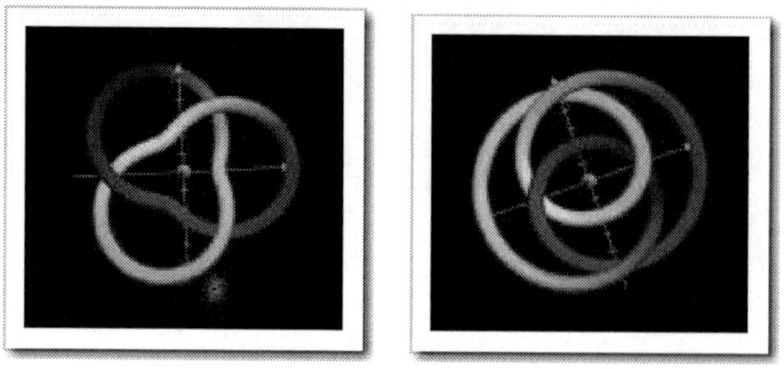

图 2.2　纽结分类

所谓“分类”，就是要找一个(可计算的)判据，使得当两个纽结满足这个判据时就是同一种结；当它们不满足这个判据时就不是同一种结。到现在为止，也还只能找到一些非常复杂的判据，同样要借助计算机才能大致判断两个纽结是否在本质上为同一种结。

纽结理论的早期历史中有一段很有趣。1867 年，著名物理学家开尔文勋爵，突然产生了关于化学元素表的新看法(那时候还没有发现原子，所以化学元素表还是一个谜)。开尔文认为，不同的化学元素其实是“以太”的涡旋在空间中的纽结形态。“以太”是 19 世纪的物理学家们发明的概念，它被想象成充满整个空间，是电磁波传播的载体(或媒质)。开尔文是很严肃的物理学家，当然不能凭空想象，实际上他提出了几个即使从现在的观点看来也很合理的证据：

(1)元素很稳定，这可以用纽结的拓扑性质来解释，微小的形变不改变纽结的“扭法”。

(2)元素很多样，这可以用纽结的多样性来解释，不同的“打结方式”实在太多了。

(3)不同的元素发出不同的光谱，这可以用“以太纽结”的各种“振动方式”来解释。

开尔文的这个想法可以算是“弦论”的原生态。虽然后来化学周期表更好地被理解为原子内部结构，但开尔文列举的这几个证据都能在新兴的弦论中依稀找到一点影子。

思考：如图 2.3 所示的 3 个纽结中，哪两个本质上是同一种结？

图 2.3　同质纽结

2.1.2　符号化的几何拓扑

莱布尼兹作为微积分的主要奠基者之一，对抽象符号有特殊的偏好。经过他深思熟虑以后的微积分符号系统，比如微商符号 dy/dx，不久就把牛顿的符号系统比下去了。在 1679 年的时候，莱布尼兹突发奇想，尝试用抽象符号代表物体的几何性质，使得几何性质代数化，通过符号的代数运算，由已有的几何性质产生新的几何性质。他不满意笛卡尔的坐标系方法，认为有些几何性质是跟几何体的大小无关的，从而不能直接在坐标系中予以体现。可能是由于这个想法太超前了，在他自己的脑子里也还只是混沌一片，而当年听到他这个想法的很多人，比如惠更斯，干脆就不予理睬。

庞卡莱①意识到，描述一个几何体抽象性质的关键在于这个几何体本身有没有边界，以及它是不是其他几何体的边界。比如，一个圆盘和一个球面为什么不同，就是因为圆盘有边界而球面没有边界；球面为什么跟轮胎面不同，就是因为球面上的任何一个圈都是球面某一部分的边界，比如赤道就是北半球面的边界，而轮胎面上有的圈并不是轮胎面任何一部分的边界。

随后庞卡莱终于实现了这个梦，他把跟边界有关的性质数量化。先把几何体剖分成基本组成部分(点，边，三边形，四面体，…)，比如，一个球面上可以画 4 个点，然后把它们两两相连(不允许连线相交)，有 6 条边，这些边把球面分成 4 个三边形，这就是球面的一个“剖分”。剖分的基本组成成分叫做“单形”。

球面分成 4 个三边形：

“点”是 0 维单形{A，B，C，D}

“边”是 1 维单形 {AB, BC, CD, DA}

“三边形”(包括内部)是 2 维单形{ABC, BCD, CDA, ABD, ACD, BCA}

2.2 拓扑的概念

拓扑学经常被描述成“橡皮泥的几何”，就是说它研究物体在连续变形下不变的性质。比如，所有多边形和圆周在拓扑意义下是一样的，因为多边形可以通过连续变形变成圆周，在拓扑学家眼里，它们是同一个对象，如图 2.4 所示。而圆周和线段在拓扑意义下就不一样，因为把圆周变成线段总会断裂(不连续)。

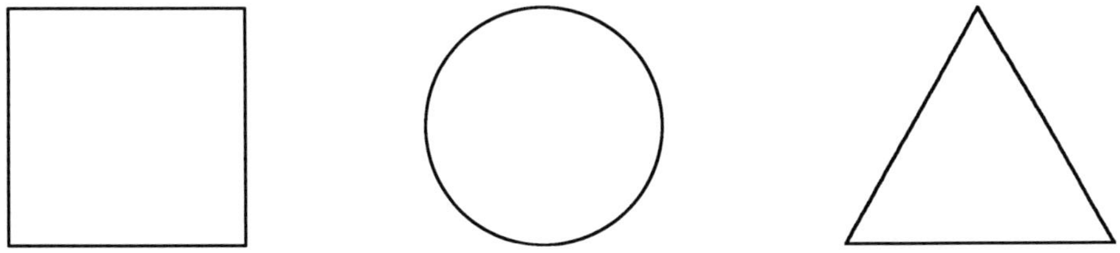

图 2.4 形状拓扑

拓扑数据结构是根据拓扑几何学原理进行空间数据组织的方式。对于一幅地图，拓

① 庞卡莱是 19 世纪末 20 世纪初法国最伟大的数学家，他与德国的希尔伯特领衔当时的数学界，分别继承了黎曼和高斯的衣钵：庞卡莱对物理世界的深刻洞察给了他天马行空般的想象力，如当年的黎曼；希尔伯特严谨，博学，细致入微地思考，为 20 世纪前半叶数论和代数几何的发展指明了方向。庞卡莱的拓扑学和希尔伯特的代数几何，就像普朗克的量子论和爱因斯坦的相对论，完全革新了整个学科的基本观念。

扑数据结构仅从抽象概念来理解其中图形元素(点、线、面)间的相互关系，不考虑结点和线段坐标位置，而只注意它们的相邻与连接关系。在网格处理中，多边形结构是拓扑数据结构的具体体现。根据这种数据结构建立了结点、线段、多边形数据文件间的有效联系，便于提高数据的存取效率。

几何信息和拓扑关系是离散信息系统中描述离散数据空间位置和空间关系不可缺少的基本信息。其中几何信息主要涉及几何目标的坐标位置、方向、角度、距离和面积等信息，通常用解析几何的方法来分析。而空间关系信息主要涉及几何关系的“相连”“相邻”“包含”等信息，它通常用拓扑关系或拓扑结构的方法来分析。拓扑关系是明确定义空间关系的一种数学方法，在离散信息系统中用它来描述并确定空间的点、线、面之间关系及属性，并可实现相关的查询和检索。从拓扑观点出发，关心的是空间的点、线、面之间的连接关系，而不管实际图形的几何形状。因此，几何形状相差很大的图形，它们的拓扑结却可能相同。

图 2.5(a)、(b)所表示的图，其几何形状不同，但它们结点间拓扑关系是相同的，均可用图 2.5(c)所示的结点邻接矩阵表示。图 2.5(c)中交点为 1 处表示相应纵横两结点相连。

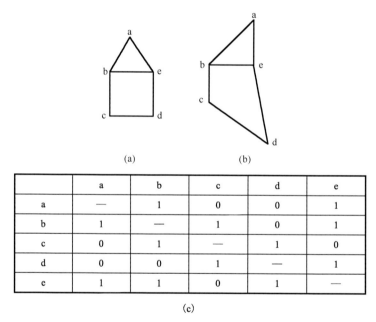

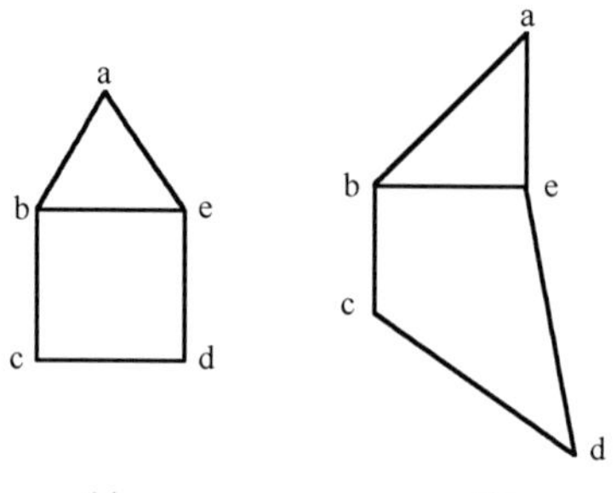

	a	b	c	d	e
a	—	1	0	0	1
b	1	—	1	0	1
c	0	1	—	1	0
d	0	0	1	—	1
e	1	1	0	1	—

(c)

图 2.5 结点间邻接关系

图 2.6(a)、(b)所表示的图其几何形状完全不同，但各面块之间的拓扑邻接关系完全相同，邻接矩阵如图 2.6(c)所示，其中交点为 1 处表示相应的两个面相邻。

总之，拓扑关系反映了空间实体之间的逻辑关系，它不需要坐标、距离信息，不受比例尺限制，也不随投影关系变化。

空间数据拓扑关系的表示方法主要有下述几种：

1)拓扑关联性

拓扑关联性表示空间图形中不同类型元素，如结点、弧段及多边形之间的拓扑关系。

如图 2.7(a)所示的图形，具有多边形和弧段之间的关联性 P_1/a_1，a_5，a_6；P_2/a_2，a_4，a_6 等，如图 2.7(b)所示。也有弧段和结点之间的关联性，N_1/a_1，a_3，a_5，N_2/a_1，a_6，a_2 等。即从图形的拓扑关联性出发，图 2.7(a)可用如图 2.7(b)、(c)所示的关联表来表示。用关联表来表示图的优点是每条弧段所包含的坐标数据点只需存储一次，如果不考虑它们之间关联性，而以每个多边形的全部封闭弧段的坐标点来存储数据，不仅数据量大，还无法反映空间关系。

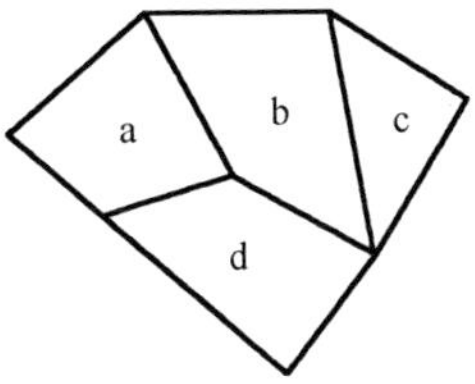

(a)

<table>
<tr><td>a</td><td>b</td><td>c</td></tr>
<tr><td colspan="3">d</td></tr>
</table>

(b)

	a	b	c	d
a	—	1	0	1
b	1	—	1	1
c	0	1	—	1
d	1	1	1	—

(c)

图 2.6　面块之间的拓扑关系

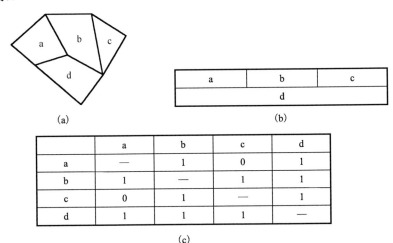

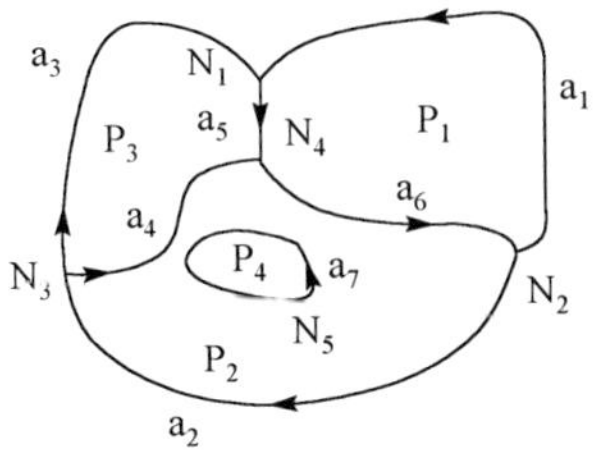

(a)

多边形号	弧段号
P_1	$a_1a_5a_6$
P_2	$a_2a_4a_6$
P_3	$a_3a_4a_5$
P_4	a_7

(b)

弧段号	起点	终点	坐标点
a_1	N_2	N_1	
a_2	N_2	N_3	
a_3	N_3	N_1	
a_4	N_3	N_4	
a_5	N_1	N_4	
a_6	N_4	N_2	
a_7	N_5	N_5	

(c)

图 2.7　图形的拓扑关联性

2)拓扑邻接性

拓扑邻接性表示图形中同类元素之间的拓扑关系。如多边形之间的邻接性，弧段之间的邻接性以及结点之间邻接关系(连通性)。由于弧段的走向是有向的，因此，通常用弧段的左右多边形来表示，并求出多边形的邻接性，如图 2.7(a)所示图。用弧段走向的左右多边形表示时，得到图 2.8(a)。显然，同一弧段的左右多边形必然邻接，从而得到如图 2.8(b)所示的多边形邻接矩阵表，表中值为 1 处表示多边形相邻接。从图 2.8(b)整理得到多边形邻接性表如图 2.8(c)所示。

弧段号	左多边形	右多边形
a_1	P_1	f
a_2	f	P_2
a_3	f	P_3
a_4	P_3	P_2
a_5	P_1	P_3
a_6	P_1	P_2
a_7	P_7	P_4

(a)

	P_1	P_2	P_3	P_4
P_1	—	1	1	0
P_2	1	—	1	1
P_3	1	1	—	0
P_4	0	1	0	—

(b)

	邻接多边形		
P_1	P_2	P_3	
P_2	P_1	P_3	P_4
P_3	P_1	P_2	
P_4	P_2		

(c)

图 2.8　多边形之间的邻接性

同理，从图 2.7(a)可得到如图 2.9 所示的弧段和结点之间关系表。由于同一弧段上两个结点必连通，同一结点上的各弧段必相邻，所以分别得弧段之间邻接性矩阵和结点之间连通性矩阵如图 2.10(a)、(b)所示。

弧段	起点	终点
a_1	N_2	N_1
a_2	N_2	N_3
a_3	N_3	N_1
a_4	N_3	N_4
a_5	N_1	N_4
a_6	N_4	N_2
a_7	N_5	N_5

(a)

终点	弧段		
N_1	a_1	a_3	a_5
N_2	a_1	a_2	a_6
N_3	a_2	a_3	a_4
N_4	a_4	a_5	a_6
N_5	a_7		

(b)

图 2.9　弧段和结点之间关系表

弧段	a_1	a_2	a_3	a_4	a_5	a_6	a_7
a_1	-	1	1	0	1	1	0
a_2	1	-	1	1	0	1	0
a_3	1	1	-	1	1	0	0
a_4	0	1	1	-	1	1	0
a_5	1	0	1	1	-	1	0
a_6	1	1	0	1	1	-	0
a_7	0	0	0	0	0	0	-

(a) 弧段的邻接矩阵

终点	N_1	N_2	N_3	N_4	N_5
N_1	-	1	1	1	0
N_2	1	-	1	1	0
N_3	1	1	-	1	0
N_4	1	1	1	-	0
N_5	0	0	0	0	-

(b) 结点的连通矩阵

图 2.10　弧段间邻接性和结点间连通关系表

3) 拓扑包含性

拓扑包含性表示空间图形中，面状实体中所包含的其他面状实体或线状、点状实体的关系。面状实体中包含面状实体情况又分为 3 种情况，即简单包含、多层包含和等价包含，分别如图 2.11 (a)、(b) 和 (c) 所示。

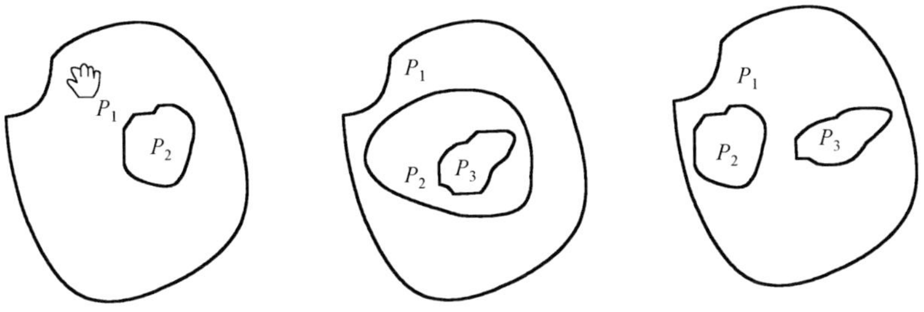

(a) 简单包含　　(b) 多层包含　　(c) 等价包含

图 2.11　图面实体间的包含关系

图 2.11 (a) 中多边形 P_1 中包含多边形 P_2，图 2.11 (b) 中多边形 P_3 包含在多边形 P_2 中，而多边形 P_2、P_3 又都包含在多边形 P_1 中。图 2.11 (c) 中，多边形 P_2、P_3 都包含在多边形 P_1 中，多边形 P_2、P_3 对 P_1 而言是等价包含。

2.3　拓扑与几何建模

计算机科学中有效处理不同几何模型也需要设计合理的数据结构。由于处理的数据是几何形状，每一个具体问题都需要选择正确的形状表述，以便有效地获取相关信息。在此背景下，有两种主要类别的曲面表示：显式曲面表示和隐式曲面表示。

显式曲面被定义为一个赋值向量参数方程 $f:\Omega \to S$，这个方程使一个两维参数域 $\Omega \subset \mathrm{IR}^2$ 和面 $S = f(\Omega) \subset \mathrm{IR}^3$ 对应起来。与此相反，一个隐式曲面则被定义为一个置零的赋值标量方程 $F:\mathrm{IR}^3 \to \mathrm{IR}, \text{i.e.}, S = \{x \in \mathrm{IR}^3 \mid F(x) = 0\}$。一个简单的两维的例子就是单位圆，它可被描述为一系列显示方程：

$$f:[0,2\pi] \to \mathrm{IR}^2, t \mapsto \begin{pmatrix} \cos(t) \\ \sin(t) \end{pmatrix}$$

也可以被描述为隐式方程的内核：

$$F:\mathrm{IR}^2 \to \mathrm{IR}, (x,y) \mapsto \sqrt{x^2 + y^2} - 1$$

2.3.1　连续曲面建模

构造几何模型采用连续曲面的表示方法。该建模方法是目前主流 CAD/CAM 软件的建模方法。

1. 几何平台

当前流行的 CAD 开发平台主要有 ACIS、PARASOLID、CAS.CADE、Pelorus、DESIGNBASE，但 ACIS、PARASOLID 等开发平台占主导地位。

1) ACIS 平台

ACIS 是美国 Spatial Technology 公司推出的三维几何造型引擎，它集线框、曲面和实体造型于一体，并允许这 3 种表示共存于统一的数据结构中，为各种三维造型应用的开发提供了几何造型平台。Spatial Technology 公司在 1986 年成立，目前 ACIS 三维 Toolkit 在世界上已有 380 多个基于它的开发商，并有 180 多个基于它的商业应用，最终用户已近 100 万。许多著名的大型系统都是以 ACIS 作为造型内核的，如 AutoCAD、CADKEY、Mechanical Desktop、Bravo、TriSpectives、TurboCAD、Solid Modeler、Vellum Solid 等。

2) PARASOLID 平台

PARASOLID 是英国 EDS（Electronic Data Systems）公司推出的 CAD/CAM 开发平台，它是由英国剑桥的 Shape Data 公司研制的，其前身是早期的实体造型先驱 Romulus 系统。Shape Data 公司在 1985 年推出了一个面向工程师的新产品项目，此项目的目标是在以复杂曲面为边界的实体造型领域提供通用的开发平台，由此诞生了 PARASOLID。目前，PARASOLID 在世界上已有 7000 多个基于它的最终用户产品，其应用范围主要集中在机械 CAD/CAM/CAE 领域，它的用户群包括系统开发商、企业、大学、研究机构等。著名的 CAD 软件 UGII。Solid Works 等都是以它作为图形核心系统。应用 PARASOLID 的公司主要有 EDS-Unigraphics、ICAD、Siemens-Nixdorf、Fujitsu、General Electric 和 General Motors 等。

PARASOLID 支持流形造型与生成型拓扑（非流形造型、单元体造型、混合维造型），提供了布尔运算、局部操作、显示、查询等功能。

3) CAS.CADE 平台

CAS.CADE 是由法国 MDTV（Matra Datavision）公司开发的 CAD/CAM 软件平台。虽然 CAS.CADE 是 CAD/CAM 软件平台中的一支新军，是 MDTV 仅经过 4 年开发就推出的产品，但它却是 MDTV 及其在工业软件和几何造型软件方面十几年经验的结晶。CAS.CADE 已应用于机械、船舶、地球科学、医学和土木工程等领域，其应用主要集中在专业性 CAD/CAM/CAE、GIS、AEC 等应用软件的开发。

2. 连续曲面的实体建模几何与拓扑

几何（Geometry）、拓扑（Topology）和属性（Attribute）构成了 ACIS 模型，三者统一由最基础的抽象类 ENTITY 所派生。虽然 ENTITY 本身不代表任何对象，但在 ENTITY 中定义了它所有描述实体的子类应具有的数据和方法（如存储、恢复、回溯等）。ACIS 的拓扑包括体（BODY）、块（LUMP）、壳（SHELL）、子壳（SUBSHELL）、面（FACE）、环（LOOP）、线框（WIRE）、公共边（COEDGE）、边（EDGE）和顶点（VERTEX）。它们继承了 ENTITY 的所有性质，并增加了专有的结构数据及访问这些数据的接口。从 ENTITY 获得的数据结构可以去掉模型中的冗余数据，并且允许数据的分割，也就是说，可以将大模型的数据限制在某个特定的区域之内。ACIS 把线框(WIREFRAME)、曲面(SURFACE)和实体(SOLID)存储在统一的数据结构中，这种共存机制使 ACIS 支持混合维模型和各种非流型模型。如图 2.12 所示描述了拓扑对象间的关系以及拓扑与几何间的关系。

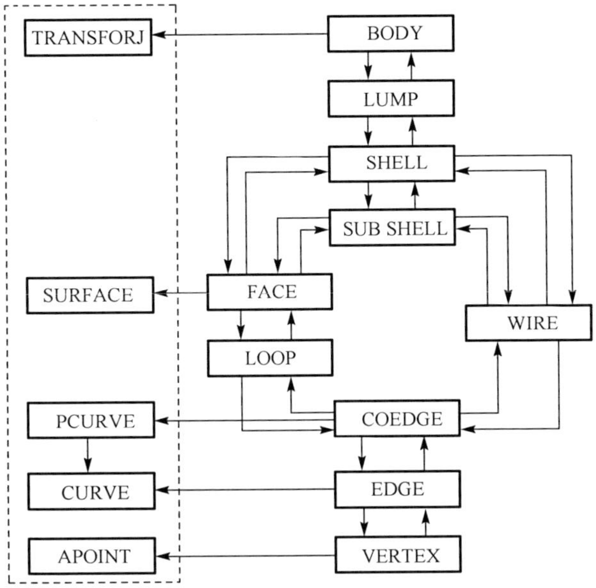

图 2.12 ACIS 中模型的拓扑关系

- 体是模型中的最高层次。可以为一个物理意义上的实体或薄片(厚度很薄的或无厚度的)，或者是多个线条组成的环，也可以是若干在空间上不相连的块。
- 块代表着一个空间上有界的且相连的区域，是在 1～3 维空间相连的点集。
- 壳在正常情况下是一个完整物体的封闭边界。一个连通的物体有一个外壳和若干个可能的内壳，后者构成体内空腔的边界。此外，线框模型只要有一个环(LOOP)，再蒙上一张面便成为壳。
- 面是空间一张几何面的有界部分，它的边界由一个或多个环(LOOP)组成。
- 环(LOOP)是面边界的连通部分，一般是封闭的。
- 边是一条空间曲线的有界部分。

图 2.9 所示的模型数据结构确定了模型的拓扑和几何信息。从图 2.9 可见，体也可以没有面，也就是线架模型。

从 ENTITY 派生的表示模型几何的类为 CURVE(派生类为 ELLIPSE、INTCURVE 和 STRAIGHT)、PCURVE、POINT、SURFACE(派生类为 CONE、PLANE、SPHERE、SPLINE 和 TORUS)和 TRANSFORM。特定的几何信息对这些子类来说是私有的，对这些类的访问都需通过成员函数进行。

从 ENTITY 派生的属性类 ATTRIB 提供了定义系统属性和用户属性的接口函数。ATTRIB 给应用提供了确定属性类型的手段及其处理方法。

ENTITY 包含一个指向公告板(bulletin board)的指针。缺省状态下公告板的登录机制为开启状态，该指针支持回溯机制。在开始造型时，在每个实体中公告板指针均初始化。当实体发生变化时，如果需要则备份函数创建一新的公告板。

ENTITY 的构造函数与析构函数也处理公告板记录。由于实体连续不断地备份到公告板上，因此所有从 ENTITY 派生的对象必须用 new 操作符分配内存空间。new 操作符被重载，它调用一特殊的内存分配器来操作私有的内存链表，该内存链表的使用使得 ACIS 可以更有效地管理内存。

ENTITY 还包含从创建的对象指向系统定义的及用户定义的属性的指针。当然并不是所有的对象都使用这些属性指针，但对任何对象来说，ACIS 都支持这些指针的创建和删除。

2.3.2 离散曲面建模[2]

1. 离散曲面处理的需求

离散几何建模的效率关键取决于基础网格数据结构。面对多种数据结构及其应用，一般情况下，需要考虑两方面的内容：

1) 拓扑需求

数据结构需要表示哪一类的网格；是否需要网格边界数据；是否假设网格封闭；是否需要表示复杂的边界和单一的点；是否只表示三角网格或者适用于任意多边形网格；网格是否规则；是否建立网格的等级关系；是否只需要简单的数据结构等。

2) 算法需求

数据结构要适用于所需的算法，并使其对网格的处理简单；是否需要修改网格的某个基元或者修改其连通性和拓扑；是否需要将额外的数据与网格的点、线、面结合起来；是否对找到网格点、线、面的相邻基元有严格的时间要求；是否假定网格是定向的。

三角网格最简单的表示方法是将单个的三角面片存储在集合中。一些数据交换格式使用这种表现形式作为基础特性，如：STL。但是，这种数据结构并不满足所有需要：它不能明确地表示网格的连通性、顶点和相关的数据重叠。改进的方法是：用共有的顶点数据结构处理，将每个顶点存储在一个表格中，将三角面片作为索引的 3 倍数存入表格中。这种表示方法因其有效性和简略性而被应用于许多文件格式中。同时对一些静态数据的特定算法很有效，比如渲染。但是由于缺少额外的连通性信息，将导致很多算法失效。

首先，必须保证完成一些最简单的操作集合，这些操作在大量的算法中频繁使用。

- 单个顶点、边、面的调用，包括列举出所有元素。
- 面边界的定向遍历，比如通过面找到它的边界线。
- 包含同一条边的所有面的调用。这取决于面在边的哪个方向。这样就可以得到相邻面的数据进而遍历整个网格面片。
- 考虑每条边的终点和起点。
- 给定任意一点必须附属于一个边或者面，然后任意一点的一环邻域内的所有元素可以计算出来。

这些操作可以对网格进行局部和全局遍历，包括顶点、边、和有连通信息的面。一些数据结构可以进行快速的网格遍历，如：翼边数据结构、四边数据结构、半边数据结构。其中半边数据结构和定向边数据结构特别适用于三角网格，这两种数据结构都能有效地获取面和顶点的相邻数据。这种操作广泛应用在一些算法中，包括网格简化和网格平滑。半边数据结构能够表示任意的多边形网格。定向边数据结构存储更加有效，但只能表示两种三角网格。

2. 三角网格曲面

三角网格模型是由三维空间中的顶点和边连接而成的分片线性曲面，其中每条边最多包含在两个三角形中(非流形的三角网格除外)，如图 2.13 所示。关于三角网格的表示 Hoppe 给出了典型的描述：三角网格 $M=(V,K)$，其中 $V=\{v_1,v_2,\cdots,v_i\}$，$v_i\in R^3$，表示网格形状由点集在三维空间中的几何位置定义；K 是一种单纯复形，表达点、边、面的一种连接关系，如图 2.14 所示，决定了网格的拓扑类型。

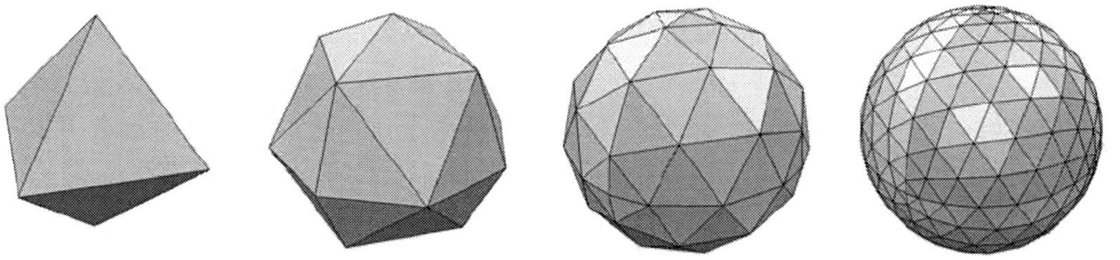

图 2.13　三角网格体

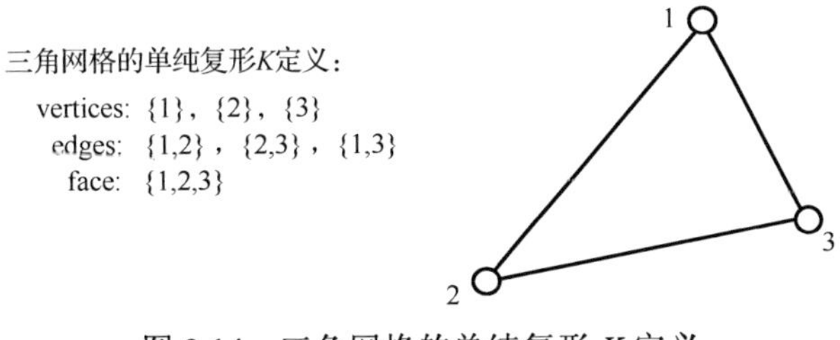

图 2.14　三角网格的单纯复形 K 定义

点、边、面可以分别由一组多维单纯形网格表示：

点(0-simplices) $V=\{i\}\in K$

边(1-simplices) $V=\{i,j\}\in K$

面(2-simplices) $V=\{i,j,k\}\in K$

3. 三角网格拓扑邻域表示

三角网格的拓扑结构是通过自身包含的单纯复形拓扑邻域信息来表示的，如图 2.15 所示。图 2.15(a)表示任意点 V 的 1 邻域集合，由与 V 相连接的 m 个顶点组成，记为 Nbhd(V)1=$\{V_1, V_2, \cdots, V_m\}$。点 V 的 n 邻域集合定义为一个点集，点集里的任意点需要满足：经过少于或等于 n 条边就可以到达 V 点，记为 Nbhd(V)n=$\{V_1, V_2, \cdots, V_m\}$，

MinSumEdges$(V_i-V)\leqslant n$。图 2.15(b)表示任意边的邻域集合，边 E 由顶点 V_i，V_j组成，由左右相邻的面共享，记为 Nbhd$(E)=\{F_i, F_j\}$；图 2.15(c)表示任意面的邻域集合，三角面片 F 由顶点 V_i, V_j, V_k 组成，通过共享边的方式与周围的三角片相邻，记为 Nbhd$(F)=\{F_i, F_{i+1}, F_{i+2}\}$。利用三角网格包含的单元单纯复形拓扑邻域信息，可以构建整个三角网格拓扑结构。

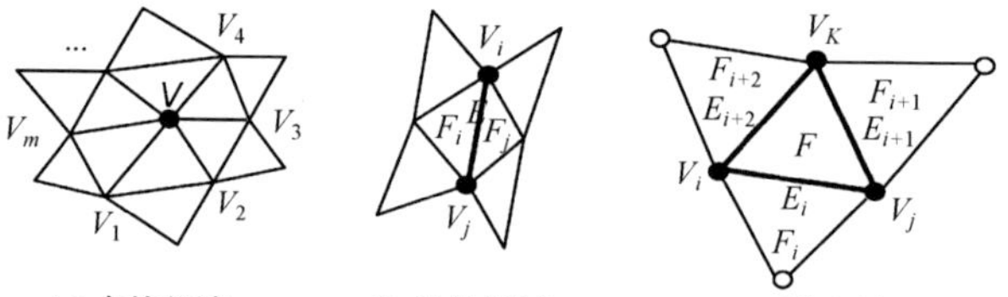

图 2.15　三角网格的单纯复形的邻域

STL 格式文件通过三角片的相关信息表示实体的表面，如表 2.1 所示。一个三角片的信息包含三角片的外法矢和按右手螺旋规则排列的 3 个顶点。STL 文件格式规整、结构清晰，但是从实体几何拓扑模型转换成 STL 三角片文件格式时，采用顶点和共边“分裂”的方式存储，丢失了最初的拓扑关系，同时还增加了大量的重顶点、重边的冗余数据。由封闭凸多面体的欧拉公式 $V-E+F=2$ 可以得出顶点、边和面之间的数量关系，其中 V 表示点的数目，E 表示边的数目，F 表示面的数目，由于每条边“裂成”两条半边，所以 $E=3F/2$；代入欧拉公式得出 $V=F/2+2$，由此推出 STL 文件中分裂点 $V'=6(V-2)$，平均分裂点数几乎是原来拓扑点数的 6 倍，所以在 STL 拓扑重建中必须采用高效的算法。

表 2.1　STL 文件的数据存储格式

```
Solid (文件开始的标识)
facet normal 0.371702 0.024984 0.928016; (三角片的外法矢)
 outer loop
     vertex 27.327051 -8.739584 -16.958233 (第 1 个顶点)
     vertex 27.193308 -8.422022 -16.913214 (第 2 个顶点)
     vertex 27.005970 -8.889491 -16.825594 (第 3 个顶点)
 end loop
endfacet
…
EndSolid
```

4. 三角网格半边拓扑模型

在逆向工程的快速曲面重建和快速原型制造截面线生成算法等应用时，都需要重建 STL 三角网格模型中点、边、面的拓扑关系。一个设计完善的 STL 拓扑结构需要尽可能满足各种后续应用的需求。

- 处理、操作大数据量时，依然十分高效、快速。
- 具备分析 STL 数据质量的能力，即能够快速的搜索孔洞、间隙和边界。
- 能够快速查询每一个点的 n 邻域信息。
- 能够快速查询每一个面的相邻面信息。

- 通过一条边可以遍历所有其他的边。
- 通过一个面可以遍历所有其他的面。

目前采用的拓扑重建的数据结构主要包括：翼边结构、半边结构、四边结构等。在翼边结构中包含与边相邻的两个环，翼边结构没有明确的正方向，因此判断当前边所在的环与面比较困难。四边结构将每条边“分裂”为两对方向相反的边，可以表示无向二边流形体，但无法表示带孔洞的模型。随后人们对翼边结构作了许多改进，其中半边结构是其中较有代表性的一种，如图 2.16 所示。它将三角片的每一条边“分裂”为两条方向相反的有向半边，按照法矢符合右手螺旋方向的半边属于当前三角片，每个三角面片由 3 条有向半边组成，面与面的连接关系通过拓扑半边的相邻半边的指针建立，完整的数据结构表示如下所示：

$$\begin{gathered} \boldsymbol{V}:\{\boldsymbol{V}_i \rightarrow (x,y,z)_i\}, \quad i=1,\cdots,N_v \\ HE:\{HE_i \rightarrow (\boldsymbol{V}_{\text{start}},\boldsymbol{V}_{\text{end}},\text{pNext},\text{pPre},\text{pAdjacent},\text{FaceId})_i\}, \quad i=1,\ldots,N_f \end{gathered} \tag{2.1}$$

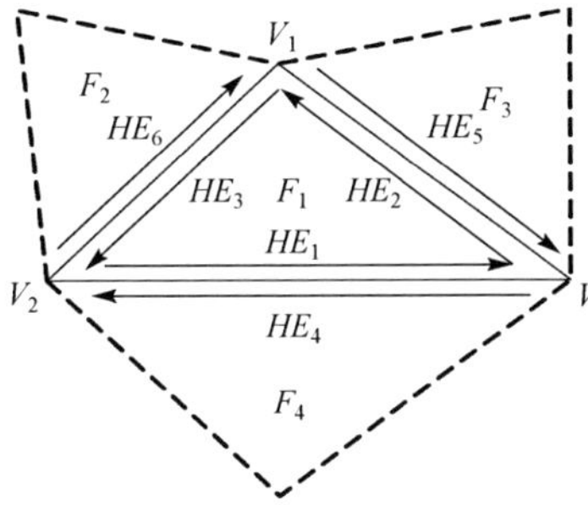

图 2.16 半边拓扑结构

V、HE 分别表示顶点集合和半边集合，其中 $\boldsymbol{V}_{\text{start}}$、$\boldsymbol{V}_{\text{end}}$ 表示半边的起点和终点；pNext, pPre, pAdjacent 为 3 个指针，分别指向前一条半边、后一条半边及与其相邻但方向相反的半边；FaceId 代表当前半边所属的三角面片的索引号。基于半边拓扑结构的特点，可以较好地满足各种后续应用的需求。

5. 基于 AVL 的半边拓扑构建

半边拓扑结构构建的方法并不复杂，按照通常的算法，首先遍历每一个三角片，构造 3 条半边，建立相互之间的前后关系，并将半边存入链表。随后每次从链表取出其中的一条半边，搜索链表中所有剩余的半边，根据相邻半边和当前半边的顶点相同方向相反的条件，查找当前半边的相邻半边，整个算法的复杂度达到 $O(n^2)$。而且搜索到大量边界边存在时，算法的计算量还会不断地增加，导致当三角面片的数量按照线性增长时，半边拓扑重建的效率极速的下降，所以研究一种高效的半边拓扑重建算法尤为重要。

经过分析半边拓扑重建的复杂度主要包含两个部分：

(1) 顶点的聚合。将“分裂”存储的点合并为一个点，即去除 STL 文件中的冗余点。

(2) 半边结构中相邻半边的搜索，快速建立当前半边与相邻半边的拓扑关系。可以采用基于平衡二叉树 (AVL) 快速搜索为核心的算法，利用平衡二叉树数据搜索的效率仅与树的高度相关的特点，将整体算法的复杂度降为 $O(n\log_2 n)$。

1) 顶点聚合

STL 文件冗余信息很多，对 STL 文件的数据存储格式分析，每一个顶点几乎平均被重复存储了 6 次，不但占据大量的存储空间，同时也不利于数据的查找与遍历。根据计算机描述图形采用的存储几何数据常用的单链三表结构，利用顶点表、边表、面表来表达几何元素之间的连接关系，通过改进，针对 STL 数据的特点本文构造了 V-F 点-面表结构，优化了 STL 数据的存储，同时也巧妙地完成了顶点聚合，如表 2.2 所示。

表 2.2　V-F 点-面存储结构

V 0 70.253395 40.753464 -1.735479
V 1 69.854507 40.933361 -1.851359
V 2 69.886093 40.587917 -1.986310
V 3 68.584930 41.354134 -4.289208
V 4 68.849785 41.688934 -4.039109
V 5 68.698967 41.488247 -4.396496
……
F 0 0 1 2
F 1 3 4 5
…

2) 半边拓扑建立

半边结构的邻边搜索采用线性遍历的方式是十分耗时的，算法的复杂度也达到 $O(n^2)$。采用虚 AVL 搜索策略，虚 AVL 是指在建树过程中，树节点中并没有如顶点聚合时在数据结构(式 2.1)中存储了实际的数据，而仅仅存储了指向一条半边的指针，通过指针索引利用虚 AVL 树快速搜索的特点，高效地完成了半边结构中相邻半边的搜索，虚 AVL 树和半边链表搜索关联如图 2.17 所示。

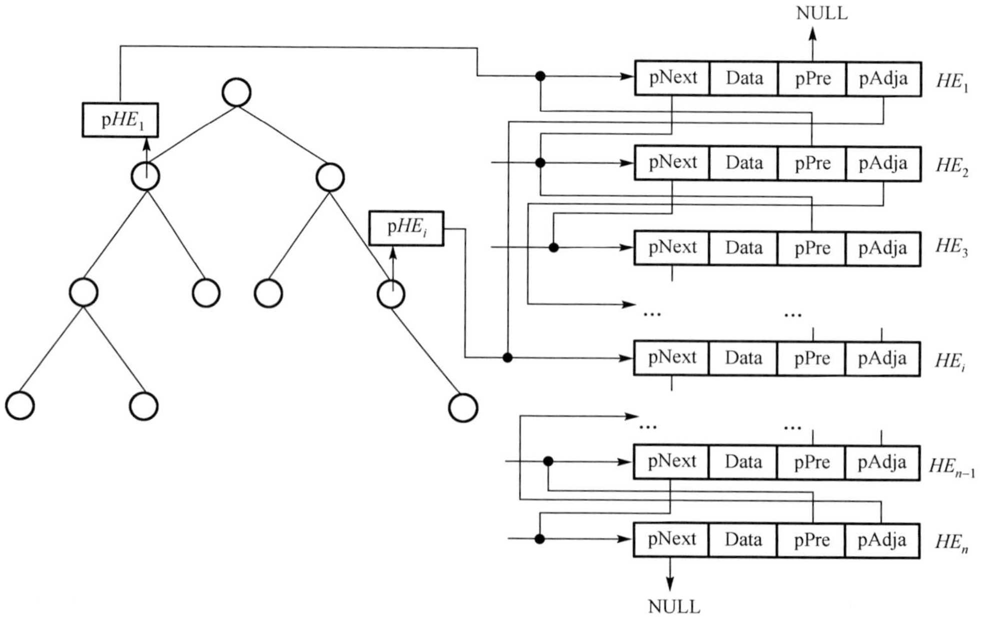

图 2.17　虚 AVL 树和半边链表搜索关联

首先遍历 V-F 数据文件，读取三维点数据并存储在动态数组中，读取三角面片数据分别建立 3 条索引半边的数据结构(式 2.2)，其中 V_{sid}、V_{eid} 分别表示起点、终点的索引号。

$$HE\text{: }\{HE_i(V_{\text{sid}}, V_{\text{eid}}, \text{pNext}, \text{pPre}, \text{pAdjacent}, \text{FaceId})_i, i = 1, \cdots, N_f\} \tag{2.2}$$

存入半边链表，通过指针索引建立 3 条半边的前后关系，构成前向半边环(式 2.3)和后向半边环同理。

$$\begin{aligned} HE_{i+2}.\text{pNext} &= \text{GetPointer}(HE_i) \\ HE_{i+1}.\text{pNext} &= \text{GetPointer}(HE_{i+2}) \\ HE_i.\text{pNext} &= \text{GetPointer}(HE_{i+1}) \end{aligned} \tag{2.3}$$

分别将 3 条半边的指针顺序插入 AVL 树，构建虚 AVL 查找树。半边排序原则：若（HE_1.vsid < HE_2.vsid）or（HE_1.vsid = HE_2.vsid and HE_1.veid < HE_2.veid），则，$HE_1 < HE_2$。

参 考 文 献

[1] http://wenku.baidu.com/link?url=WeaZQM_c_OA5l4lPq_zGZpWVwjOaQrcr_BiNh86QJj4LzoUlm_xTWMeWUPr4ccqJGwbJrGs8VxKX26OM4WXVYmsq9NhwiwgRFDkBggTxAKO

[2] 戴宁. 口腔修复体造型关键技术研究及其应用. 南京：南京航空航天大学, 2006

第 3 章　离散曲线曲面的微分几何量

3.1　曲线微分几何量

3.1.1　微分几何量的定义

1. 弧长和切向量

设有曲线：

$$\boldsymbol{r}(t)=[x(t),y(t),z(t)] \tag{3.1}$$

$\boldsymbol{P}_0=\boldsymbol{r}(0)$ 是该曲线的起始点，$\boldsymbol{P}=\boldsymbol{r}(t)$ 是曲线上的流动点。称

$$\boldsymbol{r}'(t)=[x'(t),y'(t),z'(t)] \tag{3.2}$$

为曲线在 $\boldsymbol{P}$ 点的切矢量。切矢量是一个非常基本的几何量，几何造型离不开切矢量。

称该曲线在 $\boldsymbol{P}_0$ 和 $\boldsymbol{P}$ 弧长 $s=\boldsymbol{P}_0^s\boldsymbol{P}$ 为曲线 $\boldsymbol{r}(t)$ 上 $\boldsymbol{P}$ 点处的弧参数或者自然参数。弧参数也是一个非常基本的几何量。如果把曲线 $\boldsymbol{r}(t)$ 的一般参数换成弧参数，曲线的方程形式就是 $\boldsymbol{r}(s)$。曲线的弧参数和切矢量如图 3.1 所示。由于弧参数是经典而且基本的几何量，通常将弧参数形式下的导数采用如下形式表示：

$$\dot{\boldsymbol{r}}=\frac{d\boldsymbol{r}}{ds},\quad \ddot{\boldsymbol{r}}=\frac{d^2\boldsymbol{r}}{ds^2},\quad \dddot{\boldsymbol{r}}=\frac{d^3\boldsymbol{r}}{ds^3},\quad \overset{(n)}{\boldsymbol{r}}=\frac{d^n\boldsymbol{r}}{ds^n}$$

在弧参数形式下，有许多优美的结论[1]，例如：

$$|\dot{\boldsymbol{r}}|=1$$

在应用中，著名的累加弦长参数化方法[2]的思想起源就是弧长参数化。

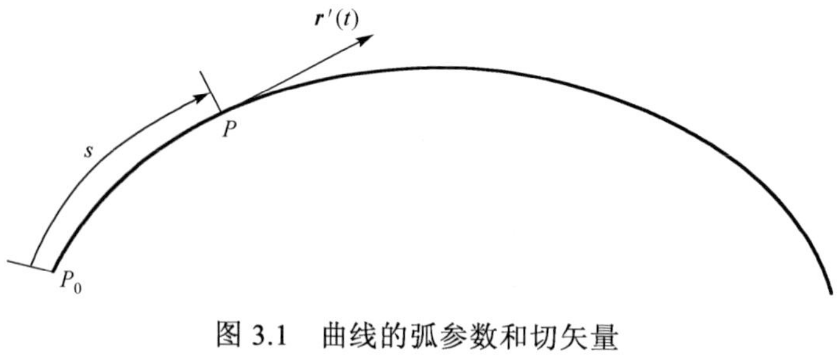

图 3.1　曲线的弧参数和切矢量

2. 弗雷内(Frenet)标架

定义了曲线方程的求导方式以后，就可以引入分析曲线局部性质的重要工具：Frenet 标架或者曲线活动标架。一般情况下，$\boldsymbol{r}'(t)$ 与 $\boldsymbol{r}''(t)$ 不共线，即

$$\boldsymbol{r}'(t)\times\boldsymbol{r}''(t)\neq[0,0,0] \tag{3.3}$$

否则，就称曲线上的相应点是奇异点。这里，用 $\boldsymbol{a}\times\boldsymbol{b}$ 表示两个矢量的叉积。令 $\boldsymbol{a}=[x_a,y_a,z_a]$，$\boldsymbol{b}=[x_b,y_b,z_b]$，那么

$$\boldsymbol{a}\times\boldsymbol{b}=\begin{vmatrix}\boldsymbol{i} & \boldsymbol{j} & \boldsymbol{k}\\ x_a & y_a & z_a\\ x_b & y_b & z_b\end{vmatrix}$$

上式右端表示一个行列式，$\boldsymbol{i}$、$\boldsymbol{j}$、$\boldsymbol{k}$ 分别是 x、y、z 三个坐标轴正向的单位矢量。在曲线上的非奇异点(又称正则点)，$\boldsymbol{r}'(t)$ 与 $\boldsymbol{r}''(t)$ 决定一个平面，这个平面称为曲线在该点的密切面。如果曲线上的点 $\boldsymbol{P}=\boldsymbol{r}(t)$ 是正则点，称

$$\boldsymbol{B}=\boldsymbol{r}'(t)\times\boldsymbol{r}''(t)$$

为该曲线在 $\boldsymbol{P}$ 点的副法矢量。称

$$\boldsymbol{N}=\boldsymbol{B}\times\boldsymbol{T}$$

为该曲线在 $\boldsymbol{P}$ 点的主法矢量。在采用弧参数 s 的情况下，有以下结论：

$$\boldsymbol{N}=\ddot{\boldsymbol{r}}/|\ddot{\boldsymbol{r}}|$$

$\boldsymbol{T}$、$\boldsymbol{N}$、$\boldsymbol{B}$ 形成右旋的笛卡尔标架，在经典的微分几何[1]中称为 Frenet 标架或者曲线活动标架，如图 3.2 所示。在这个活动标架上，$\boldsymbol{T}$ 和 $\boldsymbol{N}$ 决定的平面称为密切面；$\boldsymbol{N}$ 和 $\boldsymbol{B}$ 决定的平面称为法平面，$\boldsymbol{T}$ 和 $\boldsymbol{B}$ 决定的平面称为从平面。空间曲线有无数多条法线，所有的法线都在法平面上。

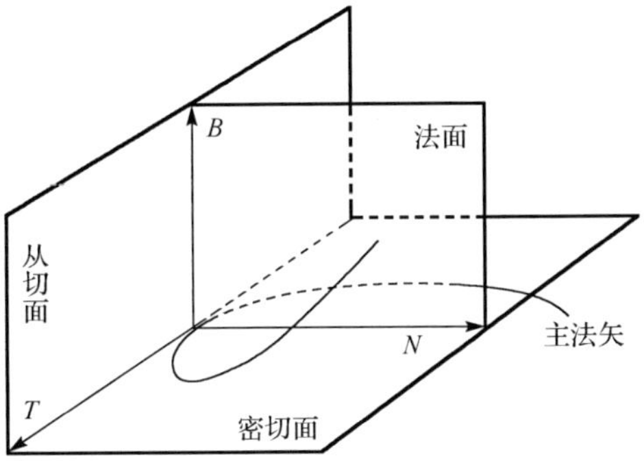

图 3.2　曲线的活动标架

3. 曲率和挠率

曲率和挠率是曲线的两个基本的几何量，在几何设计中经常用到。从几何定义上来说，曲率就是切矢量 $\boldsymbol{T}$ 相对于弧长的转动率。形象地说，曲率就是用来描述曲线弯曲程度的几何量，曲率越大，曲线就越弯曲。直线没有弯曲，其曲率就是 0。如果某个圆的半径为 $\boldsymbol{R}$，该圆周上每一点处的曲率都是 $1/R$。显然，圆半径越小，圆弧的弯曲程度就越大，曲率也就越大。经过适当的推导，可以有以下曲率计算公式：

$$k = |\ddot{\boldsymbol{r}}(s)| = \frac{|\boldsymbol{r}'(t) \times \boldsymbol{r}''(t)|}{|\boldsymbol{r}'(t)|^3}$$

挠率就是副法矢量 $\boldsymbol{B}$ 相对于弧长的转动率。形象地说，挠率就是用来描述曲线在空中扭转程度的几何量，也就是说，它描述曲线在某一点处离开密切面的速度。挠率越大，曲线离开密切面的速度就越快，曲线就显得愈“陡峭”。比如说，盘山公路越陡峭，其挠率就越大。经过适当的推导，可以有挠率计算公式：

$$\tau = (\dot{\boldsymbol{r}}, \ddot{\boldsymbol{r}}, \dddot{\boldsymbol{r}}) = \frac{(\boldsymbol{r}', \boldsymbol{r}'', \boldsymbol{r}''')}{(\boldsymbol{r}' \times \boldsymbol{r}'')^2}$$

这里，用 $(\boldsymbol{a}, \boldsymbol{b}, \boldsymbol{c})$ 表示 $\boldsymbol{a}$、$\boldsymbol{b}$、$\boldsymbol{c}$ 三个矢量的混合积为

$$(\boldsymbol{a}, \boldsymbol{b}, \boldsymbol{c}) = \begin{vmatrix} x_a & y_a & z_a \\ x_b & y_b & z_b \\ x_c & y_c & z_c \end{vmatrix}$$

上式中，x_i、y_i、$z_i (i = a, b, c)$ 分别表示 3 个相应矢量的分量。

3.1.2 离散曲线的曲率计算

为了便于初学者对基本概念的理解，这里仅仅讨论平面曲线。在离散数据中，曲线一般用有序的离散点表示：

$$C = \{\boldsymbol{p}_i = (x_i, y_i) \mid i = 1, \cdots, n\}$$

假设 C 是封闭曲线(即轮廓)，那么 $\boldsymbol{p}_{i-1}$ 和 $\boldsymbol{p}_{i+1}$ 是 $\boldsymbol{p}_i$ 的邻近点。当 $i>n$ 或者 $i<1$ 时，由于 C 是一个轮廓，此时对 i 关于 n 取模，$\boldsymbol{p}_i$ 的表示依然有意义：

$$i = i\%n$$

也就是说，将 i 取为 i 除以 n 后的余数。假设曲线 C 上的点满足以下条件：

(1) $|x_{i+1} - x_i| \leqslant 1$，$|y_{i+1} - y_i| \leqslant 1$

(2) $|x_{i+1} - x_i|$ 与 $|y_{i+1} - y_i|$ 不同时为 0

那么曲线在 $\boldsymbol{p}_i$ 处的离散曲率为

$$k_i = \Delta x_i \Delta^2 y_i - \Delta y_i \Delta^2 x_i$$

其中的一阶差分和二阶差分定义如下：

$$\Delta x_i = \frac{x_{i+1} - x_i}{\sqrt{(x_{i+1} - x_{i-1})^2 + (y_{i+1} - y_{i-1})^2}}$$

$$\Delta y_i = \frac{y_{i+1} - y_i}{\sqrt{(x_{i+1} - x_{i-1})^2 + (y_{i+1} - y_{i-1})^2}}$$

$$\Delta^2 x_i = \frac{\dfrac{x_{i+1} - x_i}{\sqrt{(x_{i+1} - x_i)^2 + (y_{i+1} - y_i)^2}} - \dfrac{x_i - x_{i-1}}{\sqrt{(x_i - x_{i-1})^2 + (y_i - y_{i-1})^2}}}{\sqrt{(x_{i+1} - x_{i-1})^2 + (y_{i+1} - y_{i-1})^2}}$$

$$\Delta^2 y_i = \frac{\dfrac{y_{i+1}-y_i}{\sqrt{(x_{i+1}-x_i)^2+(y_{i+1}-y_i)^2}} - \dfrac{y_i-y_{i-1}}{\sqrt{(x_i-x_{i-1})^2+(y_i-y_{i-1})^2}}}{\sqrt{(x_{i+1}-x_{i-1})^2+(y_{i+1}-y_{i-1})^2}}$$

这种方法只用到 $\boldsymbol{p}_i$ 的两个邻近点，这是一种很典型的方法。除此之外，也可以用参数三次样条的方法[2]计算离散曲线上各点的法矢量和曲率。采用后一种时，$\boldsymbol{p}_i$ 点处的法矢量和曲率与每个数据点都相关。因此，从理论上说，后一种方法的计算结果更准确。

3.2 曲面的微分几何量

3.2.1 切平面和法矢量

设曲面方程 S 为：

$$\boldsymbol{r} = \boldsymbol{r}(u,v)$$

那么曲面 S 在点 $\boldsymbol{r}(u_0,v_0)$ 处的两个偏导矢量分别是 $\boldsymbol{r}_u(u_0,v_0)$，$\boldsymbol{r}_v(u_0,v_0)$，如图 3.3 所示。这两个矢量与曲面 S 相切。显然，点 $\boldsymbol{r}(u_0,v_0)$、矢量 $\boldsymbol{r}_u(u_0,v_0)$ 和 $\boldsymbol{r}_v(u_0,v_0)$ 决定一个平面：

$$\boldsymbol{P}(\lambda,\mu) = \boldsymbol{r}(u_0,v_0) + \lambda\boldsymbol{r}_u(u_0,v_0) + \mu\boldsymbol{r}_v(u_0,v_0) \tag{3.4}$$

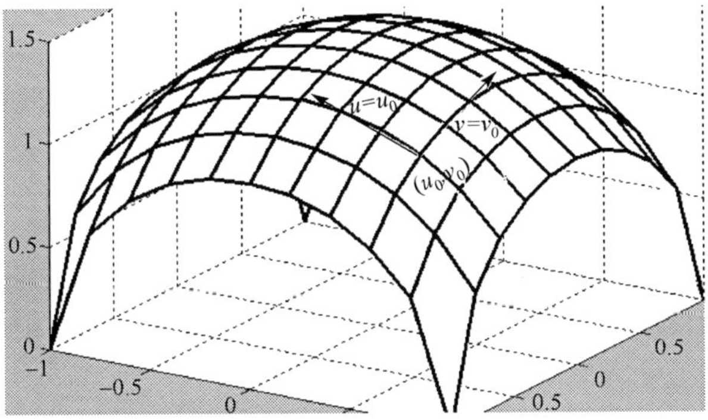

图 3.3 曲面的偏导矢量

这个平面与曲面 S 相切于点 $\boldsymbol{r}(u_0,v_0)$，称为曲面在该点的切平面。令

$$\boldsymbol{n}(u_0,v_0) = \frac{\boldsymbol{r}_u(u_0,v_0)\times\boldsymbol{r}_v(u_0,v_0)}{|\boldsymbol{r}_u(u_0,v_0)\times\boldsymbol{r}_v(u_0,v_0)|}$$

那么，该平面的法线方程为

$$\boldsymbol{\Gamma}(t) = \boldsymbol{r}(u_0,v_0) + t\boldsymbol{n}(u_0,v_0)$$

这个法线也称为曲面 S 在点 $\boldsymbol{r}(u_0,v_0)$ 处的法线。

3.2.2 曲面的曲率

考察曲面 S 上一点 $\boldsymbol{r}(u_0,v_0)$ 以及曲面在该点的法矢量 $\boldsymbol{n}(u_0,v_0)$。在切平面 $\boldsymbol{P}(\lambda,\mu)$ 上取

一个切矢量$\boldsymbol{T}(\lambda,\mu,u_0,v_0)$。注意到，点$\boldsymbol{r}(u_0,v_0)$、矢量$\boldsymbol{n}(u_0,v_0)$和$\boldsymbol{T}(\lambda,\mu,u_0,v_0)$决定一个平面$\Pi$。平面$\Pi$与曲面 S 有一条交线 C。该交线 C 称为曲面 S 上在点$\boldsymbol{r}(u_0,v_0)$沿切方向$\boldsymbol{T}(\lambda,\mu,u_0,v_0)$的法截线。如果改变$\lambda$和$\mu$，就会得到一个新的$\boldsymbol{T}(\lambda,\mu,u_0,v_0)$。因此，在切平面$\boldsymbol{P}(\lambda,\mu)$，过$\boldsymbol{r}(u_0,v_0)$有无数多个切矢量$\boldsymbol{T}(\lambda,\mu,u_0,v_0)$。因此也就会有无数多条法截线。举一个例子来解释法截线。假设曲面S是地球仪的表面，$\boldsymbol{r}(u_0,v_0)$是地球仪上的北极点，那么在北极点处$\boldsymbol{n}(u_0,v_0)$与地轴的方向相同，如图 3.4 所示。按照定义，一条法截线就是地球仪上的一条经线。以$\boldsymbol{n}(u_0,v_0)$为轴转动平面Π，经线会发生变化，即法截线会变化。

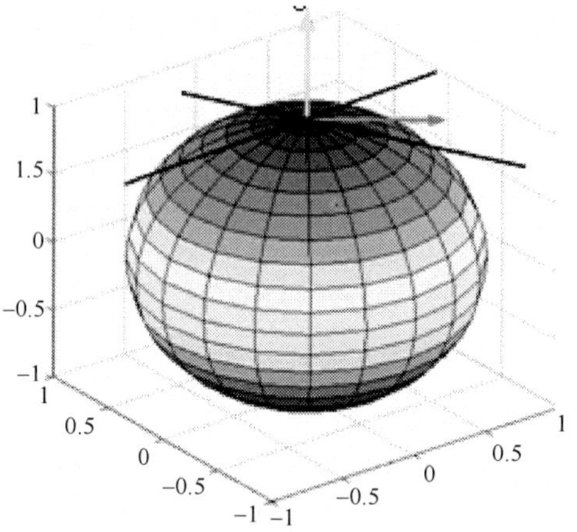

图 3.4　曲面的切矢量、法矢量和法截线

显然，法截线C经过点$\boldsymbol{r}(u_0,v_0)$，把法截线C在点$\boldsymbol{r}(u_0,v_0)$处的曲率称为曲面S在点$\boldsymbol{r}(u_0,v_0)$沿切方向$\boldsymbol{T}(\lambda,\mu,u_0,v_0)$的法曲率。因此，切方向$\boldsymbol{T}(\lambda,\mu,u_0,v_0)$变化$S$在点$\boldsymbol{r}(u_0,v_0)$的法曲率随之变化，即法曲率

$$k_{(u_0,v_0)} = k(\lambda,\mu,u_0,v_0)$$

于是，曲面S在点$\boldsymbol{r}(u_0,v_0)$处的法曲率$k_{(u_0,v_0)}$是变量λ和μ的函数。于是，$k_{(u_0,v_0)}$存在最大值k_1和最小值k_2，由此可以给出如下概念：

(1)主曲率：法曲率的极值 k_1、k_2

(2)高斯曲率：$K = k_1 k_2$

(3)平均曲率：$H = (k_1 + k_2)/2$

3.3　曲面曲率的计算

3.3.1　曲面的第一基本公式

曲面上曲线的表达形式如下：

$$\boldsymbol{r} = \boldsymbol{r}(u,v) = \boldsymbol{r}(u(t),v(t)) = [x(t)\ y(t)\ z(t)]$$

若以s表示曲面上曲线的弧长，利用复合求导公式可以得到弧长的微分公式如下：

$$(\mathrm{d}s)^2=(\mathrm{d}\boldsymbol{r})^2=(\boldsymbol{r}_u\mathrm{d}u+\boldsymbol{r}_v\mathrm{d}v)^2=\boldsymbol{r}_u^2(\mathrm{d}u)^2+2\boldsymbol{r}_u\boldsymbol{r}_v\mathrm{d}u\mathrm{d}v+\boldsymbol{r}_v^2(\mathrm{d}v)^2$$

令 $E=\boldsymbol{r}_u^2$， $F=\boldsymbol{r}_u\boldsymbol{r}_v$， $G=\boldsymbol{r}_v^2$，有

$$(\mathrm{d}s)^2=E(\mathrm{d}u)^2+2F\mathrm{d}u\mathrm{d}v+G(\mathrm{d}v)^2$$

在经典微分几何中，上式称为曲面的第一基本公式，E、F、G 称为第一类基本量。使用第一基本公式和第一基本量，可以方便地计算出曲面上曲线的弧长、曲面片的面积和相交曲线的交角[1]。

3.3.2 曲面的第二基本公式

依然考察曲面上的曲线 Γ：

$$\boldsymbol{r}=\boldsymbol{r}(u(s),v(s))$$

这里 s 是该曲线的弧长参数。利用复合求导公式有

$$\boldsymbol{T}=\boldsymbol{r}=\frac{\mathrm{d}\boldsymbol{r}}{\mathrm{d}s}=\frac{\partial\boldsymbol{r}}{\partial u}\frac{\mathrm{d}u}{\mathrm{d}s}+\frac{\partial\boldsymbol{r}}{\partial v}\frac{\mathrm{d}v}{\mathrm{d}s}=\boldsymbol{r}_u\dot{u}+\boldsymbol{r}_v\dot{v}$$

$$\begin{aligned}\dot{\boldsymbol{T}}&=\frac{\mathrm{d}(\boldsymbol{r}_u\dot{u})}{\mathrm{d}s}+\frac{\mathrm{d}(\boldsymbol{r}_v\dot{v})}{\mathrm{d}s}=\frac{\mathrm{d}\boldsymbol{r}_u}{\mathrm{d}s}\dot{u}+r_u\ddot{u}+\frac{\mathrm{d}\boldsymbol{r}_v}{\mathrm{d}s}\dot{v}+\boldsymbol{r}_v\ddot{v}\\&=(\boldsymbol{r}_{uu}\dot{u}+\boldsymbol{r}_{uv}\dot{v})\dot{u}+\boldsymbol{r}_u\ddot{u}+(\boldsymbol{r}_{uv}\dot{u}+\boldsymbol{r}_{vv}\dot{v})\dot{v}+\boldsymbol{r}_v\ddot{v}\\&=\boldsymbol{r}_{uu}(\dot{u})^2+2\boldsymbol{r}_{uv}\dot{u}\dot{v}+\boldsymbol{r}_{vv}(\dot{v})^2+\boldsymbol{r}_u\ddot{u}+\boldsymbol{r}_v\ddot{v}\end{aligned}$$

不妨令曲线 Γ 是是曲面在 $\boldsymbol{P}$ 点处的法截线，如图 3.4 所示。容易证明，曲线 Γ 的主法矢量 $\boldsymbol{N}$ 与曲面在该点处的法矢量 $\boldsymbol{n}$ 共线。实际上，在法截面 Π 上，$\boldsymbol{N}$ 和 $\boldsymbol{n}$ 都与曲线 Γ 在 $\boldsymbol{P}$ 点的切矢量 $\boldsymbol{T}$ 垂直，因此 $\boldsymbol{N}$ 和 $\boldsymbol{n}$ 共线。注意到，可以调整曲线的走向，使得 $\boldsymbol{N}$ 和 $\boldsymbol{n}$ 具有相同的方向。因此，可以认为

$$\boldsymbol{N}\cdot\boldsymbol{n}=1$$

既然，

$$\dot{\boldsymbol{T}}=k\boldsymbol{N}$$

所以，法截线 Γ 在 $\boldsymbol{P}$ 点的曲率

$$k=k\boldsymbol{N}\cdot\boldsymbol{n}=\boldsymbol{n}\cdot\dot{\boldsymbol{T}}=\boldsymbol{n}\cdot\boldsymbol{r}_{uu}(\dot{u})^2+\boldsymbol{n}\cdot\boldsymbol{r}_{uv}\dot{u}\dot{v}+\boldsymbol{n}\cdot\boldsymbol{r}_{vv}(\dot{v})^2+\boldsymbol{n}\cdot\boldsymbol{r}_u\ddot{u}+\boldsymbol{n}\cdot\boldsymbol{r}_v\ddot{v}$$

注意到 $\boldsymbol{n}\cdot\boldsymbol{r}_u=0$，$\boldsymbol{n}\cdot\boldsymbol{r}_v=0$，法截线 Γ 在 $\boldsymbol{P}$ 点的曲率 k 称为曲面在该点处的沿着切方向 $\boldsymbol{T}$ 的法曲率，因此

$$k_n=\boldsymbol{n}\cdot\boldsymbol{r}_{uu}(\dot{u})^2+2\boldsymbol{n}\cdot\boldsymbol{r}_{uv}\dot{u}\dot{v}+\boldsymbol{n}\cdot\boldsymbol{r}_{vv}(\dot{v})^2$$

令 $L=\boldsymbol{n}\cdot\boldsymbol{r}_{uu}$， $M=\boldsymbol{n}\cdot\boldsymbol{r}_{uv}$， $N=\boldsymbol{n}\cdot\boldsymbol{r}_{vv}$， 上式就可以写成：

$$k_n=\frac{Ldu^2+2Mdudv+Ndv^2}{Edu^2+2Fdudv+Gdv^2}$$

在上式中，L、M、N 称为第二类基本量， $Ldu^2+2Mdudv+Ndv^2$ 称为第二基本公式。

3.3.3 法曲率的极值

对于所考察的曲面 $\boldsymbol{r}(u,v)$，我们可以认为 (u, v) 所在的参数域定义在曲面在 $\boldsymbol{P}$ 点的切

平面上。再以 **P** 点为坐标原点定义一个平面直角坐标系 xPy，于是 $\mathrm{d}v/\mathrm{d}u$ 可以作为曲面在 **P** 点的切方向。也就是说，假设切矢量 **T** 与 x 轴正向的交角为 φ，那么

$$\tan\varphi = \mathrm{d}v / \mathrm{d}u$$

令 $\mathrm{d}v / \mathrm{d}u = \lambda$，$\lambda \in (-\infty, +\infty)$。于是有

$$k_n = \frac{L + 2M(\mathrm{d}v / \mathrm{d}u) + N(\mathrm{d}v / \mathrm{d}u)^2}{E + 2F(\mathrm{d}v / \mathrm{d}u) + G(\mathrm{d}v / \mathrm{d}u)^2} = \frac{L + 2M\lambda + N\lambda^2}{E + 2F\lambda + G\lambda^2}$$

既然 λ 连续变化，k_n 作为 λ 的函数就有最大值和最小值。当 k_n 取得极值时，有

$$\mathrm{d}k_n / \mathrm{d}\lambda = 0 \tag{3.5}$$

经过简单的计算可以知道：

$$\mathrm{d}k_n = \mathrm{d}\left(\frac{L + 2M\lambda + N\lambda^2}{E + 2F\lambda + G\lambda^2}\right) = \left(\frac{L + 2M\lambda + N\lambda^2}{E + 2F\lambda + G\lambda^2}\right)' \mathrm{d}\lambda$$

将上式代入(3.5)就有

$$\left(\frac{L + 2M\lambda + N\lambda^2}{E + 2F\lambda + G\lambda^2}\right)' = 0$$

运用分式求导法则，有

$$(GM - FN)\lambda^2 + (GL - EN)\lambda + (FL - EM) = 0 \tag{3.6}$$

这说明 λ 取以上方程的两个根的时候，法曲率取得极值。这样，经过计算就可以知道：

$$K = k_1 k_2 = \frac{LN - M^2}{EG - F^2}$$

$$H = \frac{1}{2}(k_1 + k_2) = \frac{EN - 2FM + GL}{2(EG - F^2)}$$

这里 k_1 和 k_2 是曲率的两个极值。读者推导上述公式时，不必分别计算出 k_1 和 k_2。根据方程(3.5)的两根之和

$$\lambda_1 + \lambda_2 = -(GL - EN) / (GM - FN)$$

和两根之积

$$\lambda_1 \lambda_2 = (FL - EM) / (GM - FN)$$

直接计算 K 和 H 就行。

3.4 离散曲面的法矢量

一个曲面可以用诸多小三角片来近似表示，把用诸多小三角片表示的曲面称为三角网格曲面，简称三角网格，如图 3.5 所示。三角网格曲面是几何建模中常用的一种曲面

表示方法，很多几何造型软件都可以读取和保存记录三角网格的数据文件。STL 文件就是一个记录三角网格的常用文件，其数据格式如图 3.6 所示。

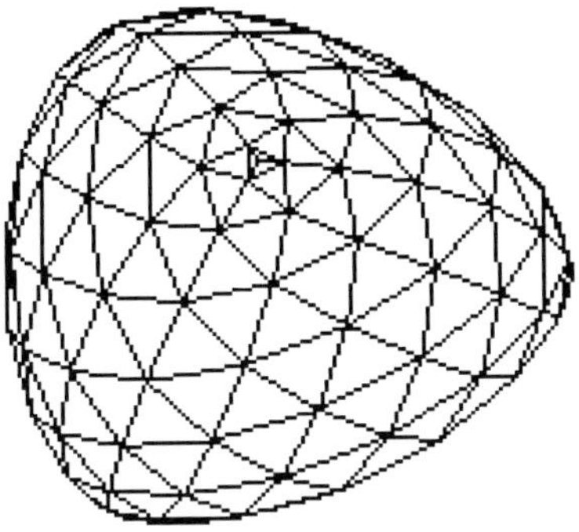

(a) 三角网格示意图

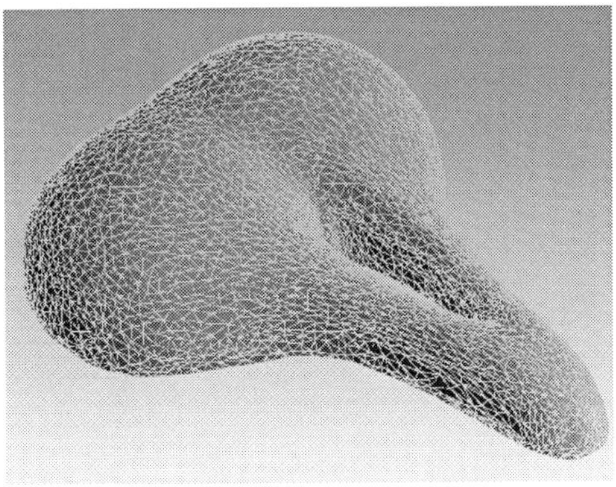

(b) 三角网格表示的几何形体表面

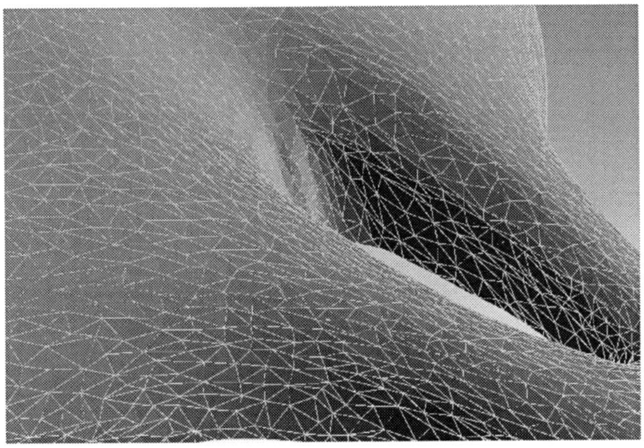

(c) 密集网格的局部放大

图 3.5　三角网格曲面

```
solid WRAP
facet normal 0.478408979 -0.511715913 0.713632730
outer loop
vertex -6.092282943 0.676631269 -38.195278436
vertex -5.516473445 -0.179748629 -39.195366612
vertex -3.904365240 0.319972617 -39.917771436
endloop
endfacet
……//省略了多个三角片的信息
facet normal -0.111074583 -0.152699353 0.982010868
outer loop
vertex 1.439318427 -0.584064592 -37.235818349
vertex 2.440598827 0.236206374 -36.995014855
vertex -0.832570756 0.850707027 -37.269688083
endloop
endfacet
endsolid WRAP
```

图 3.6　STL 文件的数据格式

观察图 3.5(a)，注意到点、边、面(三角形)是构成三角网格的基本几何元素。通常把三角网格中的点称为(三角网格的)顶点。为了便于初学者理解，这里假设网格没有边界。在三角网格中任意取一个顶点 $\boldsymbol{v}_i$，显然，在三角网格中存在一些边，这些边的一个端点为 $\boldsymbol{v}_i$。把这些边称为与 $\boldsymbol{v}_i$ 邻接的边，记为 $e_{i,j}$，把这些边的异于 $\boldsymbol{v}_i$ 的端点称为与 $\boldsymbol{v}_i$ 邻接的点，记为 $\boldsymbol{v}_{i,j}$。在三角网格中，也会有一些三角形，这些三角形的一个顶点为 $\boldsymbol{v}_i$，把这些三角形称为与 $\boldsymbol{v}_i$ 邻接的三角形，记为 $f_{i,j}$，各种记号如图 3.7 所示。把 $\boldsymbol{v}_i$、$\boldsymbol{v}_{i,j}$、$e_{i,j}$、$f_{i,j}\,(\mathrm{j}=1,\cdots,n)$ 形成的子网格称为顶点 $\boldsymbol{v}_i$ 的 1-邻域。

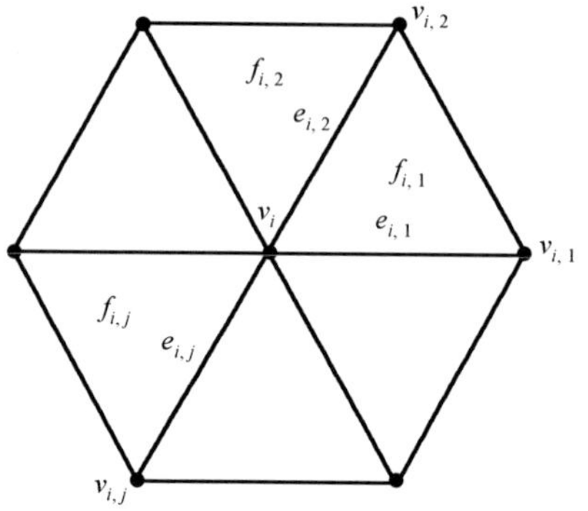

图 3.7 三角网格中一个顶点的 1-邻域

有了上述概念的约定，就容易给出三角网格在其上一点 $\boldsymbol{v}_i$ 处法矢量的计算方法了。假设三角形 $f_{i,j}$ 的法矢量是单位矢量 $\boldsymbol{n}_{i,j}$，那么 $\boldsymbol{v}_i$ 处的法矢量可以按照如下公式计算：

$$\boldsymbol{n}_i = \sum_{j=1}^{n} \boldsymbol{n}_{i,j} \Bigg/ \left| \sum_{j=1}^{n} \boldsymbol{n}_{i,j} \right|$$

为了得到更准确的结果，文献[3]还提出了加权的方法，例如面积加权，角度加权。

3.5 离散曲面的曲率[4]

为了计算三角网格在顶点 $\boldsymbol{v}_i$ 处的曲率，需要构造二次曲面来插值于其 1-邻域上的点。为了构造插值曲面，先进行一个准备工作：

(1) 建立一个正交坐标系 $Ouvw$。通常可以让这个坐标系与三角网格所在的 $Oxyz$ 坐标系重合。

(2) 将 $\boldsymbol{v}_i$ 的 1-邻域子网格进行一个平移和旋转，使得 $\boldsymbol{v}_i$ 与坐标原点重合，$\boldsymbol{v}_i$ 处的法矢量 $\boldsymbol{n}_i$ 与 w 轴的正向重合，如图 3.8 所示。

假设在 $Ouvw$ 坐标系中，顶点 $\boldsymbol{v}_{i,j}$ 的坐标是 (u_j, v_j, w_j)。显然，$\boldsymbol{v}_i$ 的坐标是 $(0,0,0)$。考察二次曲面：

$$h(u,v) = au^2 + buv + cv^2 + eu + fv$$

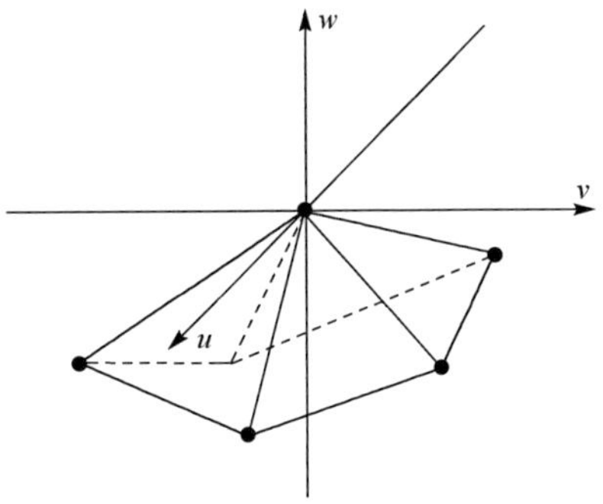

图 3.8　某顶点与坐标原点重合，其 1-邻域的法矢量与垂直轴(w)重合

该二次曲面通过点 $\boldsymbol{v}_i$。现构造方程组

$$au_j^2 + bu_jv_j + cv_j^2 + eu_j + fv_j = w_j (j = 1, \cdots, n)$$

该方程组意味着使得二次曲面通过点 $\boldsymbol{v}_{i,j}(j = 1, \cdots, n)$。通常，这是超定方程组或者欠定方程组，可以采用最小二乘法来求解这个方程组，从而得到二次曲面的各个系数。

假设二次曲面 $h(u,v)$ 已经确定。可用它在 u=0、v=0 处的微分特性来表示网格顶点 $\boldsymbol{v}_i$ 的微分特性。令

$$\boldsymbol{r}(u,v) = [u, v, h(u,v)]$$

首先计算曲面在该点的一阶偏导、二阶偏导和法矢，有

$$\begin{cases} \boldsymbol{r}_u = (1, 0, 2au + bv + e) = (1, 0, e) \\ \boldsymbol{r}_v = (0, 1,\ bu + 2cv + f) = (0, 1, f) \end{cases}$$

$$\begin{cases} \boldsymbol{r}_{uu} = (0, 0, 2a) \\ \boldsymbol{r}_{uv} = (0, 0, b) \\ \boldsymbol{r}_{vv} = (0, 0, 2c) \end{cases}$$

$$\boldsymbol{n} = \frac{\boldsymbol{r}_u \times \boldsymbol{r}_v}{|\boldsymbol{r}_u \times \boldsymbol{r}_v|} = \frac{(-(2au + bv + e), -(bu + 2cv + f), 1)}{\sqrt{(2au + bv + e)^2 + (bu + 2cv + f)^2 + 1}} = (-e, -f, 1) / \Delta$$

$$\Delta = \sqrt{e^2 + f^2 + 1}$$

进而可以得到曲面的第一和第二基本量：

$$\begin{cases} E = \boldsymbol{r}_u^2 = 1 + e^2 \\ F = \boldsymbol{r}_u \boldsymbol{r}_v = ef \\ G = \boldsymbol{r}_v^2 = 1 + f^2 \end{cases}$$

$$\begin{cases} L = \boldsymbol{n} \cdot \boldsymbol{r}_{uu} = 2a / \Delta \\ M = \boldsymbol{n} \cdot \boldsymbol{r}_{uv} = b / \Delta \\ N = \boldsymbol{n} \cdot \boldsymbol{r}_{vv} = 2c / \Delta \end{cases}$$

则高斯曲率为：

$$K = \frac{LN - M^2}{2(EG - F^2)} = \frac{4ac - b^2}{\Delta^4}$$

平均曲率为：

$$H=\frac{EN-2FM+GL}{2(EG-F^2)}=\frac{c+ce^2+a+af^2-bef}{\Delta^3}$$

图 3.9 和图 3.10 给出了两个三维扫描仪得到的任何模型计算平均曲率的例子。

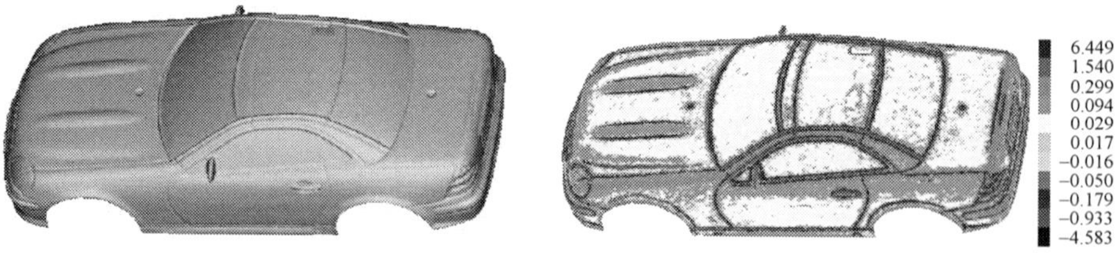

(a) 光照效果　　(b) 平均曲率

图 3.9　汽车模型的曲率

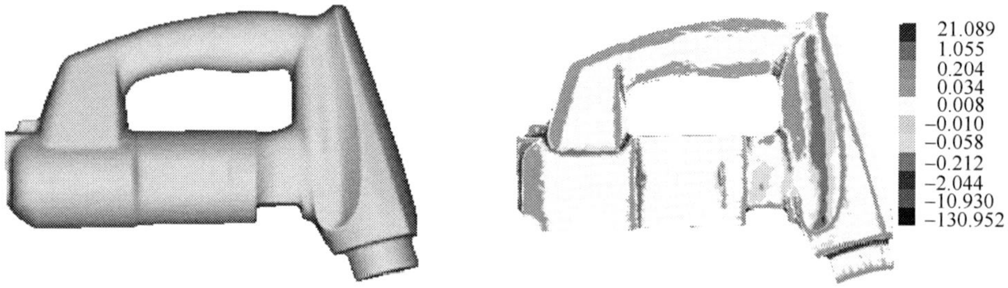

(a) 光照效果　　(b) 平均曲率

图 3.10　手动工具模型的曲率

参 考 文 献

[1] 吴大任. 微分几何讲义. 北京: 人民教育出版社, 1953

[2] 朱心雄. 自由曲线曲面造型技术. 北京: 科学出版社, 2000

[3] 罗良峰. 离散三角网络上的流向量和曲率估计. 大连: 大连理工大学, 2007

[4] 刘胜兰. 逆向工程中自由曲面与规则曲面重建关键技术研究. 南京: 南京航空航天大学, 2004

第 4 章　离散数据的表面网格重建

4.1　点云数据配准的基础理论

由于被测物体存在遮挡以及测量设备视域的限制，通常，测量设备一次只能得到物体一个侧面的点云数据。要得到物体完整的形状信息，一般采用多个视角，即从多个角度对物体进行测量。由于在不同视角进行测量时的坐标系不同，所以需要将测量得到的不同坐标系下的物体表面的三维数据进行配准，将其转换到同一的坐标系下，最终得到整个物体表面的完整形状数据，如图 4.1 所示。

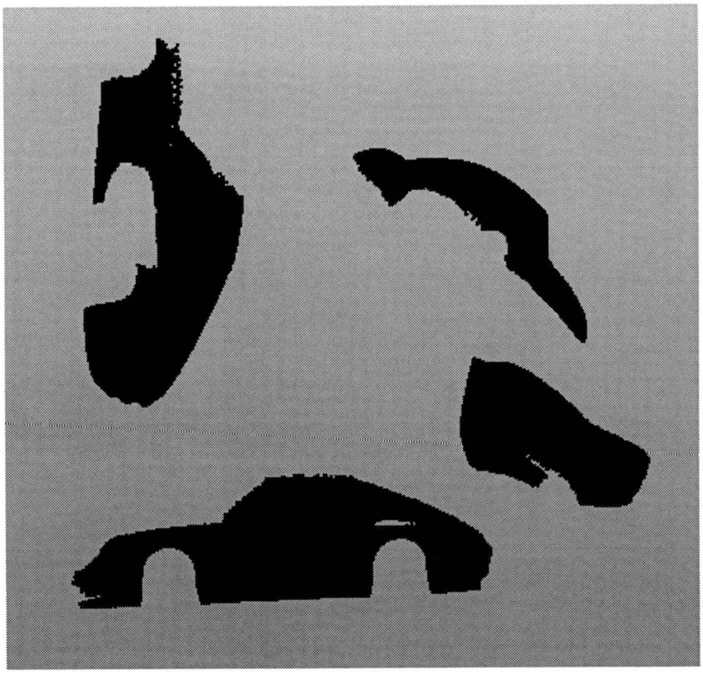

图 4.1　从不同视角得到的物体表面的数据

根据输入点云的数据不同，现有配准方法可以分为多视角配准法和两视角配准法。多视角配准法对多个视角得到的点云数据同时进行配准，而两视角配准法一次只配准一对点云数据，如图 4.2 所示。由于多个视角的点云数据往往可以通过两两配准的方式进行匹配，因此诸多研究往往是围绕两视角配准进行的。

现有两视角配准法根据是否需要初始估计大致分为初始配准和精细配准。一般来说，初始配准只能提供点云数据配准的一个近似值，它通过计算一个点云数据相对于另一点云数据的相对刚体运动参数，对一个点云进行刚体变换使之达到相应的位置；而精细配准通过迭代提高配准精度，它通常需要在两个点云数据的相对位置达到预估范围内以后进行。

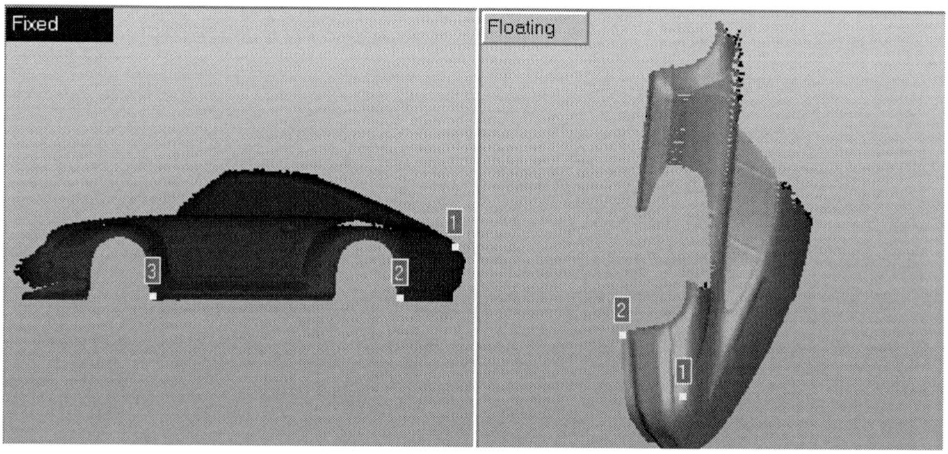

(a) 在两个视图上选定对应点

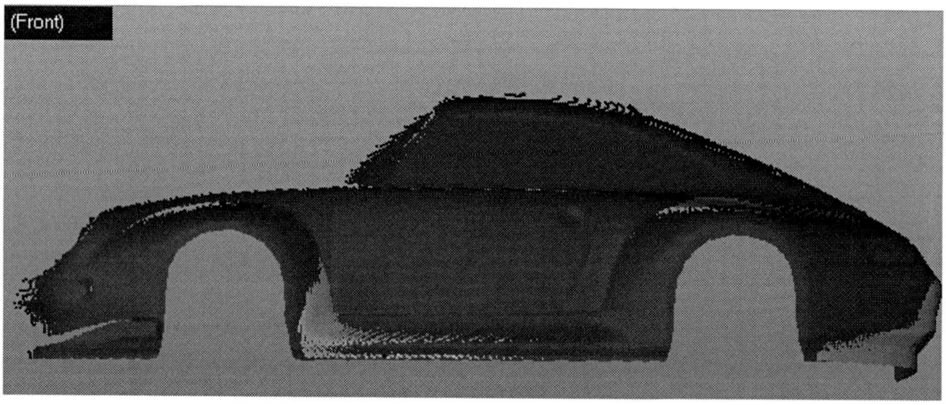

(b) 两个视图合并的结果

图 4.2　两视角配准

1. 初始配准

初始配准方法主要分为与测量设备相关的配准方法、人机交互的配准方法和对应量配准方法。

与设备相关的配准方法需要记录设备在世界坐标系中的位置，也就是通常所说的相机标定。

相机标定的数据一般由硬件提供者或者数据提供者给出，通常包括摄像头的位置，镜头旋转的角度。人机交互的方法一般通过交互的方式选取 3 个以上的对应点，根据对应点计算刚度变换矩阵，前面讲的 Geometric 的例子就选取了 3 个对应点计算刚度矩阵。

对应量配准方法可以分为标定点对应和几何量对应。标定点对应就是在被测物体上事先做出一些特殊的标记，匹配时找出这些特殊标定的位置作为对应的位置，由此计算刚度变换矩阵。几何量对应需要计算各点的几何不变量，通常是高斯曲率和平均曲率，将几何不变量相似的点作为匹配点来计算刚度矩阵。这种方法已经与精细匹配很接近了。那么什么是刚体变换和刚度矩阵呢？

设有一个点 $\boldsymbol{p}$，其刚体变换表达式可以写作：

$$\boldsymbol{p}' = \boldsymbol{p}\boldsymbol{R} + \boldsymbol{T}$$

式中，$\boldsymbol{R}$ 是旋转矩阵，$\boldsymbol{T}$ 是平移矩阵，这两个矩阵统称为刚度变换矩阵。一般来说，直接使用旋转矩阵是不正确的，因为旋转需要有一个旋转中心。在应用中，刚体变换可以写作：

$$\boldsymbol{p}' = (\boldsymbol{p} - c_0)\boldsymbol{R} + \boldsymbol{c}_0 + \boldsymbol{T}$$

式中，$\boldsymbol{c}_0$ 是旋转中心，$\boldsymbol{T}$ 是平移量。

2. 精细配准

点云数据的精细配准方法往往是以两个不同视角获取的点云数据和一个初始位置的估计作为初值，迭代求解得到更加精确的刚体变换。近年来此类算法的大部分都是 ICP 算法或其变化形式。因此本书主要介绍 ICP 算法[1]。ICP 就是 Iterative ClosestPoints 或 Iterative Corresponding Points，即对应点迭代。

假设有两团点云 $P = \{\boldsymbol{p}_i \mid i = 1, \cdots, N_p\}$ 和 $X = \{\boldsymbol{x}_i \mid i = 1, \cdots, N_x\}$，现在需要对点云 P 进行一个刚体变换，使之与点云 X 达到准确匹配。我们准备使用 ICP 算法，即找对应点的算法。如何对点 $\boldsymbol{p}_i$ 在 X 表示的曲面上找到对应点 $\boldsymbol{y}_i$？一种方法是直接搜索 $\boldsymbol{p}_i\ (i = 1, \cdots, N_p)$ 在 X 上的最近点 $\boldsymbol{y}_i (i = 1, \cdots, N_p)$，于是建立如下误差表达式：

$$f(\boldsymbol{R}, \boldsymbol{c}_0, \boldsymbol{T}) = \frac{1}{N_p} \sum_{i=1}^{N_p} \left| \boldsymbol{y}_i - [(\boldsymbol{p}_i - \boldsymbol{c}_0)\boldsymbol{R} + \boldsymbol{c}_0 + \boldsymbol{T}] \right|^2$$

让上式达到最小的 $\boldsymbol{R}$、$\boldsymbol{c}_0$、$\boldsymbol{T}$ 就是所需要的刚体变换。如果点集 X 中的点比点集 P 中的点密集得多，利用上述优化模型是没有问题的。试想，如果 $N_x < N_P$ 会有什么情况发生？因此，有人提出了另一种寻找对应点的方法。

不同于前一种方法，这种方法对于 $\boldsymbol{p}_i$，计算该点的法向射线与点云 X 的交点，将交点作为 $\boldsymbol{y}_i$。不同于前一种方法以两点间的距离 $\left| \boldsymbol{y}_i - [(\boldsymbol{p}_i - \boldsymbol{c}_0)\boldsymbol{R} + \boldsymbol{c}_0 + \boldsymbol{T}] \right|$ 作为测度，这里需要计算 X 在 $\boldsymbol{y}_i$ 处的切片面 S_i，以点到该平面的距离作为测度。

$$d((\boldsymbol{p}_i - \boldsymbol{c}_0)\boldsymbol{R} + \boldsymbol{c}_0 + \boldsymbol{T}, S_i)$$

于是误差表达式为：

$$f(\boldsymbol{R}, \boldsymbol{c}_0, \boldsymbol{T}) = \frac{1}{N_p} \sum_{i=1}^{N_p} d^2((\boldsymbol{p}_i - \boldsymbol{c}_0)\boldsymbol{R} + \boldsymbol{c}_0 + \boldsymbol{T}, S_i)$$

4.2 Marching Cube 算法基本原理

在配准以后，就把各个视图中得到的点云数据合成了一个整体，即一个点云数据。现在需要考察如何由点云数据构造出三角网格。如图 4.3 所示给出了一个形象的例子。

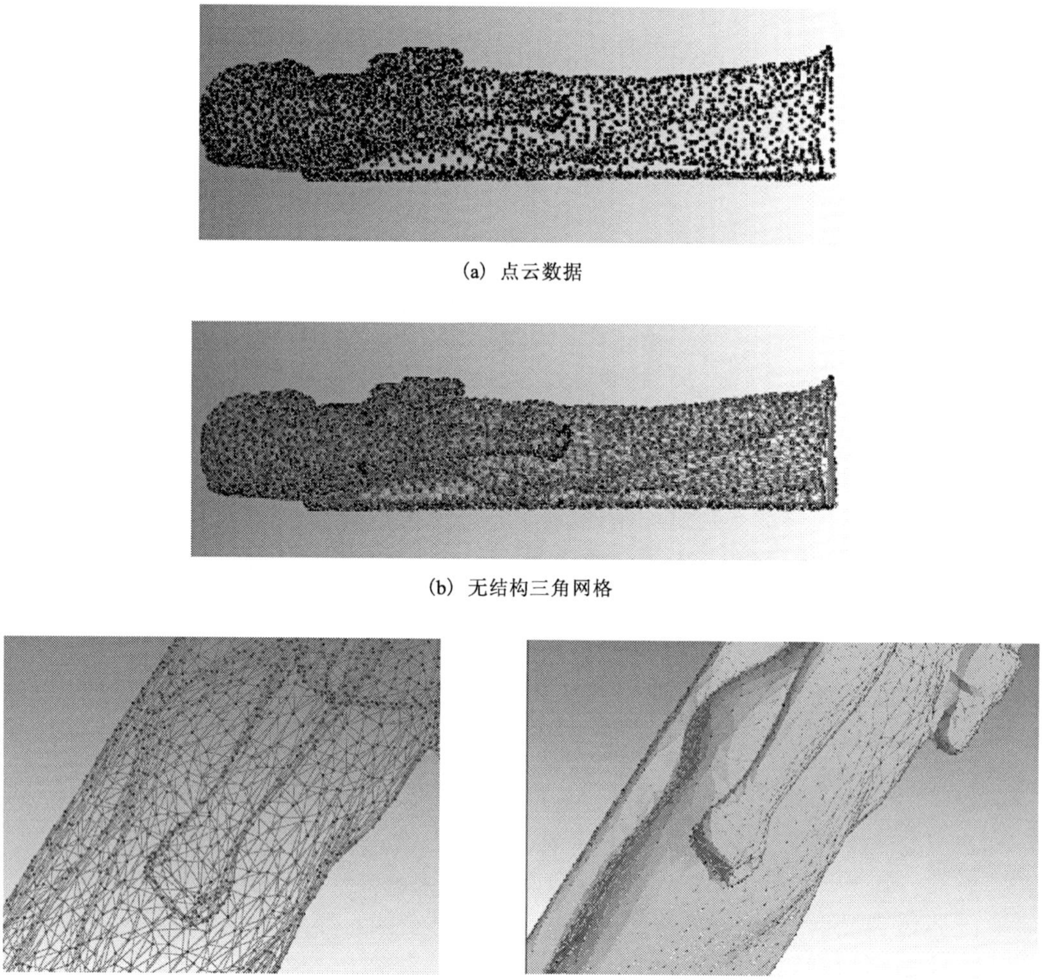

(a) 点云数据

(b) 无结构三角网格

(c) 无结构三角网格的局部放大

(d) 局部放大的面显示效果

图 4.3　从点云数据到无结构三角网格

由点云数据构造出三角网格的过程称为三维重建。MC(Marching Cubes)算法是 W. Lorensen 等人于 1987 年提出来的一种三维重建方法[2]，与其他的三维重建的算法相比，原理简单，容易实现。不过，对于初学者而言，对点云进行三维重建比较复杂，即使是学习过 MC 算法也是如此。为此，先考虑一个比较简单的问题：假设曲面 S 的方程为

$$f(x,y,z)=0 \tag{4.1}$$

如何把它离散成三角网格。首先对曲面 S 构造出轴向包围盒(包围盒的每条边与一个坐标轴平行)。把这个包围盒划分成一系列的小立方体，如图 4.4 所示。

为了使得讨论变得简单，假设曲面 S 封闭。也就是说，给定空间中的任意一个点 $\boldsymbol{P}$，可以确定 $\boldsymbol{P}$ 与曲面 S 的相对位置：在曲面内部，在曲面上，在曲面外部。根据方程(4.1)，这样的位置关系用数学表达式表达为

$$f(\boldsymbol{P})<0,\quad f(\boldsymbol{P})=0,\quad f(\boldsymbol{P})>0$$

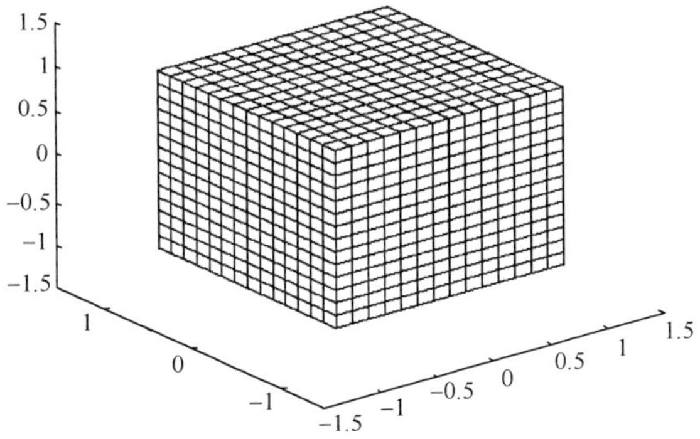

图 4.4　由包围盒划分出的立方体

现在采用一个变量 L 来记录 $\boldsymbol{P}$ 与曲面 S 的相对位置。

$$L_P=\begin{cases}-1, & f(\boldsymbol{P})<0\\ 1, & f(\boldsymbol{P})\geqslant 0\end{cases} \tag{4.2}$$

由此，可以有以下结论：

假设 $\boldsymbol{P}$ 和 $\boldsymbol{Q}$ 是空间中的两点，如果

$$L(\boldsymbol{P})\cdot L(\boldsymbol{Q})<0$$

那么线段 $\overline{\boldsymbol{PQ}}$ 与曲面 S 有交点。

显然，对于立方体的一条边 $\overline{\boldsymbol{PQ}}$，$f(\boldsymbol{P})$ 和 $f(\boldsymbol{Q})$ 可以由曲面方程(4.1)计算出来，那么由结论可以判断该边与曲面 S 是否相交。因为一个立方体有 8 个顶点，每个顶点有 0 和 1 两种状态，所以等值面的分布可能有 2^8=256 种情况。考虑到立方体的对称性，这些情况可以概括为 15 种，每种情况的三角形构造方式如图 4.5 所示。这样，对于图 4.4 中的每个小立方体，可以知道每条边与曲面 S 相交的情况，进而根据图 4.5 将各交点连接成三角形，各个立方体内组成一个三角网格。这样就将曲面 S 离散成了三角网格。

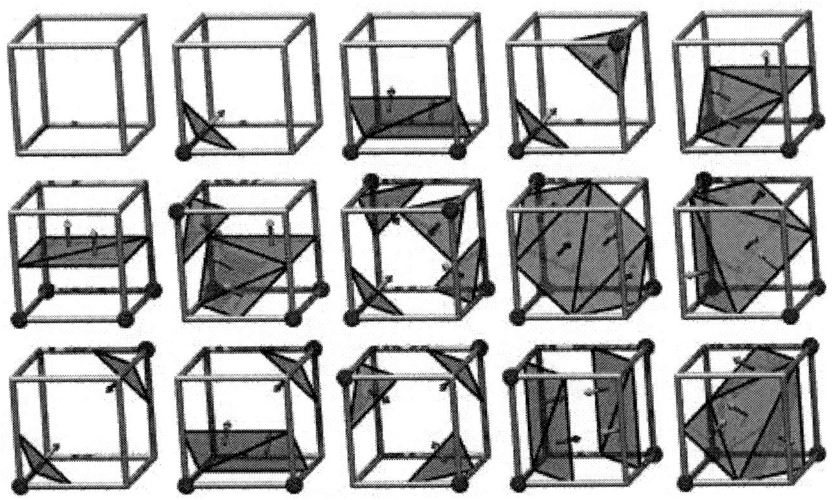

图 4.5　MC 立方盒的 15 种情况

4.3 点云数据的三维重建[3]

4.3.1 点云中点的 k-近邻

现在假设，曲面 S 的方程未知，我们知道的是曲面 S 上的诸多的点，那么如何得到曲面的离散网格呢？这就是点云的三维重建问题了。为讨论点云的三维重建，首先介绍 k-近邻的概念。

定义 设

$$P=\{\boldsymbol{p}_1,\boldsymbol{p}_2,\cdots,\boldsymbol{p}_n\}$$

是表示点云数据的点的集合。$\boldsymbol{p}_i$ 是集合 P 中的一个点，那么 $\boldsymbol{p}_i$ 的 k-近邻就是集合 P 中离 $\boldsymbol{p}_i$ 距离最近的 k 个点。

k-近邻的计算有很多方法，通常，计算某点的 k 近邻的方法是求出候选点到其余 $n-1$ 个点的欧氏距离，并按从小到大的顺序排列，前面的 k 个点即为候选点的 k-近邻。这种方法很直观，但是，实测的点云数据量往往很大，算法的复杂度为 $O(n^2)$ (n 为数据点总数)，用这种方法来计算点云数据的 k-近邻必然会很耗时。因此许多学者针对此问题进行了一些快速算法的研究。总体上这些方法大致可以分为两类：

(1) 利用点云的 Voronoi 图来进行 k-近邻的搜索。Voronoi 图把一个空间划分成若干个凸多面体单元，简称 Voronoi 单元，也叫 Dirichlet 域或 Thiessen 多面体。任意一点 $\boldsymbol{p}\in P$，则 Voronoi 单元就是点集 $\boldsymbol{x}\in R^3$，并且任意一点 $\boldsymbol{x}$ 到 $\boldsymbol{p}$ 的欧氏距离都小于或等于点 $\boldsymbol{x}$ 到点集 P 中其他点的欧氏距离。设 Voronoi 单元为 $V(\boldsymbol{p})$，则：

$$V(\boldsymbol{p})=\{\boldsymbol{x}\in R^3 \,|\, \forall \boldsymbol{q}\in P, |\boldsymbol{p}-\boldsymbol{x}|\leqslant|\boldsymbol{q}-\boldsymbol{x}|\} \tag{4.3}$$

每一个 Voronoi 单元构成一个凸多面体，求出点集 P 所有点的 Voronoi 单元就形成了 Voronoi 图，如图 4.6 所示。在三维空间中，该算法的复杂度接近 $kn(\lg n)^4$ 次，因此可以看出点集 Voronoi 图的计算量仍然是非常大的。

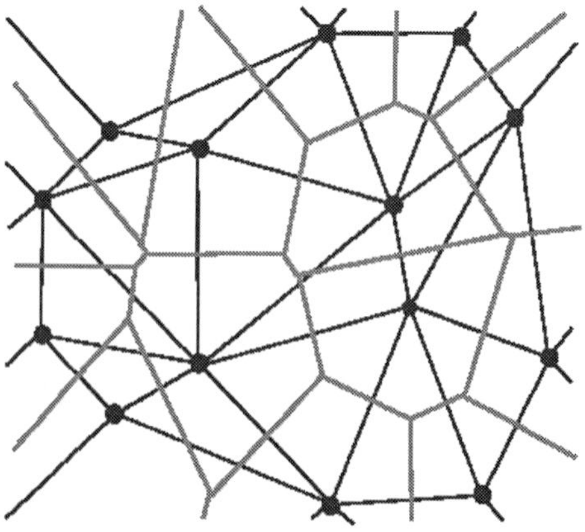

图 4.6 二维 Voronoi 图(灰色线)和 Delaunay 三角形(黑色线)

(2) 利用空间分块策略进行 k-近邻的搜索。首先求出测量点云数据的外接包围盒，然后对包围盒进行空间分块，如图 4.7 所示为其中一个分块栅格及其相邻 26 个栅格。求中心栅格中任意一点的 k-近邻，则必须要在本栅格及相邻的 26 个栅格中搜寻。因为如果仅在本栅格中搜寻，从图 4.7 中可以看出，位于中心栅格边和顶点附近的点的 k 近邻将落在临近栅格中，从而搜索不到。而对于中心栅格形心附近的点来说，如果 k 不是很大，并且中心栅格中有足够多的点，则其 k-近邻搜索区域应该在中心栅格内。从而在 27 个栅格中搜索 k-近邻将极大地增加搜索时间，散乱数据点量越大，耗费的时间也越长。算法的复杂度因栅格大小而有所不同，栅格划分得过小，当 k 值较大时，在 27 个栅格中搜索将不满足要求，因此要限制栅格大小或栅格中的点数；栅格划分得过大，当 k 值较小时，在 27 个栅格中搜索又将额外地花费一些不必要的时间。

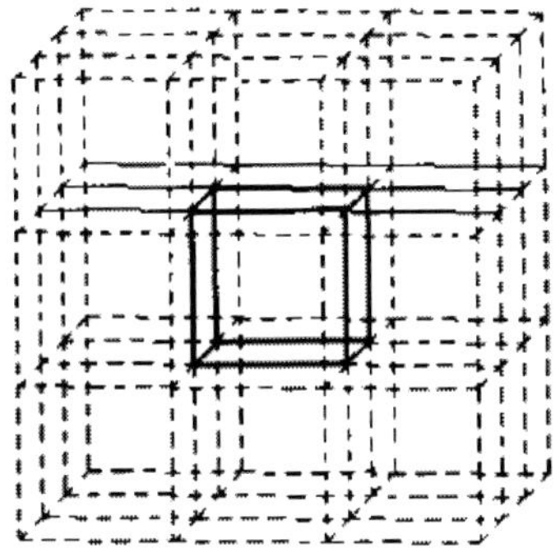

图 4.7　一个分块和 26 相邻栅格

4.3.2　点云中点的法矢量估计

设 $\boldsymbol{p}_i$ 是集合 P 中的一个点，那么如何计算 $\boldsymbol{p}_i$ 的法矢量呢？假设 $\boldsymbol{p}_i$ 的 k-近邻已经找到，即

$$\mathrm{Knb}=\{\boldsymbol{p}_{i,j}\mid j=1,\cdots,n)\}$$

假设 $\{\boldsymbol{p}_i,\boldsymbol{p}_{i,1},\cdots,\boldsymbol{p}_{i,n}\}$ 不共面，那么可以按照如下方式来估计：

令

$$\boldsymbol{n}_{i,j}=(\boldsymbol{p}_i-\boldsymbol{p}_{i,j})\Big/\left|\boldsymbol{p}_i-\boldsymbol{p}_{i,j}\right|$$

那么 $\boldsymbol{p}_i$ 的法矢量就是

$$\boldsymbol{n}_i=\sum_{j=1}^{n}\boldsymbol{n}_{i,j}\Bigg/\left|\sum_{j=1}^{n}\boldsymbol{n}_{i,j}\right|$$

先对点云中 $\{\boldsymbol{p}_i,\boldsymbol{p}_{i,1},\cdots,\boldsymbol{p}_{i,n}\}$ 不共面的点 $\boldsymbol{p}_i$ 计算法矢量。然后按照如图 4.8 所示的伪代码考察 $\{\boldsymbol{p}_i,\boldsymbol{p}_{i,1},\cdots,\boldsymbol{p}_{i,n}\}$ 共面的点。

如图 4.9 所示为对一个点云数据估计的法矢量图。这里给出的方法只是估计法矢量最基本的方法，还有一些方法可能能够给出更加准确的估计[3]。这里只讨论最基本的方法，主要是为了便于初学者的理解。

while(点集 P 中存在法矢量没有被计算的点)
从点集 P 中取出一个还没有确定法矢量的点 $\boldsymbol{p}$
if($\boldsymbol{p}$ 的 k-近邻中存在已经确定法矢量的点 $\boldsymbol{q}$)
　　记 $\boldsymbol{q}$ 点的法矢量是 $\boldsymbol{n}_q$
　　拟合出 $\boldsymbol{p}$ 及其 k-近邻所在的平面 Π，该平面法矢量为 $\boldsymbol{n}_{\Pi}$
　　如果 $\boldsymbol{n}_{\Pi} \cdot \boldsymbol{n}_q \geqslant 0$，将 $\boldsymbol{n}_{\Pi}$ 作为 $\boldsymbol{n}_p$
否则将 $-\boldsymbol{n}_{\Pi}$ 作为 $\boldsymbol{n}_p$
标记 $\boldsymbol{p}$ 点已经被确定法矢量
else
continue
endif
endwhile

图 4.8　$\boldsymbol{p}_i$ 及其 k-近邻共面时计算该点处法矢量的伪代码

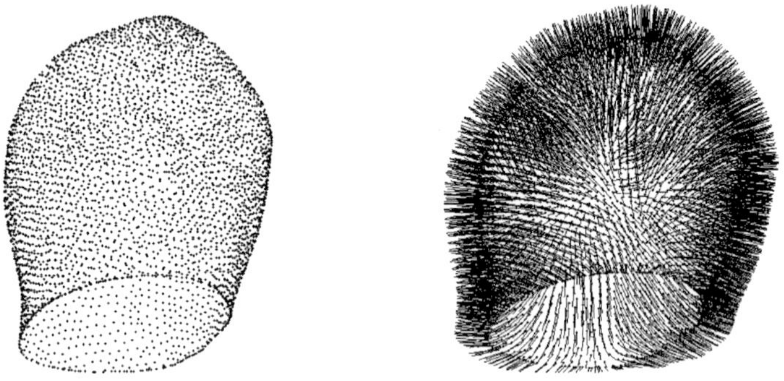

(a) 原始点云模型　　(b) 法矢图

图 4.9　点云及其估计的法矢量

4.3.3　三角网格曲面的生成

先定义有向距离。假设 $\boldsymbol{q}$ 是空间中的一点，$\boldsymbol{p}_i$ 是点云中的一个点，$\boldsymbol{q}$ 到 $\boldsymbol{p}_i$ 的有向距离可以定义为：

$$f(\boldsymbol{q}) = (\boldsymbol{q} - \boldsymbol{p}_i) \cdot \boldsymbol{n}_i \tag{4.4}$$

当有向距离函数 $f(\boldsymbol{q})$ 为负值，则点 $\boldsymbol{q}$ 位于曲面 $\boldsymbol{S}$ 的内部；当 $f(\boldsymbol{q})$ 为正值，则点 $\boldsymbol{q}$ 位于曲面 $\boldsymbol{S}$ 的外部。进一步按照方程(4.2)取 L_q 的值。

现在对点云数据构造轴向包围盒，将轴向包围盒所在空间划分为一系列一定边长的小立方体。对于小立方体的任一顶点 $\boldsymbol{q}$，可以确定 L_q 的值。于是可以判断小立方体的各边与曲面 $\boldsymbol{S}$ 相交的情况，进而可以按照图 4.5 的规定连接成三角形。于是，就可以由点云数据 P 得到曲面 $\boldsymbol{S}$ 的三角网格。包围盒中网格单元的边长影响着三角网格中三角形单元的密度，如图 4.10 所示为从点云数据生成的三角网格的例子。

思考：假设由点云数据 $\boldsymbol{P}$ 构造出了三角网格 M，请问网格 M 的顶点是点云数据中的点吗？

除了 MC 算法，还有其他一些构造三角网格的算法，如 Amenta 和 Bern 的提出的

Crust 算法，Amenta，Choi，Dey 和 Cazals 提出的 Cocone 算法，Amenta，Choi 和 Kolluri 提出的 Power Crust 算法[4]。与 MC 算法相比，这些算法有比较严格的理论证明，在几何学上格外受到关注。

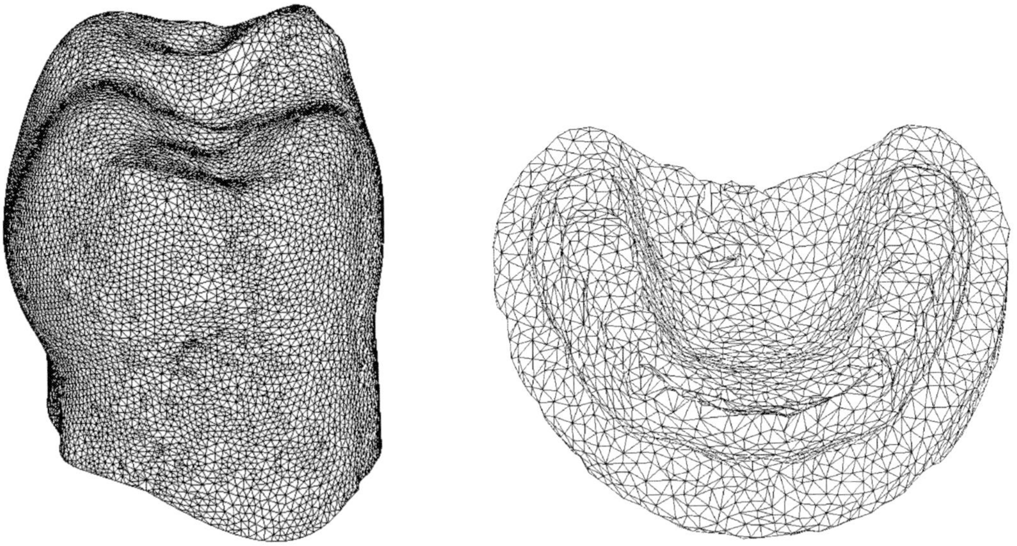

(a) 磨牙的三角网格　　(b) 全口牙模的三角网格

图 4.10　由点云数据生成的三角网格

参 考 文 献

[1] Besl P J, Mckay N D. A Method for Registration of 3-D Shapes. IEEE Transactions on PAMI, 1992, 14(2): 239-256

[2] Lorensen W E, Cline H E. Marching cubes: a high resolution 3D surface construction algorithm [J]. Computer Graphics, 1987, 21(4): 163-169

[3] 刘大峰. 基于点云的口腔修复体曲面测量与重建基础技术研究及应用. 南京: 南京航空航天大学, 2007

[4] 倪彤光. 三角网格快速曲面重建及光顺技术研究. 无锡: 江南大学, 2005

第 5 章　离散曲面的光滑

5.1　离散曲线的光滑

在前面构造的离散网格中可能还有噪声，也就是说，其中的数据点可能包含随机误差，消除这种误差无疑是工程应用中的一个重要问题，这种消除噪声的过程通常称为光滑。首先讨论离散曲线的光滑。光滑是一个可简单可复杂的方式。对于一个离散点序列$\{\boldsymbol{p}_1^0,\cdots,\boldsymbol{p}_n^0\}$，下面的迭代式也可以进行光滑：

$$\boldsymbol{p}_i^k=(\boldsymbol{p}_{i-1}^{k-1}+2\boldsymbol{p}_i^{k-1}+\boldsymbol{p}_{i+1}^{k-1})/4 \tag{5.1}$$

并且光滑效果还不错。但是，这种光滑方式通常不被采用，通常采用的光滑方式是高斯(Gauss)光滑。为什么要选择高斯光滑呢？这大概有如下两个方面的原因：

(1)理论。高斯光滑的理论基础是以 Gauss 核函数为基础的卷积，这便于进行理论分析和理论预测。

(2)尺度性。Gauss 核函数中含有尺度因子，尺度因子的不同取值代表不同的光滑尺度。如图 5.1 所示为不同尺度下 Gauss 光滑的例子。

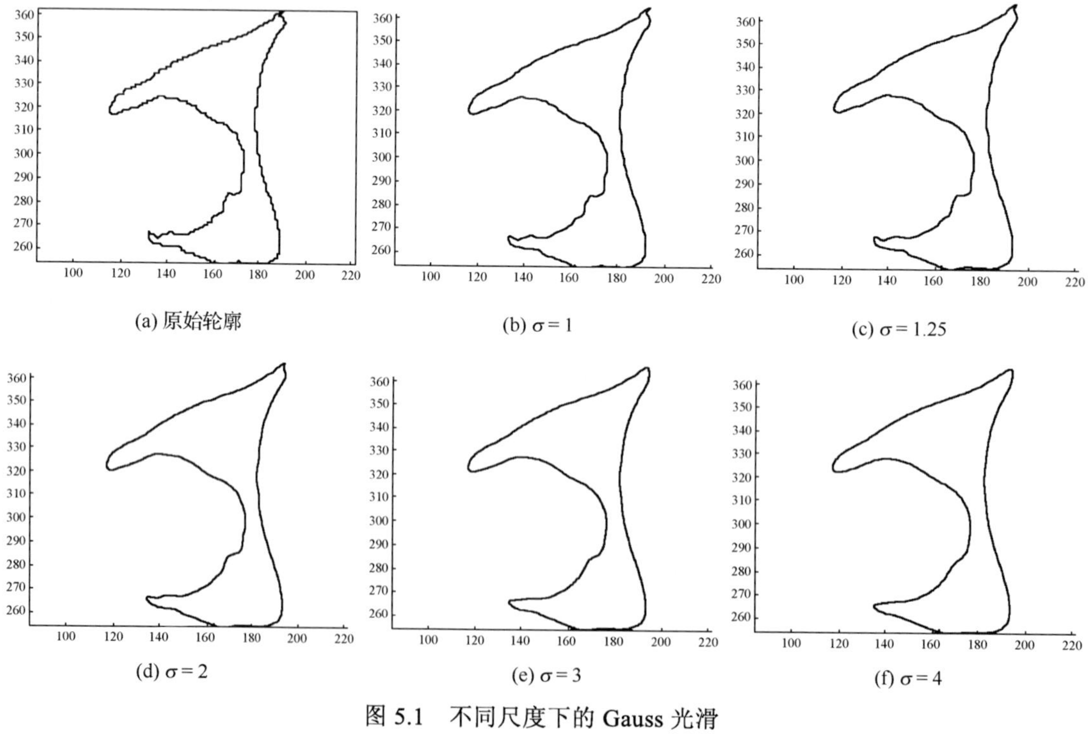

(a) 原始轮廓　(b) $\sigma=1$　(c) $\sigma=1.25$

(d) $\sigma=2$　(e) $\sigma=3$　(f) $\sigma=4$

图 5.1　不同尺度下的 Gauss 光滑

什么是 Gauss 光滑呢？设 $g(x)$ 是一个一维的 Gauss 核函数，曲线 $c(x)$ 的 Gauss 光滑可以表示为：

$$c^1(x)=\int_c c(t)g(t-x)\mathrm{d}t \tag{5.2}$$

这就是 Gauss 光滑。Gauss 核函数是：

$$g(x,\sigma)=\frac{1}{\sigma\sqrt{2\pi}}e^{-\frac{x^2}{2\sigma^2}} \tag{5.3}$$

式中参数 σ 决定了高斯滤波器的宽度，也称为光滑尺度。随着 σ 值的增大，高斯滤波器的宽度也越大，曲线形状如图 5.2 所示。

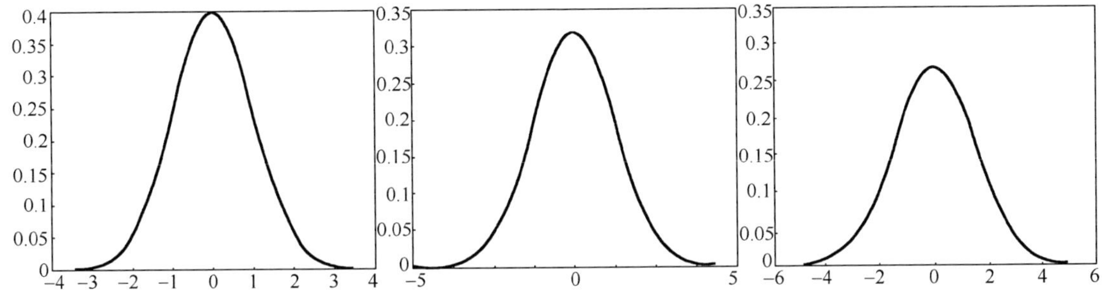

(a) $\sigma=1$ (b) $\sigma=1.25$ (c) $\sigma=1.5$

图 5.2 σ 取不同值时的 Gauss 核函数

现在考虑，Gauss 光滑的几何意义是什么呢？考察方程(5.2)右端积分的含义，

$$\int_c c(t)g(t-x)\mathrm{d}t=\lim_{n\to\infty}\sum_{i=-n}^{i=n}c(t_i)g(t_i-x)\Delta t$$

注意 $g(t-x)$（这里 x 是固定值），它是一个以 $t=x$ 为对称轴的函数。如图 5.2 所示是函数 $g(t-0)$ 的曲线。于是 $g(t-x)$ 在对称轴 $t=x$ 处取最大值，在对称轴的两侧则函数值逐渐递减。弄清楚 $g(t-x)$ 性质后，再考察 $\sum_{i=-n}^{i=n}c(t_i)g(t_i-x)$，这是 $c(t_i)(i=-n,\cdots0,\cdots n)$ 关于 $g(t_i-x)$ 的加权和。也就是说，(5.2)式左端的 $c^1(x)$ 是 $c^0(t)$ 上各点关于 $g(t-x)$ 的加权和（既然在每个求和项中的 Δt 相等，将忽略 Δt），即光滑后的曲线上的每个点是光滑前曲线上各点的一个加权求和。注意到，任意光滑都是加权求和。方程(5.1)可以改写为

$$\boldsymbol{p}_i^k=\sum_{j=-n}^{n}w_j\boldsymbol{p}_{i+j}^{k-1} \tag{5.4}$$

这里，$n=1$，$w_{-1}=w_1=0.25$，$w_0=0.5$。显然，这个光滑方法也是一个加权求和。

如果让权因子 $w_j(j=-n,\cdots,n)$ 待定，那么方程(5.4)就给出了一个离散曲线的通用迭代格式，不同的光滑方式有不同的权因子 $w_j(j=-n,\cdots,n)$。现在问，如果采用的光滑方式是 Gauss 光滑，权因子应该怎么取呢？由方程(5.3)，定义

$$w_j=g(j,\sigma)=\frac{1}{\sigma\sqrt{2\pi}}e^{-\frac{j^2}{2\sigma^2}}\quad(j=-\infty,\cdots,+\infty) \tag{5.5}$$

当 $\sigma = 1.0$ 时，高频曲线的 Gauss 光滑如表 5.1 所示。

表 5.1　离散曲线的 Gauss 光滑（$\sigma = 1.0$）

j	−4.0	−3.0	−2.0	−1.0	0.0	1.0	2.0	3.0	4.0
w_j	0.001	0.0044	0.0540	0.2420	0.3989	0.242	0.0540	0.0044	0.001

在表 5.1 中，仅仅列出 $-4 \leqslant j \leqslant 4$ 时 w_j 的值，其余 w_j 的值接近于 0，将其忽略。在方程(5.5)中，$g(x,\sigma)$ 的自变量取整数，于是各自变量之间的间隔相等。对应地，离散曲线 $P^0 = \{\boldsymbol{p}_1^0, \cdots, \boldsymbol{p}_n^0\}$ 中各点之间的距离也应该近似相等，这样才能得到好的光滑效果。采用 Gauss 核函数进行光滑时，可以取不同的光滑尺度，不同尺度对应的权因子是不同的。如表 5.2 所示为 $\sigma = 1.5$ 时的权因子。

表 5.2　离散曲线的 Gauss 光滑（$\sigma = 1.5$）

j	−6.0	−5.0	…	−1.0	0	1.0	…	4.0	5.0
w_j	0.001	0.0076	…	0.213	0.2660	0.2130	…	0.0076	0.001

5.2　图像的 Gauss 光滑

5.2.1　数字图像的拓扑结构

这里考察的图像是数字图像。什么是数字图像？观察图 5.3(a)中的栅格，如果对这些栅格进行填充，就可以得到图案。图 5.3(b)就是对一些栅格进行填充得到的图案。图 5.3(b)表示的是一个最简单的数字图像，即二值图像，图像当中只有黑白两种颜色。如果在填充栅格时还可以让颜色的灰度值发生变化，那就可以得到灰度图像，如图 5.3(c)所示。例如，通常我们处理的图像都是灰度图像，灰度图像目前在医学和工程领域经常用到。

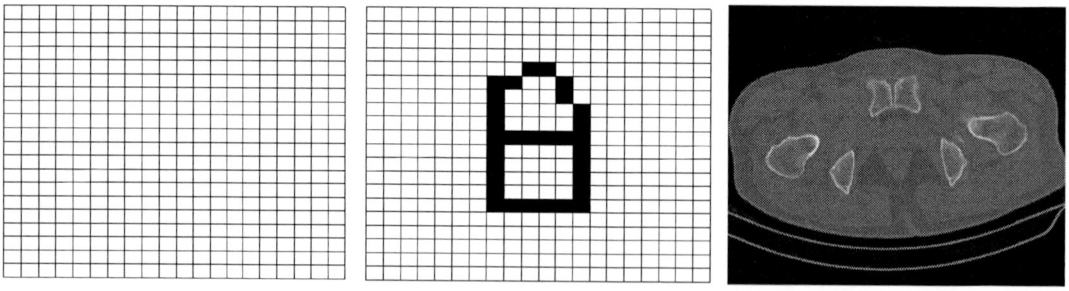

(a) 栅格　　(b) 二值图像　　(c) 灰度图像

图 5.3　数字图像的结构

灰度图像的灰度值是如何变化的呢？这里介绍一种比较常见的灰度值的记录方式。让 0 表示黑色，255 表示白色。那么在[0, 255]这个区间内有 256 个整数，每个整数表示的灰度值是黑色和白色之间的过渡色，于是黑白两种颜色之间就分为 256 个灰度等级，如图 5.4 所示。

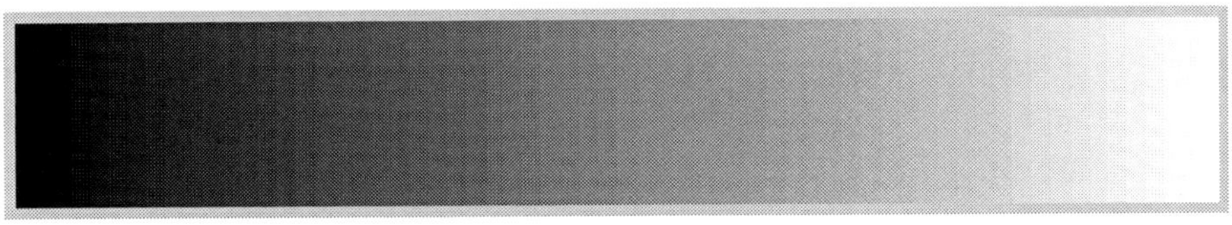

图 5.4　256 个灰度等级

所以说，数字图像就是在栅格中填充颜色。那么理解灰度图像在计算机内部的记录方式就不困难了。栅格中每个单元的位置可以用一对整数 (i,j) 来表示。(i,j) 表示栅格中第 i 行第 j 列上的那个单元。注意到，(i,j) 也可以表示矩阵中元素的位置。因此一个带有 $m\times n$ 栅格的图像可以用一个 $m\times n$ 的矩阵来表示。矩阵中的元素 $f_{i,j}$ 表示栅格中 (i,j) 单元上的灰度值。这样的栅格单元通常被称为像素。

在栅格所在的平面中建立如图 5.5 所示的坐标系，而 (i,j) 是该坐标系中的一个点，$f_{i,j}$ 是该点对应的一个函数值，那么可以认为矩阵 $(f_{i,j})_{m\times n}$ 是函数

$$f=f(x,y)$$

在整数点 $x=j$, $y=i$ 处的离散采样。因此，数字图像是一个特殊的离散曲面，或者说是显示格式下的离散曲面。这样的离散曲面本身就具有拓扑结构，即矩阵型的拓扑结构，因此无需像点云数据那样进行拓扑重建。每取一个栅格单元 (i,j)，就可以知道其 8 个邻接的单元：$(i-1,j-1)$，$(i-1,j)$，$(i-1,j+1)$，$(i,j-1)$，$(i,j+1)$，$(i+1,j-1)$，$(i+1,j)$，$(i+1,j+1)$，这些单元格连同 (i,j) 构成 (i,j) 的 1-邻域，如图 5.6 所示。类似地，可以定义 k-邻域。这样，我们就完全清楚了数字图像的拓扑结构。为了讨论的方便，本书假设所讨论的数字图像无限大，即不考虑边界情况的处理，图像中的每一个像素都可以取到所需要的 k-邻域。

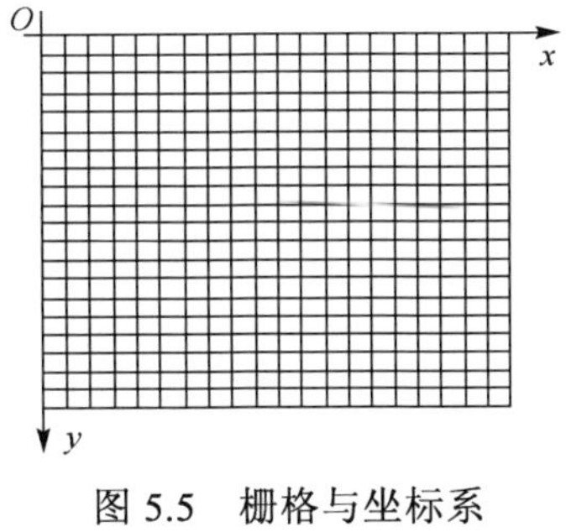

图 5.5　栅格与坐标系

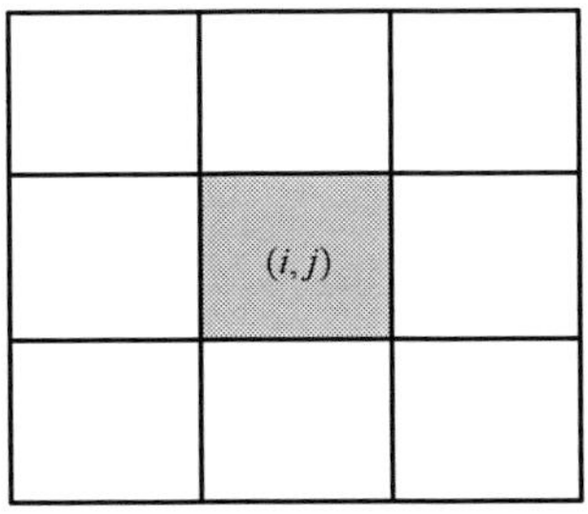

图 5.6　某单元格的 1-邻域

5.2.2 数字图像的 Gauss 光滑

在应用中，由于拍摄工具、拍摄环境和拍摄对象的影响，图像中含有噪声是可能的，对图像进行光滑在很多情况下是必要而且必需的。对图像的光滑通常是 Gauss 光滑，这需要用到二维 Gauss 核函数：

$$g(x,y)=\frac{1}{2\pi\sigma^2}\mathrm{e}^{-\frac{x^2+y^2}{2\sigma^2}}$$

该函数图像如图 5.7 所示。

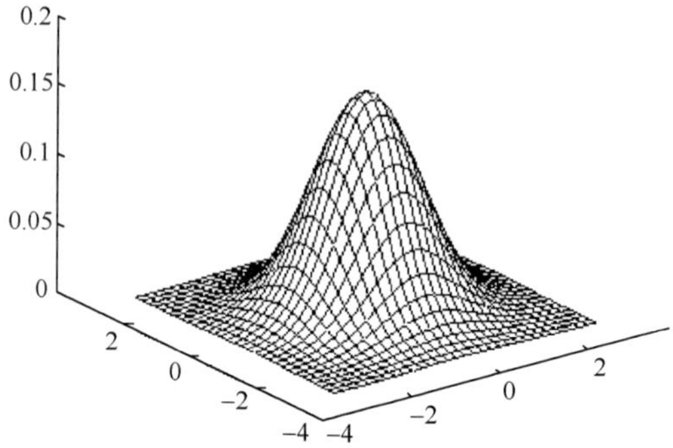

图 5.7　二维高斯核函数的曲面$\sigma=1$

$\sigma=1$ 时，取$(x,y)\in Z^2\cap([-2\quad 2]\times[-2\quad 2])$，也就是说，取$[-2\quad 2]\times[-2\quad 2]$内的整数，可以得到如图 5.8 所示的模板。当$(x,y)\notin[-2\quad 2]\times[-2\quad 2]$，认为$g(x,y)=0$。

$\frac{1}{273}$

1	4	7	4	1
4	16	26	16	4
7	26	41	26	7
4	16	26	16	4
1	4	7	4	1

图 5.8　二维高斯光滑的模板$\sigma=1$

图 5.8 中的模板形成一个矩阵。为方便，记该矩阵为$(w_{s,t})_{n\times n}$，$(s,t)\in[-n,n]\times[-n,n]$。这样就可以定义数字图像的 Gauss 光滑如下：

$$f_{i,j}^k=\sum_{s=-n}^{n}\sum_{t=-n}^{n}w_{s,t}f_{i+s,j+t}^{k-1} \tag{5.6}$$

无论哪种光滑方式，其光滑公式是相同的，不同的只是光滑模板$(w_{s,t})_{n\times n}$，不同的模板就决定了不同的光滑方式。

5.3　离散曲面的 Taubin 光滑[1]

数字图像是一个特殊的曲面，也就是显示曲面在整数栅格上的离散。相对于由点云数据生成的离散曲面来说，数字图像的拓扑结构要简单得多。在光滑数字图像时，通常

用到被光滑点的 k-邻域($k \geqslant 2$)。由于普通的离散曲面拓扑结构复杂，对其进行光滑时，通常只用到其 1-邻域，如图 5.9 所示。为了方便，假设所考察的网格封闭，即任意取网格的一个顶点，都能取到其 1-邻域。

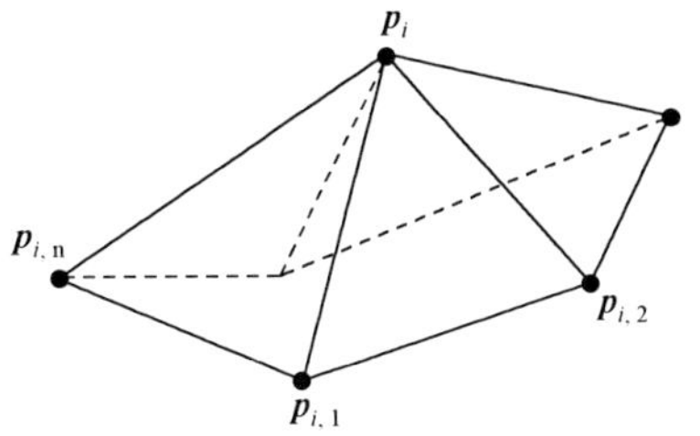

图 5.9　三角网格中一个顶点的 1-邻域

在一个 1-邻域上定义一个离散的 Laplace 算子：

$$\Delta \boldsymbol{p}_i = \sum_{j=1}^{n} w_{i,j}(\boldsymbol{p}_{i,j} - \boldsymbol{p}_i)$$

这里

$$w_{i,j} = \phi(\boldsymbol{p}_i, \boldsymbol{p}_{i,j}) \Big/ \sum_{s=1}^{n} \phi(\boldsymbol{p}_i, \boldsymbol{p}_{i,s}) \tag{5.7}$$

其中

$$\phi(\boldsymbol{p}_i, \boldsymbol{p}_{i,s}) = \left|\boldsymbol{p}_i - \boldsymbol{p}_{i,j}\right|^{\alpha} \tag{5.8}$$

其中的 α 是一个可以由用户选择的参数，Taubin 指出 $\alpha = -1$ 可以得到较好的光滑效果。在实际应用中，$w_{i,j}$ 也可以选择相应的三角形面积来度量。这里要指出的是，离散的 Laplace 算子并不是一个根据经验认为指定的一个算子，其来由有着深刻的理论基础[2]。这里之所以不论述离散 Laplace 算子在理论上的来由，是为了不把初学者引入繁琐的理论推导。有了 $\Delta \boldsymbol{p}_i$，可以定义网格的光滑迭代格式：

$$\boldsymbol{p}_i^k = \boldsymbol{p}_i^{k-1} + \lambda \Delta \boldsymbol{p}_i^{k-1}, \quad \lambda \in (0,1] \tag{5.9}$$

这个算子的作用类似于 Gauss 光滑，它会使得网格曲面收缩。为了消除这种松弛效果，利用迭代格式(5.9)完成整个网格的迭代后，还需要按照如下方式对网格进行松弛：

$$\boldsymbol{p}_i^{k+1} = \boldsymbol{p}_i^k + \mu \Delta \boldsymbol{p}_i^k, \quad \mu \in (-\infty, -\lambda) \tag{5.10}$$

这样，由迭代格式(5.9)和迭代格式(5.10)组合成一个网格迭代，即先对整个网格进行搜索，再对整个网格进行松弛。现在的问题是如何确定参数 λ 和 μ。假设网格顶点为 $P = \{\boldsymbol{p}_1, \cdots, \boldsymbol{p}_m\}$，$m$ 是网格中顶点的个数，考察网格的一个顶点 $\boldsymbol{p}_i$，对于网格的任意一个顶点 $\boldsymbol{p}_r$，按照如下方式定义：

$$w_{i,r} = \begin{cases} \text{式(5.7)中的} w_{i,j} & \text{如果 } \boldsymbol{p}_r \text{ 是 } \boldsymbol{p}_i \text{1-邻域中的点} \\ 0 & \text{如果 } \boldsymbol{p}_r \text{ 不是 } \boldsymbol{p}_i \text{1-邻域中的点} \end{cases}$$

于是可以定义一个矩阵：

$$W=(w_{i,r})_{m\times m}$$

记 $\boldsymbol{P}^T=[\boldsymbol{p}_1,\cdots,\boldsymbol{p}_m]$，于是迭代格式(5.9)和(5.10)可以分别表示为：

$$\boldsymbol{P}^k=\boldsymbol{P}^{k-1}+\lambda(\boldsymbol{W}-\boldsymbol{I})\cdot\boldsymbol{P}^{k-1}$$

$$\boldsymbol{P}^{k+1}=\boldsymbol{P}^k+\mu(\boldsymbol{W}-\boldsymbol{I})\cdot\boldsymbol{P}^k$$

为了把上面的两个公式合并，定义

$$\boldsymbol{K}=\boldsymbol{I}-\boldsymbol{W}$$

式中 $\boldsymbol{I}$ 是单位矩阵。经过分析可以知道，这个矩阵具有实特征值

$$0\leqslant x_1\leqslant\cdots\leqslant x_m\leqslant 2$$

其具有线性无关的右特征向量：$\boldsymbol{u}_1,\cdots,\boldsymbol{u}_m$。于是 $\boldsymbol{P}$ 能表示为这些向量的线性组合

$$\boldsymbol{P}=\sum_{i=1}^{m}\xi_i\boldsymbol{u}_i \tag{5.11}$$

这里，$\xi_i=[\xi_{x,i},\xi_{y,i},\xi_{z,i}]$。

再定义一个函数

$$\Phi(x)=(1-\lambda x)(1-\mu x)$$

于是，

$$\Phi(\boldsymbol{K})=(\boldsymbol{I}-\lambda\boldsymbol{K})(\boldsymbol{I}-\mu\boldsymbol{K})$$

应用 $\boldsymbol{K}\cdot\boldsymbol{u}_i=x_i\boldsymbol{u}_i$ 有

$$\Phi(\boldsymbol{K})\cdot\boldsymbol{\xi}_i\boldsymbol{u}_i=(1-\lambda\boldsymbol{K})(1-\mu\boldsymbol{K})\cdot\boldsymbol{\xi}_i\boldsymbol{u}_i=(1-\lambda x_i)(1-\mu x_i)\cdot\xi_i\boldsymbol{u}_i=\Phi(x_i)\cdot\boldsymbol{\xi}_i\boldsymbol{u}_i$$

因此，

$$\boldsymbol{P}^k=\Phi(\boldsymbol{K})\cdot\boldsymbol{P}^{k-1}=[\Phi(\boldsymbol{K})]^k\boldsymbol{P}^0=\sum_{i=1}^{m}[\Phi(x_i)]^k\boldsymbol{\xi}_i\boldsymbol{u}_i \tag{5.12}$$

这里 $\boldsymbol{P}^0=\boldsymbol{P}$。这个表达式是什么意思呢？观察式(5.11)，它可以将某个信号分解为矩阵的高频部分和低频部分的线性组合。我们对信号进行去噪就是要过滤掉高频部分。因此，应该存在某个 i_0，当 $i>i_0$ 时，有

$$[\Phi(x_i)]^k\approx 0$$

注意到，$\Phi(0)=1$，$\lambda+\mu<0$，于是一定存在一个正数 x，使得

$$\Phi(x)(1-\lambda x)(1-\mu x)=1$$

对任意满足条件

$$\lambda>0,\quad \mu<0,\quad \lambda+\mu<0$$

的 λ 和 μ。实际上，考察二次函数就可以理解这个结论。这个满足条件的正数就是：

$$x_{PB}=\frac{1}{\lambda}+\frac{1}{\mu}>0$$

这样，在表达式(5.12)中，对于 $x_i>x_{PB}$ 的项，有

$$[\Phi(x_i)]^k \approx 0$$

这些项被舍弃，因此信号(网格顶点的坐标信息)中的高频部分被过滤，网格得以光滑。在应用中，可以让 $x_{PB} \in [0.01, 0.1]$，这个取值范围是 Taubin 建议的。

参 考 文 献

[1] Taubin G. A Signal Processing Approach To Fair Surface Design. Los Ageles: ACM Press, 1995

[2] Xu G L. Discrete Laplace-Beltrami operators and their convergence. Computer Aided Geometric Design, 2004, 21(6): 767-784

第 6 章　离散曲面的孔洞修补

6.1　封闭孔洞与初始填充网格的构造

使用三角网格的构造算法由点云数据生成三角网格后，这样的三角网格中可能带有孔洞，如图 6.1 所示。此时需要对孔洞进行修补。

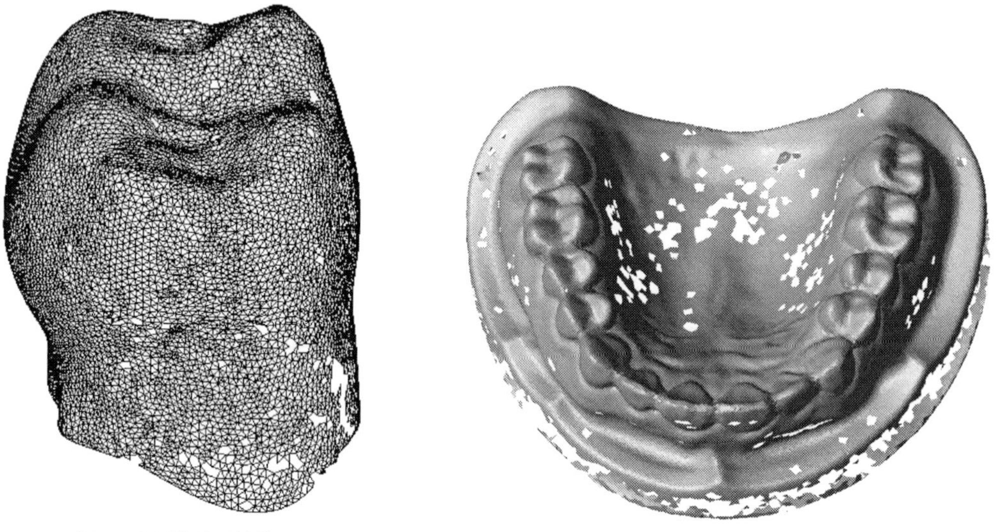

(a) 三角网格显示的模型　　(b) 光照显示的模型

图 6.1　带有孔洞的三角网格模型

在应用中孔洞修补的问题可以分为几种情况处理。这里首先讨论最简单的一种情况——封闭孔洞。其他情况可以转化为封闭孔洞或者类似的简单情况进行处理。封闭孔洞的拓扑结构如图 6.2 所示。

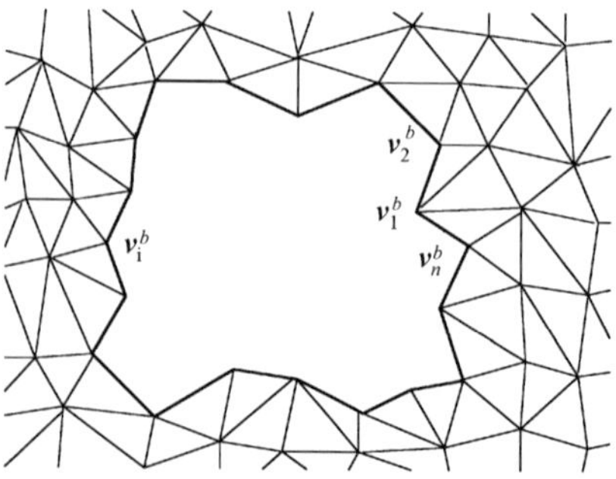

图 6.2　封闭孔洞及其边界

假设已经按照一定的方式提取出封闭孔洞的边界

$$B_{\text{hole}} = \{\boldsymbol{v}_1^b, \boldsymbol{v}_2^b, \cdots, \boldsymbol{v}_n^b\}$$

这里，$\boldsymbol{v}_i^b (i=1,\cdots,n)$ 表示边界上的网格顶点，如图 6.3 所示。设 $e_{i,j} (j=1,\cdots,k_i)$ 是与顶点 $\boldsymbol{v}_i^b$ 邻接的边，而且这些边已经排序，首末两条边是洞的边界上的边，而且任意两个序号上相邻的边是三角网格中某一个三角形的边。令 $\boldsymbol{A}_j$ 是边 $e_{i,j}$ 和 $e_{i,j+1} (j < k_i - 1)$ 形成的角，且

$$A_{i,\text{sum}} = \sum_{j=1}^{k_i - 1} A_{i,j}$$

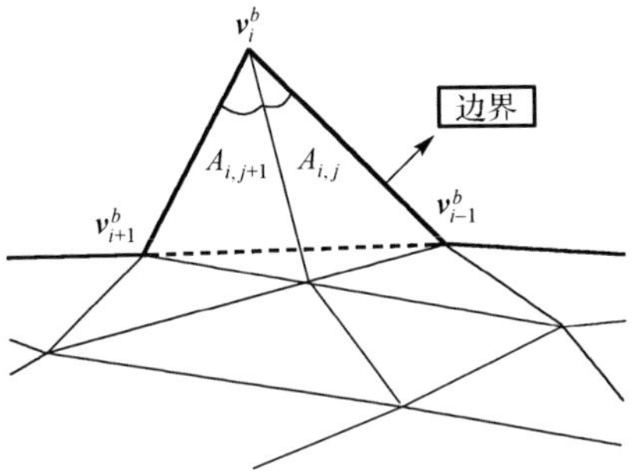

图 6.3　与边界顶点邻接的内角

在上述定义的基础上，可以有如下经验公式[1]：

$$\varOmega(\boldsymbol{v}_{i-1}^b, \boldsymbol{v}_i^b, \boldsymbol{v}_{i+1}^b) = \begin{cases} \text{Tri}_{\text{sf}}(\boldsymbol{v}_{i-1}^b, \boldsymbol{v}_i^b, \boldsymbol{v}_{i+1}^b), & k_i < 8, A_{i,\text{sum}} > \alpha\pi \\ -\pi / A_{i,\text{sum}}, & A_{i,\text{sum}} \leqslant \alpha\pi \\ k_i / 8, & k_i > 8 \end{cases} \tag{6.1}$$

其中，

$$\text{Tri}_{\text{sf}}(\boldsymbol{v}_{i-1}^b, \boldsymbol{v}_i^b, \boldsymbol{v}_{i+1}^b) = \frac{\left|\boldsymbol{v}_i^b \boldsymbol{v}_{i-1}^b\right| + \left|\boldsymbol{v}_i^b \boldsymbol{v}_{i+1}^b\right| - \left|\boldsymbol{v}_{i-1}^b \boldsymbol{v}_{i+1}^b\right|}{\left|\boldsymbol{v}_{i-1}^b \boldsymbol{v}_{i+1}^b\right|}$$

$i=1,\cdots,n$。$\boldsymbol{v}_0^b = \boldsymbol{v}_n^b$，$\boldsymbol{v}_{n+1}^b = \boldsymbol{v}_1^b$。$\alpha$ 是一个参数，通常取大于 1 的数。这是一个计算 $\Delta\boldsymbol{v}_{i-1}^b \boldsymbol{v}_i^b \boldsymbol{v}_{i+1}^b$ 权值的公式。为什么会有这样一个经验公式存在呢？观察图 6.2，孔洞边界上的相邻 3 点通常组成一个钝角三角形，有时这个三角形的顶角还会很大，顶角很大的钝角三角形通常会被认为是奇异三角形。于是，$\text{Tri}_{\text{sf}}(\boldsymbol{v}_{i-1}^b, \boldsymbol{v}_i^b, \boldsymbol{v}_{i+1}^b)$ 愈大，$\Delta\boldsymbol{v}_{i-1}^b \boldsymbol{v}_i^b \boldsymbol{v}_{i+1}^b$ 的形状愈接近于正三角形。这样就有了把 $\text{Tri}_{\text{sf}}(\boldsymbol{v}_{i-1}^b, \boldsymbol{v}_i^b, \boldsymbol{v}_{i+1}^b)$ 作为权值度量三角形形状优劣的理由。当 $A_{i,\text{sum}} < \pi$ 时，会使得 $\Delta\boldsymbol{v}_{i-1}^b \boldsymbol{v}_i^b \boldsymbol{v}_{i+1}^b$ 的顶角太小，把这样的三角形添加进网格后容易导致网格出现褶皱，因此这样的三角形给它一个较小的权值，尽量避免它们加入网格，这就有了把 $-\pi / A_{i,\text{sum}}$ 作为权值的理由。经验表明，在三角形网格中，与顶点 $\boldsymbol{v}_i$ 邻接的边的条数 k_i 为 6～7 时，网格的形状接近最优。因此，应该尽量减少与 $\boldsymbol{v}_i$ 的三角形的个数。注意到，把 $\Delta\boldsymbol{v}_{i-1}^b \boldsymbol{v}_i^b \boldsymbol{v}_{i+1}^b$ 加入网格后，$\Delta\boldsymbol{v}_i^b \boldsymbol{v}_{i+1}^b \boldsymbol{v}_{i+2}^b$ 和 $\Delta\boldsymbol{v}_{i-2}^b \boldsymbol{v}_{i-1}^b \boldsymbol{v}_i^b$ 不能再加入网格(如果顶点的下表大于 k_i 或者小于 1，

就让下标对 k_i 取模，在本章后面的论述中也是如此），否则网格自交。这样把 $\Delta \boldsymbol{v}_{i-1}^b \boldsymbol{v}_i^b \boldsymbol{v}_{i+1}^b$ 优先加入网格，可能减少与 $\boldsymbol{v}_i^b$ 邻接的三角形的个数，这就有了把 $k_i/8$ 作为权值的理由。由于 $\boldsymbol{v}_i^b$ 及与其邻接的顶点一般不可能共面，也就是说，对于一个内部点 $\boldsymbol{v}_i$ 来说，$\sum_{j=1}^{k_i} A_{i,j} > \pi$ 在大部分情况下总是成立的（这里 A_{i,k_i} 是 e_1 和 e_{k_i} 的夹角），因此这里取 α 是一个大于 1 的数。

有了计算三角形 $\Delta \boldsymbol{v}_{i-1}^b \boldsymbol{v}_i^b \boldsymbol{v}_{i+1}^b (i=1,\cdots,n)$ 权值的经验公式(6.1)，就可以按照如下步骤计算填充孔洞的初始网格：

(1) 提取孔洞边界的顶点，形成一个链表 $B_{\text{hole}} = \{\boldsymbol{v}_1^b, \boldsymbol{v}_2^b, \cdots, \boldsymbol{v}_n^b\}$。

(2) 为每一个三角形 $\Delta \boldsymbol{v}_{i-1}^b \boldsymbol{v}_i^b \boldsymbol{v}_{i+1}^b (i=1,\cdots,n)$ 计算权值，放入一个链表 L。

(3) 从链表 L 中选出一个最大的权值。假设这个最大的权值对应的三角形是 $\Delta \boldsymbol{v}_{i-1}^b \boldsymbol{v}_i^b \boldsymbol{v}_{i+1}^b$，将这个三角形放入三角形链表 T_{initial}。从链表 L 中删除 $\Omega(\boldsymbol{v}_{i-2}^b, \boldsymbol{v}_{i-1}^b, \boldsymbol{v}_i^b)$，$\Omega(\boldsymbol{v}_{i-1}^b, \boldsymbol{v}_i^b, \boldsymbol{v}_{i+1}^b)$，$\Omega(\boldsymbol{v}_i^b, \boldsymbol{v}_{i+1}^b, \boldsymbol{v}_{i+2}^b)$。从链表 B_{hole} 删除 $\boldsymbol{v}_i^b$，删除后

$$B_{\text{hole}} = \{\boldsymbol{v}_1^b, \boldsymbol{v}_2^b, \cdots, \boldsymbol{v}_{i-1}^b, \boldsymbol{v}_{i+1}^b, \cdots, \boldsymbol{v}_n^b\}$$

计算 $\Omega(\boldsymbol{v}_{i-2}^b, \boldsymbol{v}_{i-1}^b, \boldsymbol{v}_{i+1}^b)$，将 $\Omega(\boldsymbol{v}_{i-1}^b, \boldsymbol{v}_{i+1}^b, \boldsymbol{v}_{i+2}^b)$ 插入链表 L。然后循环执行此操作步，直至 B_{hole} 顶点的个数小于 3。

三角形链表 T_{initial} 中的三角形可以形成一个网格 mesh_{fs}，把这个网格称为填充孔洞的初始网格。如图 6.4 所示为一个用这个算法构造的初始网格的例子。

图 6.4　填充孔洞的初始网格

6.2　初始网格的细化

初始网格 mesh_{fs} 中的三角形单元与原始网格中的单元相比，尺寸还比较大。为了使得二者的尺寸大小接近，需要对 mesh_{fs} 中的三角形单元进行细化。首先介绍细化初始网

格用到的几个基本方法。一个是顶点的尺寸属性。对于网格中的一个顶点$\boldsymbol{v}_i$，其尺寸属性定义为

$$\sigma(\boldsymbol{v}_i)=\sum_{j=1}^{k_i}\left|e_{i,j}\right|/k_i$$

对于一个三角形$\Delta\boldsymbol{v}_i\boldsymbol{v}_j\boldsymbol{v}_k$，设其重心为$\boldsymbol{v}_c$，如果三角形$\Delta\boldsymbol{v}_i\boldsymbol{v}_j\boldsymbol{v}_k$分裂为$\Delta\boldsymbol{v}_c\boldsymbol{v}_i\boldsymbol{v}_j$，$\Delta\boldsymbol{v}_c\boldsymbol{v}_i\boldsymbol{v}_k$，$\Delta\boldsymbol{v}_c\boldsymbol{v}_j\boldsymbol{v}_k$，则称这样的分裂为按重心分裂，如图 6.5 所示。

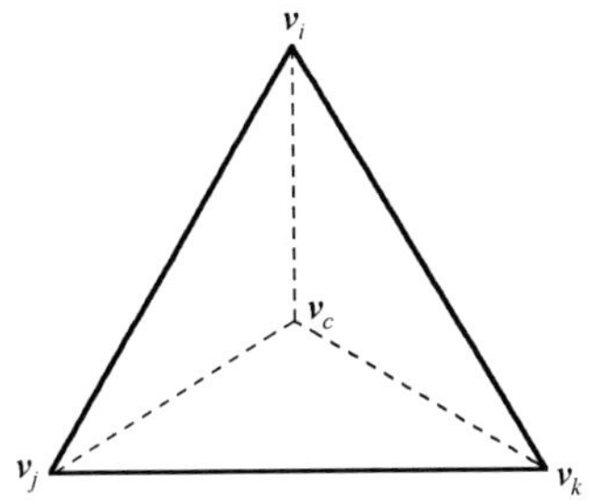

图 6.5　按重心分裂

对于两个具有公共边的三角形，按如图 6.6 所示的方式对三角形进行优化。如果顶点$\boldsymbol{v}$在三角形的外接球上或者是外接球外，边e无需交换，如图 6.6(a)所示。如果顶点$\boldsymbol{v}$在三角形的外接球内，如图 6.6(b)所示，则把边e换成如图 6.6(c)所示的另一条边。

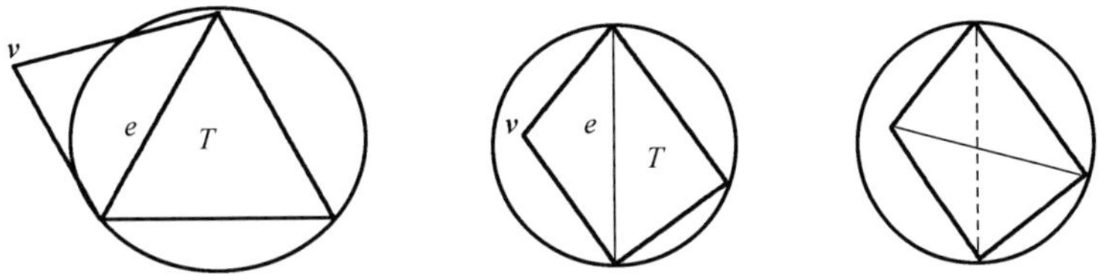

(a) 顶点在外接圆外　(b) 顶点在外接圆内　(c) 交换边

图 6.6　三角形的优化策略

有了上述细化三角网格的基本方法后，可以定义如下三角网格的细化过程：

(1) 从 $\mathrm{mesh}_{\mathrm{fs}}$ 中取出一个三角形，计算其重心$\boldsymbol{v}_c$及尺寸属性：

$$\sigma(\boldsymbol{v}_c)=(\sigma(\boldsymbol{v}_i)+\sigma(\boldsymbol{v}_j)+\sigma(\boldsymbol{v}_k))/3$$

如果对 i, j, k 中的一个有

$$\alpha\left|\boldsymbol{v}_c-\boldsymbol{v}_s\right|\leqslant\sigma(\boldsymbol{v}_c),\quad s=i,j,k$$

则认为$\Delta\boldsymbol{v}_i\boldsymbol{v}_j\boldsymbol{v}_k$可以分裂，转(2)步。否则继续从 $\mathrm{mesh}_{\mathrm{fs}}$ 取出三角形，考察其是否可以分裂。如果 $\mathrm{mesh}_{\mathrm{fs}}$ 没有可以分裂的三角形，终止循环，转(3)。这里α是密度控制因子（$\alpha>1$）。

(2) 将三角形$\Delta\boldsymbol{v}_i\boldsymbol{v}_j\boldsymbol{v}_k$按重心分裂，并对边$e_{ij}$、$e_{ik}$、$e_{jk}$进行交换优化。转(1)步。

(3) 对网格 $\mathrm{mesh}_{\mathrm{fs}}$ 的所有边考察是否能应用三角形优化交换策略，优化完成后程序终止。

为方便，把网格 $mesh_{fs}$ 细化后产生的网格记为 $mesh_{ss}$。如图 6.7 所示为一个用这个算法构造的初始网格的例子。

图 6.7　填充孔洞的细化网格

6.3　细化网格的投影和插值曲面

显然，$mesh_{ss}$ 中的顶点还分布于 $mesh_{fs}$ 中的那些三角形所在的平面上，而不是位于希望重构出的曲面 S 上。为了使得 $mesh_{ss}$ 位于曲面 S 上有两种主要的方法：几何偏微分(PED)方法[2]和投影的方法。这里介绍投影的方法，因为这种方法与几何 PDE 的方法相比，理论比较简单，容易为初学者所接受。

6.3.1　投影法与基曲面

假设已经根据 $B_{hole}=\{\boldsymbol{v}_1^b,\boldsymbol{v}_2^b,\cdots,\boldsymbol{v}_n^b\}$ 形成的子网格的 k-邻域上的点生成了一个基曲面 M_{surf}。我们已经知道了 1-邻域的概念。某个子网格的 k-邻域就是对于该子网格的 $(k-1)$-邻域来说，与这个 $(k-1)$-邻域邻接的点、边、面连同这个 $(k-1)$-邻域形成的网格。一个子网格的 0-邻域是它本身。把 $mesh_{ss}$ 中的点沿着法方向向 M_{surf} 投影，用得到的投影点替换 $mesh_{ss}$ 中的点。投影完成后用边交换策略对网格 $mesh_{ss}$ 进行优化，得到填充孔洞的网格 $mesh_{patch}$。投影的过程容易理解，那么我们应该如何构造曲面 M_{surf} 呢？下面讲述基曲面的构造过程。

6.3.2　径向基函数拟合

考虑这样一个问题，给定一个数据点集：$P=\{\boldsymbol{p}_1,\cdots,\boldsymbol{p}_n\}$，如何构造一个曲面 S 通过这些点呢？换句话说，如何构造出一个表达式

$$F(\boldsymbol{p}) = F(x,y,z)$$

使得，

$$F(\boldsymbol{p}_i) = 0, \quad i = 1,\cdots,n$$

假设 $F(x,y,z)$ 是 n 维线性空间中的一个量，这个线性空间的基是 $\phi_i(\boldsymbol{p}) = \phi_i(x,y,z)$，$i = 1,\cdots,n$。于是，在这个线性空间中，

$$F(\boldsymbol{p}) = \sum_{i=1}^{n} \lambda_i \Phi_i(\boldsymbol{p})$$

现在的问题是，$\phi_i(\boldsymbol{p})$ 是什么样子呢？如何取 λ_i 的值呢？首先解决第一个问题。令

$$\Phi_i(\boldsymbol{p}) = \Phi(\boldsymbol{p} - \boldsymbol{p}_i)$$

这就解决了基函数指标与函数表达式的关系问题。那么 $\Phi(\boldsymbol{x})$ 是什么样子？令

$$\Phi(\boldsymbol{x}) = \phi(|\,\boldsymbol{x}\,|) \tag{6.2}$$

这就把多变量的函数变成了单变量函数。令 $r = |\,\boldsymbol{x}\,|$，取

$$\phi(r) = \mathrm{e}^{-r^2/\sigma^2} \tag{6.3}$$

其中 σ 是参数，调节基函数的影响区域。把满足条件(6.2)的基函数称为径向基函数，方程(6.3)表示的径向基函数成为 Gauss 型径向基函数。于是

$$\Phi_i(\boldsymbol{p}) = \mathrm{e}^{-|\boldsymbol{p}-\boldsymbol{p}_i|^2/\sigma^2}$$

于是可以构造一个线性系统：

$$F(\boldsymbol{p}_j) = \sum_{i=1}^{n} \lambda_i \Phi_i(\boldsymbol{p}_j) = 0, \quad j = 1,\cdots,n \tag{6.4}$$

这样就可以解出所有 $\lambda_i (i = 1,\cdots,n)$。

6.4　两个网格的缝合

6.1～6.3 节介绍了封闭孔洞修补的过程和算法。除了封闭孔洞的修补，网格曲面片之间的缝合也是一个常见而且基本的问题。所谓网格片缝合是指把多个网格片(通常是两个)缝合为一个网格，如图 6.8 所示。不过，既然我们已经弄清楚了封闭孔洞修补的方法，理解两个网格的缝合也就不困难。除了生成初始网格 mesh_{fs} 的方法不同外，网格缝合的流程和其他方法与封闭孔洞修补的方法一致。图 6.9 给出了对图 6.8(a)中的两个网格进行缝合的过程。

现在讨论初始网格 mesh_{fs} 的生成方法。在一般的情况下，可以经过适当的处理将曲面缝合的初始网格生成问题转换为封闭孔洞的初始网格生成问题。这里仅仅考虑封闭边界对封闭边界的情况，其他情况的处理与之类似，如图 6.10 所示。$\boldsymbol{v}_i^{b1}$ 为 B_{fusion}^1 中的一点，找出 B_{fusion}^2 中与 $\boldsymbol{v}_i^{b1}$ 距离最近的一点，按照图 6.10 的方法进行处理，就把两个网格缝合的问题变成了封闭孔洞修补的问题了。

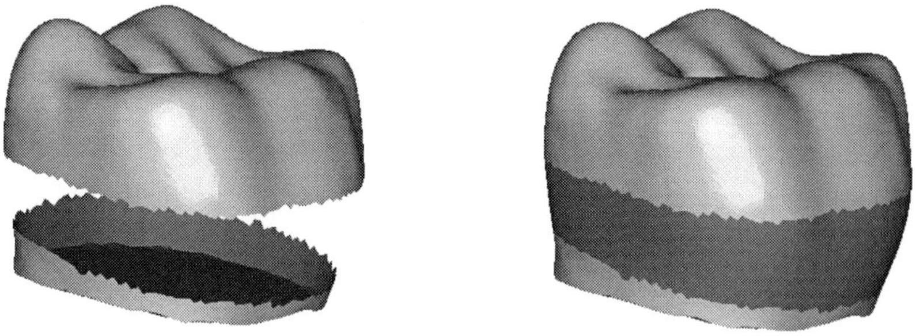

(a) 原始网格　　(b) 缝合后的网格

图 6.8　两个曲面片的缝合

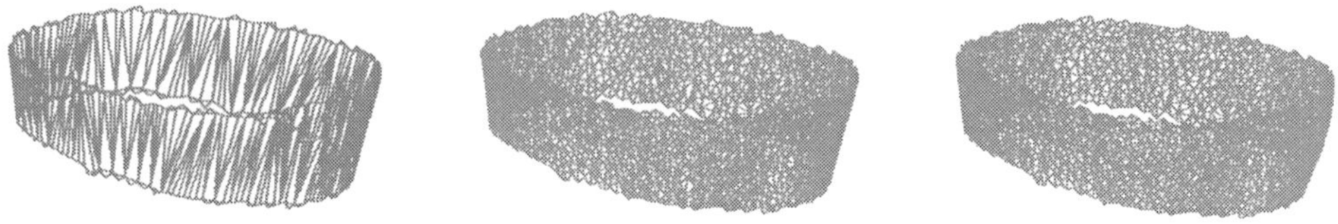

(a) 初始网格　　(b) 细化网格　　(c) 投影网格

图 6.9　网格缝合的过程

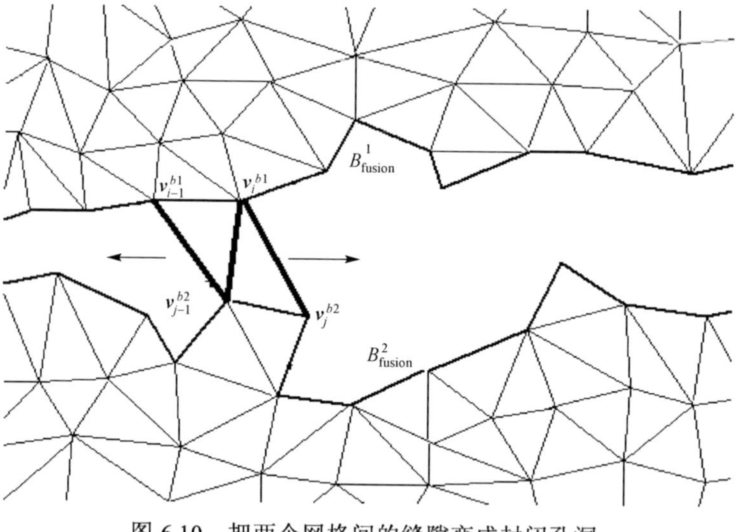

图 6.10　把两个网格间的缝隙变成封闭孔洞

6.5　孔洞的分类

网格上的孔洞大致可以分为以下几类：封闭孔洞，半封闭空洞，岛屿孔洞，如图 6.11 所示。封闭孔洞的修补比其他两类孔洞的修补要简单，而且也是最常见的孔洞。本章把封闭孔洞的修补单独作为一个问题讨论，而把另外两种孔洞转换为封闭孔洞修补问题，或者是网格片的缝合问题。把半封闭孔洞转换成封闭孔洞时，需要把其起点、起点的邻近点，终点、终点的邻近点，按照某种合适的对应关系连接起来，这样的连接可能需要人为干预，如图 6.12 所示。

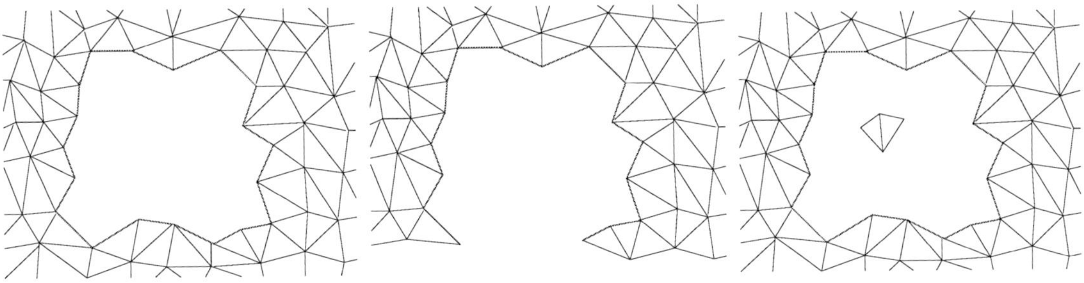

(a) 封闭孔洞 (b) 半封闭孔洞 (c) 带岛屿的孔洞

图 6.11 孔洞的分类

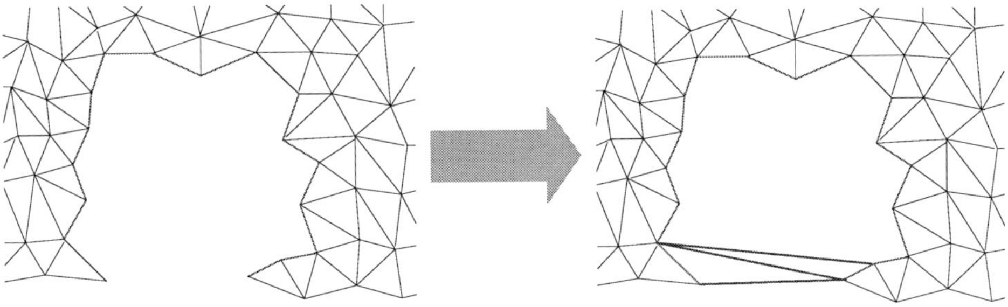

图 6.12 将半封闭孔洞转换为封闭孔洞

对于带有岛屿的孔洞，可以分如下几种情况处理：

(1) 在岛屿相对于网格模型较小而且没有明显特征时，可以直接把岛屿从网格中去除，使其变为封闭孔洞。

(2) 当岛屿特征明显而且较小的时候，把岛屿网格的顶点连同孔洞边界邻域上的点作为方程 (6.4) 的插值点，构造插值曲面，以便用于投影。

(3) 当岛屿相对于网格模型较大的时候，可以把岛屿作为一个单独的模型处理，此时带岛屿的孔洞的修补就变成了两个网格之间的缝合问题。当多个岛屿同时存在时，可以通过人为干预使其变为多个封闭的孔洞，然后对每个封闭孔洞单独处理。

参 考 文 献

[1] 程筱胜. 口腔修复曲面设计系统关键技术研究与实现. 南京：南京航空航天大学, 2007

[2] Xu G L, Zhang Q. G^2 surface modeling using minimal mean-curvature-variation flow. Computer-Aided Design, 2007, 39(3): 342-351

第 7 章　离散曲面的数据分块

7.1　数据分块的意义

对于一个用三角网格表示的离散曲面，通常需要对数据进行分块，如图 7.1 所示。分块的目的有两个；提取特征线有利于网格模型的编辑；根据特征线对数据进行分块，方便曲面拟合，比如把三角网格曲面拟合为 NURBS 曲面，如图 7.1(b)所示。

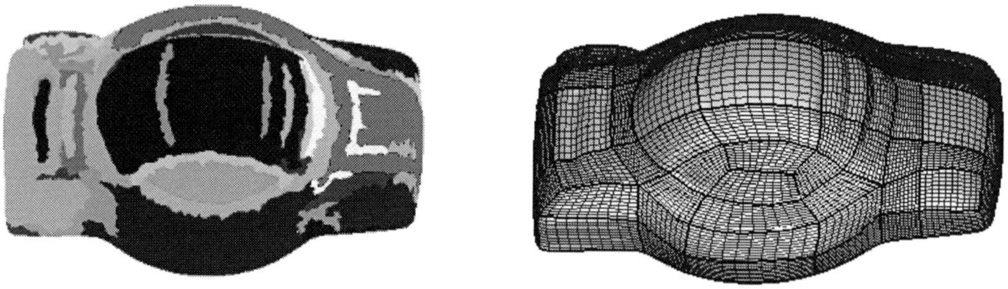

(a) 数据分块　　(b) 根据特征线拟合的 NURBS 曲面

图 7.1　离散曲面的数据分块与曲面拟合

数字图像是一类特殊的曲面，对数字图像进行分块有利于区分出需要的目标区域，在数字图像中，数据分块称为分割。图 7.2 给出了一个图像分割的例子。在这个例子中，首先采用阈值法把灰度值在一定范围内（$g_{\min} \leqslant g \leqslant g_{\max}$）的像素变成绿色，这一步的算法比较简单，本节不进行讨论。得到绿色区域后，再采用区域增长法把绿色区域内感兴趣的区域提取出来。无论是三角网格曲面还是数字图像，区域增长是一个共同而基础的内容。本章主要围绕数据分块讨论区域增长法。

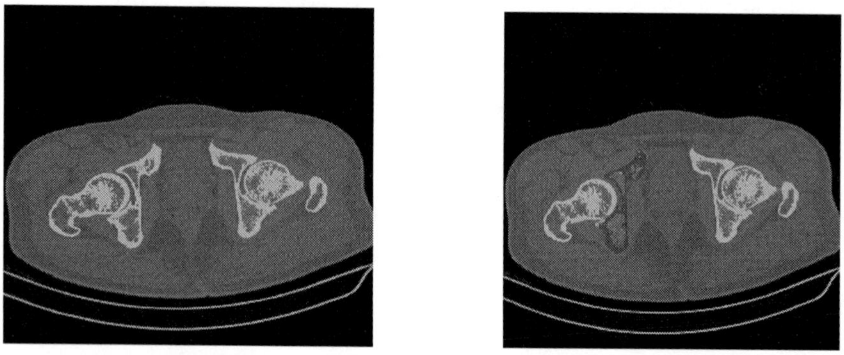

(a) 分割出硬组织　　(b) 分割出感兴趣的组织

图 7.2　数字图像的分块

7.2 面向二值图像分割的区域增长

二值图像是一种很基础、很重要的图像，在很多情况下灰度图像的处理可以转化为二值图像的处理。例如在图 7.2 所示的例子中，为了在 CT 切片中提取出髋骨，可以先采用阈值法把图像中的像素分为绿色和非绿色，这样绿色和非绿色就形成一个二值图像。为了使我们的讨论变得简单，这里仅仅考虑黑白图像，即白色为背景，黑色表示图像中的景物，也就是目标。用专业术语来讲，黑色是前景色，如图 7.3 所示。

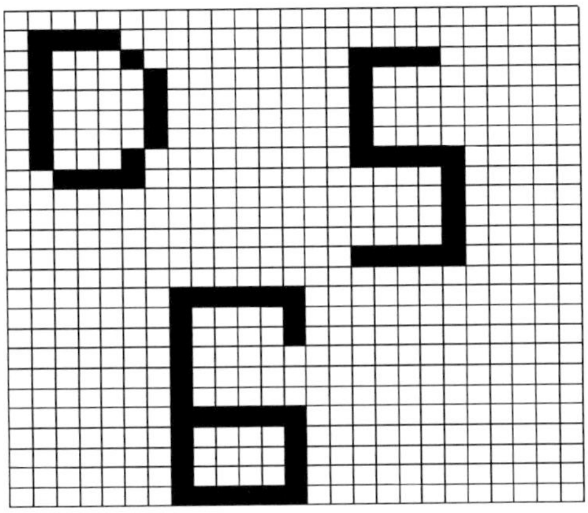

图 7.3　二值(黑白)图像示例

对于图 7.3 所示的图像，我们提这样一个问题：这个图像中有几个区域，每个区域由哪些像素组成？这就是一个数据分块问题。但是，这是一个多区域的分块问题，为了使我们的讨论变得简单，先考虑单区域的分块，如图 7.4 所示。

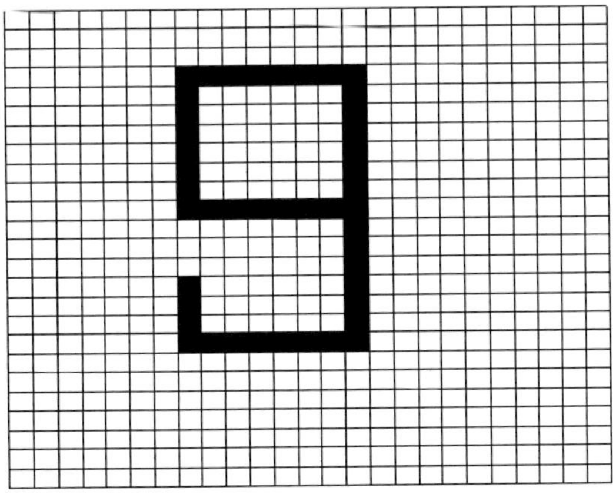

图 7.4　单区域的二值图像

有的初学者可能很难理解，图 7.3 和图 7.4 中的目标区域为黑色，看起来非常明显，为什么还需要分块处理？这就是一个计算机存储的数据和人脑自动识别的差异问题。实际上，“目标区域看起来明显”这个结论是人脑通过自动识别以后的结果，而在计算机内保存的数字图像中，只有哪个像素为黑，哪个像素为白的记录。计算机屏幕可以理解为由多个像素排列成的平面，当计算机显示图像时，对相应位置的像素按照记录的数据进行点亮即可。因此，一个黑白的数字图像没有“区域”的信息，显示图像也不需要“区域”的信息。让计算机程序对这样的黑白图像进行分块，就是让计算机具有人脑识别的初步功能。

那如何提取图 7.4 中的目标区域呢？首先需要找到一个种子点。这个种子点可以采用交互的方法得到，也可以用程序自动搜索得到，自动搜索时取任意一个黑点就可以。假设这个种子点是 $\boldsymbol{p}_0$。有了种子点就可以启动区域增长算法了。种子点是使用区域增长的先决条件。

使用区域增长法时需要进行点的邻域搜索。在这里我们考虑八邻域，如图 5.6 所示。有了这样的约定以后，可以给出区域增长的过程如下：

(1) 将种子点 $\boldsymbol{p}_0$ 放入集合 R，将 $\boldsymbol{p}_0$ 标记为未搜索。

(2) 从集合 R 中取出点 $\boldsymbol{p}_i$，如果 $\boldsymbol{p}_i$ 已经被搜索，继续取下一个点，直到发现没有被搜索的点为止。如果所有的点已经被搜索，程序停止。假设已经发现了一个没有被搜索的点 $\boldsymbol{p}_i$，转(3)。

(3) 将 $\boldsymbol{p}_i$ 标记为已搜索。逐个考察 $\boldsymbol{p}_i$ 的 1-邻域上的点 $\boldsymbol{p}$。如果 $\boldsymbol{p}$ 是黑色的点，考察 $\boldsymbol{p}$ 是否在集合 R 中，如果不在集合 R 中则将其放入集合 R 中，将其标记为未搜索，转(2)。

采用这个过程就将目标区域中的像素全部放进了集合 R 中。对于单目标的二值图像，可以不进行区域增长，一个简单的判别就可以得到集合 R。这里给出这个过程，是为了对多目标的分块奠定基础，也就是说，对多目标的图像进行识别时，区域增长是一种有效的方法。一般来说，可以采用如下过程：

(1) 在图像中选取一个黑色的点作为种子点 $\boldsymbol{p}_0^k(k=1,\cdots)$。如果图像中没有黑色的点，程序中止。

(2) 以 $\boldsymbol{p}_0^k$ 为种子点进行区域增长，得到区域 R^k。

(3) 在数字图像中，把集合 R^k 中的点对应的像素变为白色，转(1)。

至此，已经完全论述清楚了黑白图像中的数据分块的方法，其他应用中的数据分块方法与之类似，只需要进行一个简单的变通即可。要说明的是，这里的区域增长过程是以初学者容易理解的目的进行编写的，并没有考虑算法的时间复杂度。区域增长法有很多实现的版本，在应用中设计好的实现过程提高程序的运行效率是必要的。本节讲授主要是为了让初学者理解区域增长的基本原理，而不是给出一个高效率的算法。

7.3 三角网格曲面的数据分块

7.3.1 三角网格顶点的标识

一般三角网格的分块是指按照曲率对三角网格的顶点进行分块。假设已经计算出了三角网格上每个顶点的高斯曲率 K 和平均曲率 H，通过高斯曲率 K 和平均曲率 H 的组合，可以将点附近的曲面形状分为 8 种基本特征类型：峰(Peak)、脊(Ridge)、鞍形脊(Saddle Ridge)、平面(Flat)、极小曲面(Minimal Surface)、阱(Pit)、谷(Valley)和鞍形谷(Saddle Valley)，如图 7.5 所示。

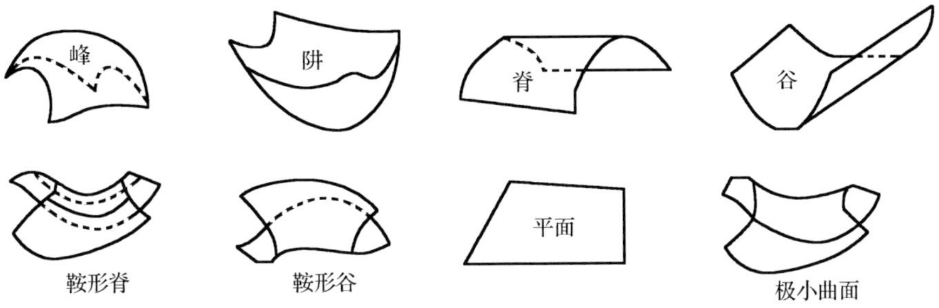

图 7.5　曲面的 8 种局部形状

表 7.1 给出了 K 和 H 的 9 种组合[1]，并分析了法曲率 k 的符号分布情况，还从几何上对曲面形状进行描述。其中第 4 种组合 $K>0$、$H=0$ 在数学上相互矛盾，因而是不存在的。

表 7.1　由曲率的正负值得到点的局部曲面类型

序号	K	H	曲面类型	主曲率 k	几何描述
1	>0	>0	峰	均>0	点在所有方向上局部均为凸
2	=0	>0	脊	一个主方向上=0，其余>0	点局部为凸，在一个主方向上为平
3	<0	>0	鞍形脊	有>0，也有<0，>0 的部分多	点在大部分方向上局部为凸，在小部分方向上为凹
4	>0	=0	不存在		
5	=0	=0	平面	均=0	平面
6	<0	=0	极小曲面	有>0，也有<0，各占半	点的局部凸凹分布各占半
7	>0	<0	阱	均<0	点在所有方向上局部均为凹
8	=0	<0	谷	一个主方向上=0，其余<0	点局部为凹，在一个主方向上为平
9	<0	<0	鞍形谷	有>0，也有<0，<0 的部分多	点在大部分方向上局部为凹，在小部分方向上为凸

K 和 H 的正负符号判断的最简单方法是用大于零和小于零的条件，但是，在实际应用中，绝对等于零的情况是相当少的，在判断函数符号时，一般是设定一个零阈值，当函数的绝对值小于该零阈值时，就认为该函数等于零。

K 和 H 分别是 k_1、k_2 的乘积和平均值，因而两者的零阈值 ε_K 和 ε_H 是有相关性的。如果给定平均曲率的零阈值 ε_H，而将 ε_K 简单地设为 $\varepsilon_H \times \varepsilon_H$，实际表明 ε_K 取值太小，不能很好地屏蔽噪声，且第 4 种理论上不存在的类型出现较多。而当 ε_K 设为 ε_H 时，抛物点过多，不符合曲面的实际情况。文献[2]研究了 ε_K 和 ε_H 的设定问题，利用摄动分析给出了 ε_K 和 ε_H 的相容不等式，限定了 ε_K 的最小取值，该不等式需要平均曲率的统计分析结果。本章将 ε_K 和 ε_H 的关系简化为：$\varepsilon_K = \lambda \times \varepsilon_H$，$0 < \lambda < 1$。根据多次调试，在本算法中，$\lambda = 1/4$。

给定零阈值 $\varepsilon_K \times \varepsilon_H$，各个顶点就可用表 7.1 中的 9 种类型进行标示(由于零是阈值，实际应用中第四种类型是存在的)。

7.3.2 基于顶点的标识区域增长

相同类型的三角片如果是连通的，就可以形成一个块。这里以提取表 7.1 中第一种类型(K>0, H>0)的峰点为例，来说明如何对网格顶点进行分块。首先介绍搜索峰值点的区域增长。假设已经有了一个种子点 $\boldsymbol{p}_0$。

(1)将种子点 $\boldsymbol{p}_0$ 放入集合 R，将 $\boldsymbol{p}_0$ 标记为未搜索。

(2)从集合 R 中取出点 $\boldsymbol{p}_i$，如果 $\boldsymbol{p}_i$ 已经被搜索，继续取下一个点，直到发现没有被搜索的点为止。如果所有的点已经被搜索，程序停止。假设已经发现了一个没有被搜索的点 $\boldsymbol{p}_i$，转(3)。

(3)将 $\boldsymbol{p}_i$ 标记为已搜索。逐个考察 $\boldsymbol{p}_i$ 的 1-邻域上的点 $\boldsymbol{p}$。如果 $\boldsymbol{p}$ 是峰点，考察 $\boldsymbol{p}$ 是否在集合 R 中，如果不在集合 R 中则将其放入集合 R 中，将其标记为未搜索。转(2)。

这个算法与二值图像区域增长的算法是一致的。应该注意到，这里提取区域的主要过程是对一个种子点执行一次算法，得到一个区域。以这个区域增长法为基础，就可以得到提取峰点形成的所有块的过程：

(1)在网格中选取一个未搜索的峰点作为种子点 $\boldsymbol{p}_0^k(k=1,\cdots)$。如果网格中的峰点都已经标记为以搜索，程序中止。

(2)以 $\boldsymbol{p}_0^k$ 为种子点进行区域增长，得到区域 R^k。转(1)。

采用类似的过程，我们就可以按照如图 7.5 所示的 8 种曲面类型，对网格中的数据点进行分块。一般来说，这样得到的块还比较粗糙，对这样的数据分块还需要进行一些优化处理后才能使用，如块合并、块边界的光滑等。这些优化过程比较繁琐，在理论上也不太困难，这里不进行论述。图 7.6 和图 7.7 给出了两个分块优化的例子。

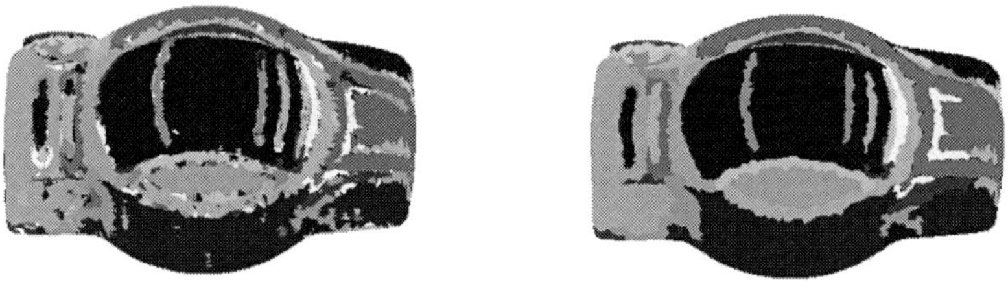

(a) 边界生长结果　　(b) 优化结果

图 7.6　mower 模型的数据分块与优化

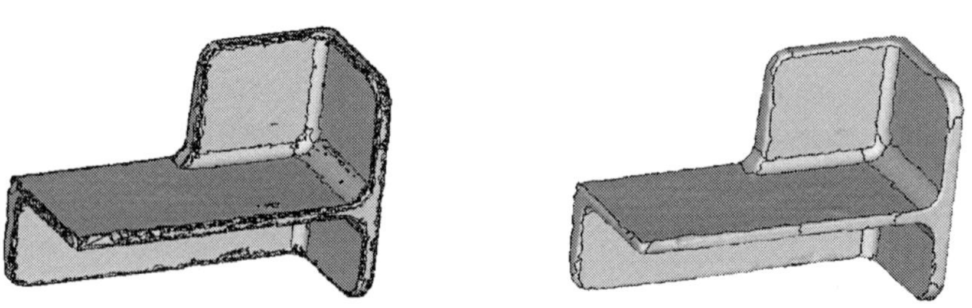

(a)边界生长结果　　(b)优化结果

图 7.7　某机械零件模型的数据分块与优化

在上述结果的基础上，采用曲线光滑和交互的方法，就可以把三角网格曲面划分为系列的四边界区域。图 7.8～图 7.11 给出了一些分块的结果。

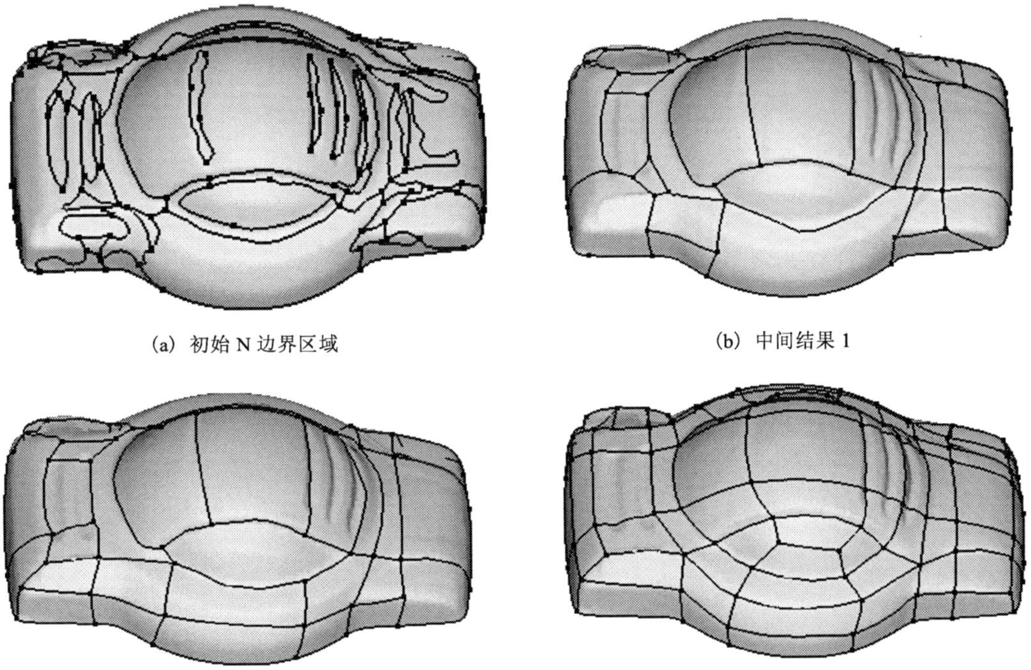

(a) 初始 N 边界区域　　(b) 中间结果 1

(c) 中间结果 2　　(d) 最后结果

图 7.8　mower 模型的四边界区域生成过程

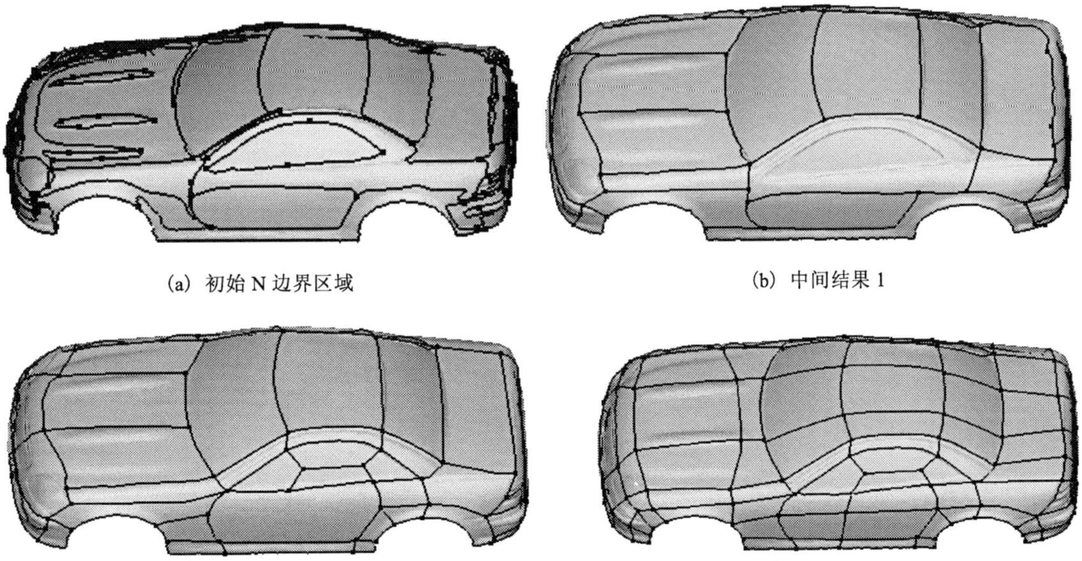

(a) 初始 N 边界区域　　(b) 中间结果 1

(c) 中间结果 2　　(d) 最后结果

图 7.9　汽车模型的四边界区域生成过程

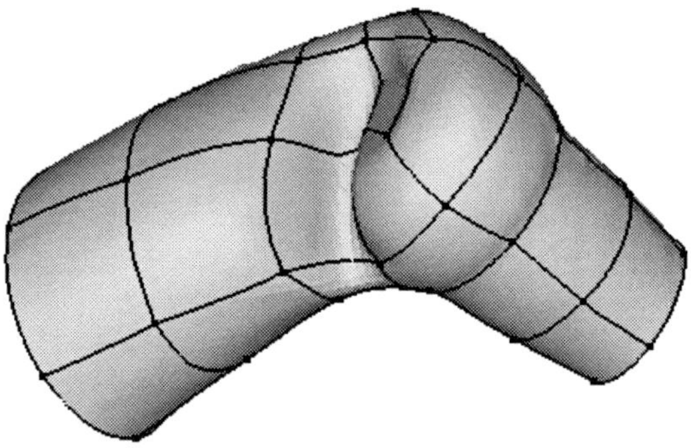

图 7.10　进气道模型的四边界区域

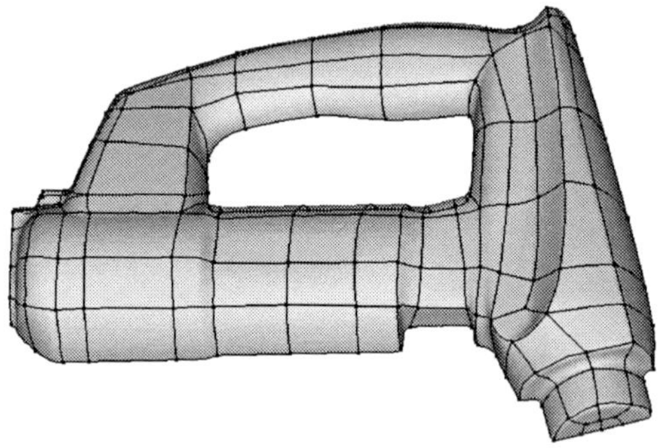

图 7.11　手动工具模型的四边界区域

参考文献

[1] 刘胜兰. 逆向工程中自由曲面与规则曲面重建关键技术研究[D]. 南京: 南京航空航天大学, 2004

[2] 蔡利栋. 关于 KH 和 KJ 符号图的一些注解. 中国图像图形学报, 1998, 7(3): 562-564

第 8 章　B 样条曲面拟合

8.1　B 样条基函数

给定节点矢量$\boldsymbol{U}=[u_0,u_1,\cdots,u_n]$，B 样条基函数可以采用如下公式定义：

$$N_{i,0}(u)=\begin{cases}1 & u_i \leqslant u \leqslant u_{i+1} \\ 0 & u \notin [u_i \quad u_{i+1}]\end{cases}$$

$$N_{i,k}(u)=\frac{u-u_i}{u_{i+k}-u_i}N_{i,k-1}(u)+\frac{u_{i+k+1}-u}{u_{i+k+1}-u_{i+1}}N_{i+1,k-1}(u), \quad k \geqslant 1$$

对于节点矢量中的节点满足条件：$u_i \leqslant u_{i+1}$，即节点矢量中的节点形成不减序列。在递推过程中遇到 0/0 的情况，约定 0/0=0。递推公式中的 k 表示 B 样条基函数的次数，k+1 称为 B 样条基函数的阶数。

利用递推公式可以发现定义一个基函数与所用到的节点之间的关系如下：

$$N_{i,0}(u):\{u_i,u_{i+1}\}, \quad N_{i,k}(u):\{u_i,\cdots,u_{i+k+1}\}$$

称$[u_i,u_{i+k+1}]$为基函数$N_{i,k}(u)$的支撑区间。显然，基函数$N_{i,k}(u)$的支撑区间内有 k+2 个节点。利用数学归纳法可以证明，$N_{i,k}(u)=0 \ \ u \notin [u_i,u_{i+k+1}]$。这一性质可以归结为 B 样条基函数的局部支撑性。

B 样条基函数的递推定义说明，高次 B 样条可以由低次 B 样条递推得到。现以一次 B 样条的递推为例说明递推过程。由递推定义有：

$$N_{i,1}(u)=\frac{u-u_i}{u_{i+1}-u_i}N_{i,0}(u)+\frac{u_{i+2}-u}{u_{i+2}-u_{i+1}}N_{i+1,0}(u)$$

根据$N_{i,0}(u)$的定义有：

$$N_{i,1}(u)=\begin{cases}\dfrac{u-u_i}{u_{i+1}-u_i}, & u \in [u_i,u_{i+1}] \\ \dfrac{u_{i+2}-u}{u_{i+2}-u_{i+1}}, & u \in [u_{i+1},u_{i+2}] \\ 0, & u \in (-\infty,u_i] \cup [u_{i+2},+\infty)\end{cases}$$

图 8.1 给出了这一递推过程。

对于二次 B 样条曲线$N_{i,2}(u)$在区间$[u_i,u_{i+1}]$内的表达式可以作如下推导：

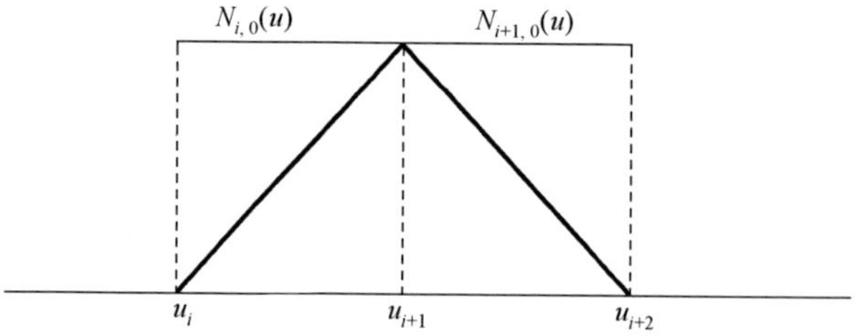

图 8.1　一次 B 样条基函数的递推

$$N_{i,2}(u)=\frac{u-u_i}{u_{i+2}-u_i}N_{i,1}(u)+\frac{u_{i+3}-u}{u_{i+3}-u_{i+1}}N_{i+1,1}(u)$$
$$=\frac{u-u_i}{u_{i+2}-u_i}\frac{u-u_i}{u_{i+1}-u_i}=\frac{(u-u_i)^2}{(u_{i+2}-u_i)(u_{i+1}-u_i)}$$

$N_{i,2}(u)$ 在区间 $[u_{i+1},u_{i+2}]$ 内的表达式是：

$$N_{i,2}(u)=\frac{(u-u_i)(u_{i+2}-u)}{(u_{i+2}-u_i)(u_{i+2}-u_{i+1})}+\frac{(u_{i+3}-u)(u-u_{i+1})}{(u_{i+3}-u_{i+1})(u_{i+2}-u_{i+1})}$$

$N_{i,2}(u)$ 在区间 $[u_{i+2},u_{i+3}]$ 内的表达式是：

$$N_{i,2}(u)=\frac{(u_{i+3}-u)^2}{(u_{i+3}-u_{i+1})(u_{i+3}-u_{i+2})}$$

图 8.2 给出了这一递推过程。

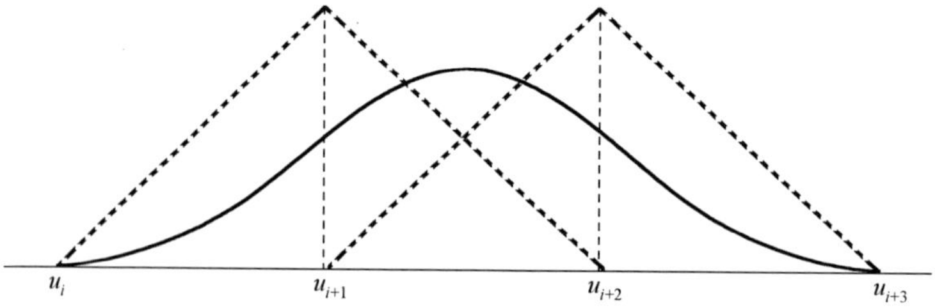

图 8.2　二次 B 样条曲线的递推

利用 B 样条基函数的递推公式可以发现 Bernstein 基函数是 B 样条基函数的一种特例。这只需要取节点矢量

$$U=[\underbrace{0\quad 0\quad \cdots\quad 0}_{k+1\text{重}}\quad \underbrace{1\quad 1\quad \cdots\quad 1}_{k+1\text{重}}]$$

实际上，根据 B 样条基函数的局部支撑性，从第一个节点往前数，每 k+2 个节点决定一个 B 样条基，于是共得到 k+1 个 B 样条基。利用数学归纳法可以证明，这 k+1 个 B 样条基函数就是一组 k 次的 Bernstein 基函数。

根据一次和二次 B 样条基函数的表达式可以直接验证：在没有重节点的情况下，k 次 B 样条基函数在支撑区间内的节点处 C^{k-1} 连续。如果支撑区间内的某节点的重数是 r，那么基函数在该节点处的连续阶是 C^{k-r}。在下一小节的讨论中可以看到，B 样条曲线的函数表达式是基函数关于控制顶点的线性组合，因此基函数的连续阶决定着 B 样条曲线的连续阶。

8.2 非均匀三次 B 样条曲线

给定如下条件：

(1) 控制顶点 $\boldsymbol{V}_0,\boldsymbol{V}_1,\cdots,\boldsymbol{V}_n$。

(2) B 样条基函数的次数 k。

(3) 节点矢量 $\boldsymbol{U}=[u_0,u_1,\cdots,u_k,u_{k+1},\cdots,u_n,u_{n+1},\cdots,u_{n+k+1}]$。

可以唯一定义非均匀三次 B 样条曲线：

$$\boldsymbol{r}(u)=\sum_{i=0}^{n}N_{i,k}(u)\boldsymbol{V}_i \tag{8.1}$$

其中 $u\in[u_k,u_{n+1}]$。关于非均匀 B 样条曲线的这个定义，可以做出如下几点说明：

(1) B 样条基函数对某一节点区间内的参数 u 具有权性的条件是：该节点区间内基函数的个数为“满”。对于定义中的节点矢量 $\boldsymbol{U}$ 来说，仅仅节点区间 $[u_i,u_{i+1}](k\leqslant i\leqslant n)$ 内的基函数个数为“满”，这些节点区间的并集是 $[u_k,u_{n+1}]$，形成了 B 样条曲线的定义域。B 样条基函数对定义域内的任意参数 u 具有权性是 B 样条具有凸包性的充分条件。

(2) 对于定义中给出的节点矢量 $\boldsymbol{U}$ 来说，最后一个节点的下标表示了节点个数、控制顶点个数和 B 样条基函数的次数三者之间的关系。

(3) 为了使得 k 次 B 样条曲线具有 k 次 Bézier 曲线的端点性质，需要将首末两个节点的重数设置为 k+1，即

$$u_0=u_1=\cdots=u_k,\quad u_{n+1}=\cdots=u_{n+k+1}$$

这个结论可以根据 B 样条基函数的递推公式采用数学归纳法证明。

(4) 给定了节点矢量 $\boldsymbol{U}$ 以后，无论怎样对它作平移变换：$\boldsymbol{U}=\boldsymbol{U}-s$ 或压缩变换 $\boldsymbol{U}=\boldsymbol{U}/s$，方程(8.1)定义的曲线不会改变。这个结论的证明可以归结为，对于节点区间内的任意参数 u，在对节点矢量 $\boldsymbol{U}$ 执行一个平移变换或一个压缩变换后，$\boldsymbol{U}$ 变为 $\boldsymbol{V}$，v 变为 v，那么对 $\boldsymbol{U}$ 和 $\boldsymbol{V}$ 定义的 k 次 B 样条基函数有：

$$N_{U,i,k}(u)=N_{V,i,k}(v)$$

这里 $N_{U,i,k}(u)$ 表示节点矢量 $\boldsymbol{U}$ 定义的第 i 个 k 次 B 样条基函数。可以验证，当 k=0 时这个结论是成立的。假设这个结论对 $k-1$ 次 B 样条基函数成立，现在证明这个结论对 k 次 B 样条曲线结论也成立。根据递推定义

$$N_{U,i,k}(u)=\frac{u-u_i}{u_{i+k}-u_i}N_{U,i,k-1}(u)+\frac{u_{i+k+1}-u}{u_{i+k+1}-u_{i+1}}N_{U,i+1,k-1}(u)$$

$$N_{V,i,k}(u)=\frac{v-v_i}{v_{i+k}-v_i}N_{V,i,k-1}(v)+\frac{v_{i+k+1}-v}{v_{i+k+1}-v_{i+1}}N_{V,i+1,k-1}(v)$$

无论是平移变换还是压缩变换都可以验证

$$\frac{u-u_i}{u_{i+k}-u_i}=\frac{v-v_i}{v_{i+k}-v_i},\quad \frac{u_{i+k+1}-u}{u_{i+k+1}-u_{i+1}}=\frac{v_{i+k+1}-v}{v_{i+k+1}-v_{i+1}}$$

根据归纳假设有

$$N_{U,i,k-1}(u)=N_{V,i,k-1}(v),\quad N_{U,i+1,k-1}(u)=N_{V,i+1,k-1}(v)$$

所以，$N_{U,i,k}(u)=N_{V,i,k}(v)$。根据这个结论，有时为了论述的方便，可以假设非均匀 B 样条曲线的定义域是[0,1]。

取均匀节点矢量时，非均匀 B 样条基函数和非均匀 B 样条曲线成为均匀 B 样条基函数和均匀 B 样条曲线。在给定的次数下，均匀 B 样条基函数的表达式是固定的：一次均匀 B 样条基函数共有两个不同的表达式、二次均匀 B 样条基函数共有 3 个不同的表达式、三次均匀 B 样条基函数共有 4 个不同的表达式，依此类推。

8.3 非均匀 B 样条曲线的 de-Boor 算法

定义了一条非均匀 B 样条曲线，如何得到定义域内任意一个参数 u 对应的点 $\boldsymbol{r}(u)$ 一般来说有如下两种方法：

(1) 直接计算基函数 $N_{i,k}(u)$ 对应的值，$i=0,\cdots,n$，然后计算 $\sum_{i=0}^{n}N_{i,k}(u)\boldsymbol{V}_i$。

(2) 利用 de-Boor 算法，通过控制顶点的线性递推得到 $\boldsymbol{r}(u)$。

de-Boor 算法类似于 de-Casteljau 算法，计算快速稳定。B 样条基函数的次数较高时采用 de-Boor 算法比较方便。de-Boor 算法通过如下方式定义：设 $u\in[u_i,u_{i+1}]\subset[u_k,u_{n+1}]$，那么

$$\boldsymbol{r}(u)=\sum_{j=i-k}^{i}\boldsymbol{V}_jN_{j,k}(u)=\cdots=\sum_{j=i-k}^{i-s}\boldsymbol{V}_j^sN_{j+s,k-s}(u)=\cdots=\boldsymbol{V}_{j-k}^k$$

其中，

$$\boldsymbol{V}_j^s=\begin{cases}\boldsymbol{V}_j, & s=0\\ (1-\alpha_j^s)\boldsymbol{V}_j^{s-1}+\alpha_j^s\boldsymbol{V}_{j+1}^{s-1}, & s>0\end{cases}$$

$$j=i-k,\cdots,i-s;\quad s=1,2,\cdots,k$$

$$\alpha_j^s=\frac{u-u_{j+s}}{u_{j+k+1}-u_{j+s}},\quad \text{约定 } 0/0=0$$

de-Boor 算法的计算公式可以利用 B 样条基函数的递推公式得到，本书为了讨论的简洁，直接罗列出 de-Boor 算法的计算公式，不进行证明。现在论述如何使用这个递推公式。

(1) 对于给定的参数 u，确定 u 所在的参数区间 $[u_i,u_{i+1}]$。注意到，确定了下标 i 也就确定了 u 所在的参数区间。如果 $u=u_i$ 或者 $u=u_{i-1}=u_i$，取 $u\in[u_i,u_{i+1}]$。

(2) 取控制顶点 $\boldsymbol{V}_{i-k},\boldsymbol{V}_{i-k+1},\cdots,\boldsymbol{V}_i$，共取到 k+1 个控制顶点。

(3) s 从 1 到 k 循环：$\boldsymbol{V}_j^s=(1-\alpha_j^s)\boldsymbol{V}_j^{s-1}+\alpha_j^s\boldsymbol{V}_{j+1}^{s-1}$，$j=i-k,\cdots,i-s$。

当节点矢量 $\boldsymbol{U}=[\underbrace{0\ \ 0\ \ \cdots\ \ 0}_{k+1重}\ \ \underbrace{1\ \ 1\ \ \cdots\ \ 1}_{k+1重}]$，非均匀 B 样条曲线成为 Bézier 曲线，de-Boor 算法成为 de-Casteljau 算法。图 8.3 以非均匀三次 B 样条曲线为例，给出了 de-Boor 算法的执行过程。

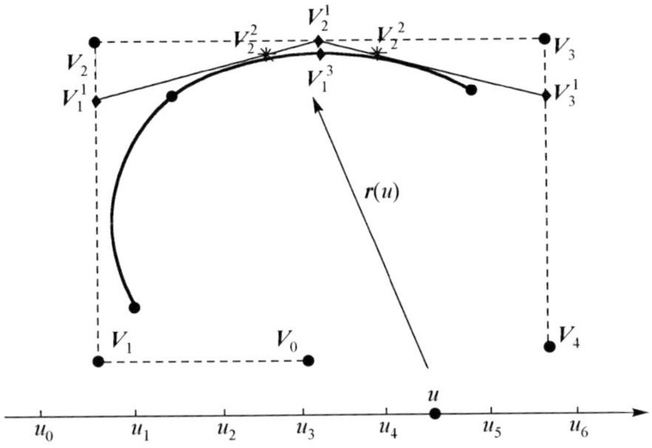

图 8.3　de-Boor 算法的执行过程

8.4　B 样条曲线的反算

给定一系列的型值点 $\boldsymbol{P}_0,\boldsymbol{P}_1,\cdots,\boldsymbol{P}_{n'}$，如何构造一条 k 次 B 样条曲线通过这些型值点？解决这个问题需要做如下 3 个方面的事情：

(1) 对型值点进行参数化。

(2) 构造节点矢量 $\boldsymbol{U}$。

(3) 构造求解控制顶点的线性方程组。

首先采用累加弦长参数化方法对型值点进行参数化。

$$s_i=\sum_{j=0}^{i}\left|\boldsymbol{P}_j-\boldsymbol{P}_{j-1}\right|\Big/\sum_{i=0}^{n'}\left|\boldsymbol{P}_j-\boldsymbol{P}_{j-1}\right|$$

这里约定：$\left|\boldsymbol{P}_0-\boldsymbol{P}_{-1}\right|=0$。于是每个型值点 $\boldsymbol{P}_i$ 对应参数 s_i。既然 B 样条基函数的次数为 k，这个待定的 B 样条曲线的节点矢量应该是：

$$u_0=\cdots=u_k=s_0$$

$$u_{i+k}=s_i,i=1,\cdots,n'-1$$

$$u_{n'+k}=\cdots=u_{n'+k+k}=s_{n'}$$

根据非均匀 B 样条表达式(8.1)和 B 样条的递推公式可知，控制顶点和各基函数支撑区间的起始点有如下对应关系：

$$\boldsymbol{V}_i\to u_i,\quad i=0,\cdots,n'+k-1$$

与型值点相比，控制顶点的个数多了 $k-1$ 个。为了使问题变得简单，我们对 $k=3$ 的情况进行讨论。这样控制顶点只比型值点多两个，增加两个边界条件就可以通过线性方程组求解出所有控制顶点，与前面讨论的 Ferguson 曲线和参数三次样条曲线的处理方法一致。根据型值点与参数之间的对应关系，以及非均匀 B 样条表达式(8.1)，可以构造如下线性方程组：

$$\boldsymbol{r}(u_{j+3}) = \sum_{i=0}^{n'+2} N_{i,3}(u_{j+3})\boldsymbol{V}_i = \boldsymbol{P}_j, \quad j = 0,\cdots,n' \tag{8.2}$$

即

$$\boldsymbol{r}(u_{j+3}) = N_{j,3}(u_{j+3})\boldsymbol{V}_j + N_{j+1,3}(u_{j+3})\boldsymbol{V}_{j+1} + N_{j+2,3}(u_{j+3})\boldsymbol{V}_{j+2} = \boldsymbol{P}_j$$

$n+1$ 个方程解出 $n+3$ 个未知数是不可能的，需要为上述线性方程组增加边界条件，类似于 Ferguson 曲线和参数三次样条曲线的三切矢方程，可以构造切矢端点条件、二阶导端点条件和周期性端点条件。最简单的方法是假设添加的是切矢量端点条件。既然节点矢量两端是 k+1 重节点，该非均匀 B 样条曲线就具有 Bézier 曲线的端点性质[2]。设两端给定的曲线切矢量是 $\boldsymbol{r}'(u_3)$ 和 $\boldsymbol{r}'(u_{n'+3})$，由三次 Bézier 曲线的端点条件有

$$3\boldsymbol{V}_1 - 3\boldsymbol{V}_0 = \boldsymbol{r}'(s_0), \quad 3\boldsymbol{V}_{n'+2} - 3\boldsymbol{V}_{n'+1} = \boldsymbol{r}'(s_{n'}) \tag{8.3}$$

求解(8.2)和(8.3)形成的线性方程组就可以得到控制顶点 $\boldsymbol{V}_i(i=0,\cdots,n'+2)$。这个线性方程组的系数矩阵是：

$$\begin{bmatrix} -3 & 3 & & & & \\ N_0(u_3) & N_1(u_3) & N_2(u_3) & & & \\ & & \ddots & \ddots & \ddots & \\ & & & N_{n'}(u_{n'+3}) & N_{n'+1}(u_{n'+3}) & N_{n'+2}(u_{n'+3}) \\ & & & & -3 & 3 \end{bmatrix}$$

这里，$N_i(u)$ 是 $N_{i,3}(u)$ 的简写。现在讨论非均匀 B 样条曲线的特例——均匀 B 样条曲线的插值。从非均匀 B 样条曲线到均匀 B 样条曲线，只要将节点是矢量取作

$$\boldsymbol{U} = [0,1,\cdots,n'+6]$$

直接计算 $N_{j,3}(u_{j+3})$、$N_{j+1,3}(u_{j+3})$、$N_{j+2,3}(u_{j+3})$ 的值，式(8.2)可以写作

$$\boldsymbol{V}_j + 4\boldsymbol{V}_{j+1} + \boldsymbol{V}_{j+2} = 6\boldsymbol{P}_i, \quad j = 0,\cdots,n' \tag{8.4}$$

对于 $N_{j,3}(u_{j+3})$、$N_{j+1,3}(u_{j+3})$、$N_{j+2,3}(u_{j+3})$ 无需直接计算，注意到，$N_{j,3}(u_{j+3}) = N_0(0)$，$N_{j+1,3}(u_{j+3}) = N_1(0)$，$N_{j+2,3}(u_{j+3}) = N_2(0)$。这里 $N_i(u)(i=0,1,2,3)$ 是递推公式定义的均匀 B 样条基函数。方程(8.4)也可以采用均匀三次 B 样条曲线段的计算公式得到。

由于采用的均匀节点矢量，B 样条曲线在端点处不再具有 Bézier 曲线的性质。根据均匀三次 B 样条曲线段的端点切矢量计算公式有

$$\boldsymbol{V}_2 - \boldsymbol{V}_0 = 2\boldsymbol{r}'(u_3), \quad \boldsymbol{V}_{n'+2} - \boldsymbol{V}_{n'} = 2\boldsymbol{r}(u_{n'+3})$$

由此可以得到计算控制顶点的如下线性方程组：

$$
\begin{bmatrix} -1 & 0 & 1 & & & & \\ 1 & 4 & 1 & & & & \\ & 1 & 4 & 1 & & & \\ & & & \ddots & & & \\ & & & & 1 & 4 & 1 \\ & & & & -1 & 0 & 1 \end{bmatrix} \begin{bmatrix} \boldsymbol{V}_0 \\ \boldsymbol{V}_1 \\ \boldsymbol{V}_2 \\ \vdots \\ \boldsymbol{V}_{n'+1} \\ \boldsymbol{V}_{n'+2} \end{bmatrix} = \begin{bmatrix} 2\boldsymbol{P}_0' \\ 6\boldsymbol{P}_0 \\ 6\boldsymbol{P}_1 \\ \vdots \\ 6\boldsymbol{P}_{n'} \\ 2\boldsymbol{P}_{n'}' \end{bmatrix}
$$

这是一个三对角方程组，具有唯一解。

8.5 B 样条曲面

$k \times l$ 次 B 样条曲面可以表示为

$$
\boldsymbol{r}(u,v) = [N_{0,l}(v), N_{1,l}(v), \cdots, N_{m,l}(v)] \begin{bmatrix} \boldsymbol{V}_{0,0} & \boldsymbol{V}_{0,1} & \cdots & \boldsymbol{V}_{0,n} \\ \boldsymbol{V}_{1,0} & \boldsymbol{V}_{1,1} & \cdots & \boldsymbol{V}_{1,n} \\ \vdots & \vdots & \cdots & \vdots \\ \boldsymbol{V}_{m,0} & \boldsymbol{V}_{m,1} & \cdots & \boldsymbol{V}_{m,n} \end{bmatrix} \begin{bmatrix} N_{0,k}(u) \\ N_{1,k}(u) \\ \vdots \\ N_{n,k}(u) \end{bmatrix}
$$

其中，$(u,v) \in [0,u_n] \times [0,v_m]$。上式可以简写为

$$
\boldsymbol{r}(u,v) = \sum_{i=0}^{m} \sum_{j=0}^{n} \boldsymbol{V}_{i,j} N_{i,l}(v) N_{j,k}(u), \quad (u,v) \in [0,u_n] \times [0,v_m]
$$

式中，控制顶点 $\boldsymbol{V}_{i,j}(i=0,\cdots,m; j=0,\cdots,n)$ 形成控制网格。$N_{j,k}(u)$ 和 $N_{i,l}(v)$ 分别是 k 次和 l 次的 B 样条基函数。它们分别由节点矢量

$$
\boldsymbol{U} = [\underbrace{u_0,\ u_1,\ \cdots\ u_k}_{\text{前}k+1\text{个节点可取为重节点}}, \cdots, \underbrace{u_n,\ u_{n+1},\ \cdots\ u_{n+k}}_{\text{后}k+1\text{个节点可取为重节点}}]
$$

$$
\boldsymbol{V} = [\underbrace{v_0,\ v_1,\ \cdots\ v_l}_{\text{前}l+1\text{个节点可取为重节点}}, \cdots, \underbrace{v_m,\ v_{m+1},\ \cdots\ v_{m+l}}_{\text{后}l+1\text{个节点可取为重节点}}]
$$

定义。

8.5.1 B 样条曲面的正算

现在介绍用递推算法计算 B 样条曲面上点的过程。既然 B 样条曲面是张量积曲面，即矩阵相乘得到的曲面，那么曲面上点的计算可以转化为曲线上点的计算。我们考察表达式。令

$$
\boldsymbol{p}_i(u) = [\boldsymbol{V}_{i,0}, \boldsymbol{V}_{i,1}, \cdots, \boldsymbol{V}_{i,n}] \begin{bmatrix} N_{0,k}(u) \\ N_{1,k}(u) \\ \vdots \\ N_{n,k}(u) \end{bmatrix} = \sum_{j=0}^{n} \boldsymbol{V}_{i,j} N_{j,k}(u)
$$

显然，$\boldsymbol{p}_i(u)$ 是一条 B 样条曲线。于是

$$\boldsymbol{r}(u,v)=[N_{0,l}(v),B_{1,l}(v),\cdots,B_{m,l}(v)]\begin{bmatrix}\boldsymbol{p}_0(u)\\ \boldsymbol{p}_1(u)\\ \vdots\\ \boldsymbol{p}_m(u)\end{bmatrix}$$

把 $\boldsymbol{p}_i(u)$ 看成数据点，$\boldsymbol{r}(u,v)$ 就是一条 B 样条曲线。

因此，为了得到 B 样条曲面上的点 $\boldsymbol{r}(u_0,v_0)$，可以先用如下过程进行；

(1)将控制网格每一行上的点看成 B 样条曲线 $\boldsymbol{p}_i(u)$ 的控制顶点，用 de-Boor 递推算法计算 $\boldsymbol{p}_i(u_0)$，如图 8.4(a)所示。

(2)将 $\boldsymbol{p}_i(u_0)$ 看成 B 样条曲线 $\boldsymbol{r}(u_0,v)$ 控制顶点，用 de-Boor 递推算法计算 $\boldsymbol{r}(u_0,v_0)$，如图 8.4(b)所示。

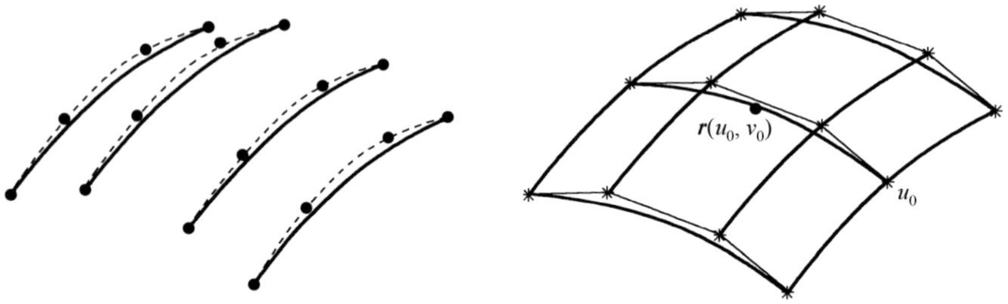

(a) 根据根u向各行控制顶点计行方向曲线　　(b) 以各行方向曲线上相应的点为控制点计算曲线上的点

图 8.4　计算 B 曲面上点的过程

既然 B 样条曲面是张量积曲面，那么，将

$$\boldsymbol{p}_j(v)=[N_{0,l}(v),N_{1,l}(v),\cdots,N_{m,l}(v)]\begin{bmatrix}\boldsymbol{V}_{0,j}\\ \boldsymbol{V}_{1,j}\\ \vdots\\ \boldsymbol{V}_{m,j}\end{bmatrix}$$

和

$$\boldsymbol{r}(u,v)=[\boldsymbol{p}_0(v)\boldsymbol{p}_1(v),\cdots,\boldsymbol{p}_n(v)]\begin{bmatrix}B_{0,k}(u)\\ B_{1,k}(u)\\ \vdots\\ B_{n,k}(u)\end{bmatrix}$$

看成 B 样条曲线，然后用 de-Boor 递推算法计算 $\boldsymbol{r}(u_0,v_0)$ 也是可以的。

8.5.2　B 样条曲面的反算

两阶段曲线反算法是将 B 样条曲面的反算表达为张量积曲面计算的逆过程，即化解为两阶段的曲线反算[3]。待求的 B 样条曲面方程表示为

$$\boldsymbol{p}(u,v)=\sum_{i=0}^{m+k-1}\sum_{j=0}^{n+l-1}\boldsymbol{d}_{i,j}N_{i,k}(u)N_{j,l}(v) \tag{8.5}$$

可改写为

$$\boldsymbol{p}(u,v)=\sum_{i=0}^{m+k-1}\left(\sum_{j=0}^{n+l-1}\boldsymbol{d}_{i,j}N_{j,l}(v)\right)N_{i,k}(u) \tag{8.6}$$

进一步可给出类似 B 样条曲线方程的表达式：

$$\boldsymbol{p}(u,v)=\sum_{i=0}^{m+k-1}\boldsymbol{c}_i(v)N_{i,k}(u) \tag{8.7}$$

其中，控制顶点被控制曲线 $\boldsymbol{c}_i(v)$ 所代替：

$$\boldsymbol{c}_i(v)=\sum_{j=0}^{n+l-1}\boldsymbol{d}_{i,j}N_{j,l}(v),\quad i=0,1,\cdots,m+k-1 \tag{8.8}$$

若固定一参数 v，就给出了在这些控制曲线上 $m+k$ 个点 $\boldsymbol{c}_i(v),i=0,1,\cdots,m+k-1$。这些点又作为控制顶点，就定义了曲面上以 u 为参数的等参数线，其中有 n+1 条被称为截面曲线的等参数线插值给定的数据点。因此，反算 B 样条曲面应先以 u 为参数值，由式(8.6)先求截面曲线的控制顶点 $\boldsymbol{c}_i(v)$，再以 v 为参数值，由式(5-16)求出控制顶点 $\boldsymbol{d}_{i,j}(i=0,1,\ldots,m+k-1;j=0,1,\cdots,n+l-1)$。

8.6 数 据 采 样

8.6.1 调和映射

既然采用 7.3 中的方法可以得到的四边界区域分块，而 B 样条曲面只能拟合拓扑上呈矩形域的曲面，因此这里考虑曲面上四边界区域的调和映射。调和映射由 Eck 在 1995 年提出，是一种简单有效的曲面参数化方法。这里将曲面上的四边界区域映射为一个正方形区域[0,1]×[0,1]。四边界区域的 4 个顶点映射为正方形的 4 个顶点。四边界区域各边上的三角形顶点映射为正方形各边上的点，如图 8.5 所示。

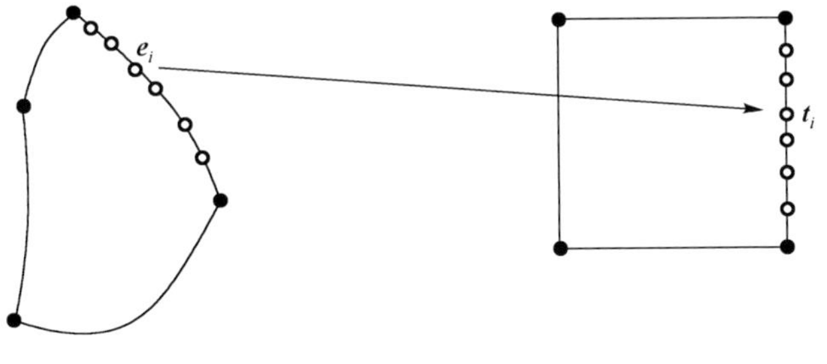

(a) 四边界区域　　(b) 参数域

图 8.5　四边形区域的边界向参数域的映射

在各边上采用累加弦长参数化方法将三角形顶点映射为正方形边上的点

$$t_i=\frac{\sum_{j=1}^{i-1}\left|\boldsymbol{v}_{j+1}-\boldsymbol{v}_j\right|^2}{\sum_{j=1}^{r-1}\left|\boldsymbol{v}_{j+1}-\boldsymbol{v}_j\right|^2}$$

这里，r 是相应边上三角形顶点的总数。

假设调和映射 ρ 把四边界区域的顶点 $\boldsymbol{v}_i$ 映射为正方形区域内的点 (x_i, y_i)：

$$\rho \to (x_i, y_i)$$

为方便，假设该四边界区域上有 n 个三角形顶点。其中前 k 个顶点是区域边界上的点，后 n–k 个顶点是区域的内部顶点。既然该四边界区域是对三角形网格进行分块得到的区域，该四边界区域也是一个三角形网格，将其记为 M。调和映射的作用是使 M 的拓扑结构在映射后发生的形变最小。将 M 设想成一个弹簧系统，M 的边集 $e(\mathrm{M})$ 中的每一条边上放置一根弹簧，则将 M 的顶点映射到二维平面域 P 上的变形能为

$$E(\rho) = \frac{1}{2}\sum_{\{v_i, v_j\} \in e(M)} s_{i,j} \left|\rho(\boldsymbol{v}_i) - \rho(\boldsymbol{v}_j)\right|^2$$

其中，$\rho(\boldsymbol{v}_i), \rho(\boldsymbol{v}_j)$ 分别是 M 中的边 $e_{i,j}$ 的两个顶点 $\boldsymbol{v}_i$、$\boldsymbol{v}_j$ 映射到正方形区域 P 中的位置，$s_{i,j}$ 为的弹性系数。为了尽可能地反映初始网格 M 中每个边的长度及相邻面的形状，$s_{i,j}$ 取为

$$s_{i,j} = \frac{l_{i,k1}^2 + l_{j,k1}^2 - l_{i,j}^2}{Area(\boldsymbol{v}_i, \boldsymbol{v}_j, \boldsymbol{v}_{k1})} + \frac{l_{i,k2}^2 + l_{j,k2}^2 - l_{i,j}^2}{Area(\boldsymbol{v}_i, \boldsymbol{v}_j, \boldsymbol{v}_{k2})}$$

其中，边 $e_{i,j}$ 为三角片 $(\boldsymbol{v}_i, \boldsymbol{v}_j, \boldsymbol{v}_{k1})$ 和 $(\boldsymbol{v}_i, \boldsymbol{v}_j, \boldsymbol{v}_{k2})$ 共有，$Area(\boldsymbol{v}_i, \boldsymbol{v}_j, \boldsymbol{v}_{k1})$ 表示三角形面积，$l_{i,k1}$ 表示三角形 $(\boldsymbol{v}_i, \boldsymbol{v}_j, \boldsymbol{v}_{k1})$ 的一条边，其余依此类推。假设正方形区域在 xoy 面上，能量方程为

$$E(\rho) = \frac{1}{2}\sum_{\{\boldsymbol{v}_i, \boldsymbol{v}_j\} \in e(M)} s_{i,j} \left|x_i - y_j\right|^2$$

对 $(x_i, y_i)(i = k+1, \cdots, n)$ 求偏导，可得

$$\begin{cases}
\dfrac{\partial\rho(E)}{\partial x_{k+1}} = \displaystyle\sum_{v_{j\in adj(v_{k+1})}} s_{k+1,j}(x_{k+1} - x_j)^2 = 0 \\
\dfrac{\partial\rho(E)}{\partial y_{k+1}} = \displaystyle\sum_{v_{j\in adj(v_{k+1})}} s_{k+1,j}(y_{k+1} - y_j)^2 = 0 \\
\qquad\vdots \\
\dfrac{\partial\rho(E)}{\partial x_i} = \displaystyle\sum_{v_{j\in adj(v_i)}} s_{i,j}(x_i - x_j)^2 = 0 \\
\dfrac{\partial\rho(E)}{\partial y_i} = \displaystyle\sum_{v_{j\in adj(v_i)}} s_{i,j}(y_i - y_j)^2 = 0 \\
\qquad\vdots \\
\dfrac{\partial\rho(E)}{\partial x_n} = \displaystyle\sum_{v_{j\in adj(vn)}} s_{n,j}(x_n - x_j)^2 = 0 \\
\dfrac{\partial\rho(E)}{\partial y_n} = \displaystyle\sum_{v_{j\in adj(vn)}} s_{n,j}(y_n - y_j)^2 = 0
\end{cases}$$

其中，$adj(\boldsymbol{v}_i)$ 为 $\boldsymbol{v}_i$ 相邻顶点的集合，上式是一个包含 2(n–k) 个方程和 2(n–k) 个未知数的

稀疏正定线性方程组。运用超松弛迭代法(SOR)可求出 $(x_i, y_i)(i=k+1,\cdots,n)$ ，从而将网格的内部顶点全部映射到正方形的内部。如图 8.6 所示为磨牙外冠面模型。

参数化结果，此区域包含的点数为 11 841，三角片数为 23 449，边界点数为 231。

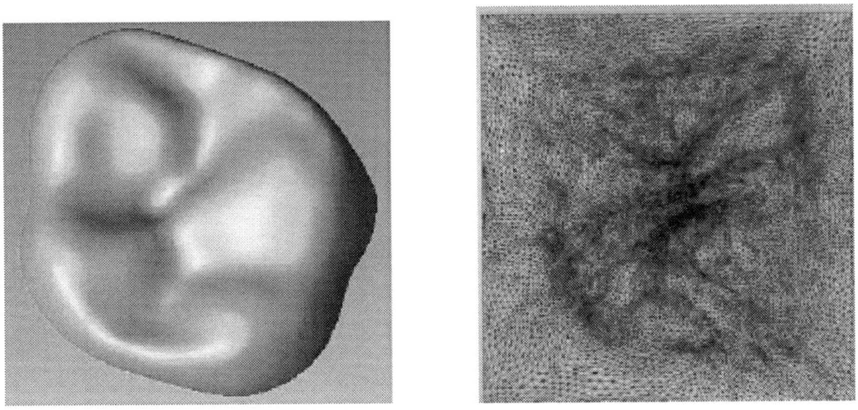

(a) 网格曲面　　(b) 映射网格

图 8.6　网格曲面向正方形区域的调和映射

8.6.2　数据重采样[3]

在得到 $\rho(\boldsymbol{v}_i)(i=1,\cdots,n)$ 后，就可以构造一个分段线性映射。M 中的每个三角片 $T_i(\boldsymbol{v}_{i,1},\boldsymbol{v}_{i,2},\boldsymbol{v}_{i,3})(i=1,\cdots,m)$ 上的点映射到平面上以后，都在 $\rho(\boldsymbol{v}_{i,1}),\rho(\boldsymbol{v}_{i,2}),\rho(\boldsymbol{v}_{i,3})$ 构成的三角形 T_i 中。即对三角形 T_i 存在线性变换矩阵 $A_i(3\times 3)$ ，使得

$$\boldsymbol{A}_i\cdot[\boldsymbol{v}_{i,1}\quad \boldsymbol{v}_{i,2}\quad \boldsymbol{v}_{i,3}]=[\rho(\boldsymbol{v}_{i,1})\quad \rho(\boldsymbol{v}_{i,2})\quad \rho(\boldsymbol{v}_{i,3})]$$

于是有

$$\boldsymbol{A}_i=[\rho(\boldsymbol{v}_{i,1})\quad \rho(\boldsymbol{v}_{i,2})\quad \rho(\boldsymbol{v}_{i,3})]\cdot[\boldsymbol{v}_{i,1}\quad \boldsymbol{v}_{i,2}\quad \boldsymbol{v}_{i,3}]^{-1}$$

由上式得到的线性变换矩阵集合 $\{A_1,A_2,\cdots,A_m\}$ 即为构造的从 M 到 P 的分段线性映射 $\rho: M\rightarrow P$ 。由于线性变换矩阵 $A_i(i=1,\cdots,m)$ 是可逆的，从而可以得到从 P 到 M 的映射 $S: P\rightarrow M$ ，S 是 $A_i^{-1}(i=1,\cdots,m)$，这就给出了调和映射的分段线性逼近。为了避免矩阵求逆，可以采用如下方法计算 $\boldsymbol{v}'\in P$ 所对应的网格曲面 M 上的点 $S(\boldsymbol{v}')$ 。

设三角片 T_i 的顶点 $\boldsymbol{v}_{i,1},\boldsymbol{v}_{i,2},\boldsymbol{v}_{i,3}$ 对应的区域 P 上的点分别是 $\boldsymbol{v}'_{i,1}(x_{i,1},y_{i,1})$、 $\boldsymbol{v}'_{i,2}(x_{i,2},y_{i,2})$、 $\boldsymbol{v}'_{i,3}(x_{i,3},y_{i,3})$ ，$\boldsymbol{v}$ 和 $\boldsymbol{v}'$ 分别为三角片 T_i 上的点及其在参数区域上的对应点，则两者定义唯一的仿射变换

$$S(\boldsymbol{v}')=S(x,y)=\boldsymbol{v}$$

$$S(\boldsymbol{v}')=\frac{Area(\boldsymbol{v}',\boldsymbol{v}'_{i,2},\boldsymbol{v}'_{i,3})}{Area(\boldsymbol{v}'_{i,1},\boldsymbol{v}'_{i,2},\boldsymbol{v}'_{i,3})}\boldsymbol{v}_{i,1}+\frac{Area(\boldsymbol{v}',\boldsymbol{v}'_{i,3},\boldsymbol{v}'_{i,1})}{Area(\boldsymbol{v}'_{i,1},\boldsymbol{v}'_{i,2},\boldsymbol{v}'_{i,3})}\boldsymbol{v}_{i,2}+\frac{Area(\boldsymbol{v}',\boldsymbol{v}'_{i,1},\boldsymbol{v}'_{i,2})}{Area(\boldsymbol{v}'_{i,1},\boldsymbol{v}'_{i,2},\boldsymbol{v}'_{i,3})}\boldsymbol{v}_{i,3}$$

把正方形区域 P 作为网格曲面 M 的参数域，就可以在区域 P 上进行均匀采样，得到点 $\boldsymbol{v}'_{i,j}(i\cdot\Delta x, j\cdot\Delta y)$ $(i=1,\cdots,s; j=1,\cdots,t)$ 。于是可以得到网格 M 上的拓扑矩阵型点列

$\boldsymbol{v}_{i,j}(i=1,\cdots,s;\ j=1,\cdots,t)$。把 $\boldsymbol{v}_{i,j}(i=1,\cdots,s;\ j=1,\cdots,t)$ 作为插值点就可以采用 8.5 节中的方法计算出 B 样条曲面，从而达到数据压缩、方便编辑和方便数据交换的目的。图 8.7～图 8.9 给出了 B 样条技术拟合复杂表面的例子。

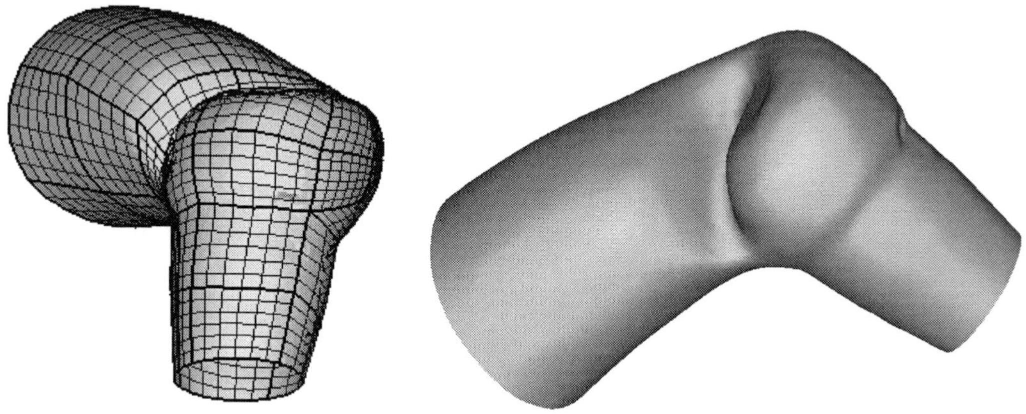

(a) 采样结果　　(b) B 样条曲面

图 8.7　柴油机进气道模型的均匀采样和 B 样条曲面重建

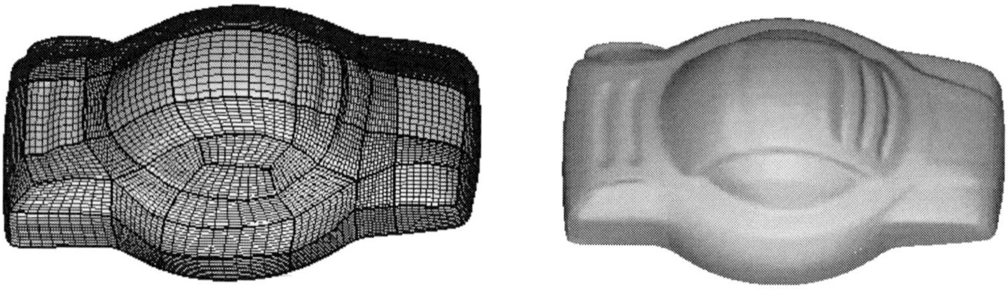

(a) 采样结果　　(b) B 样条曲面

图 8.8　mower 模型的均匀采样和 B 样条曲面重建

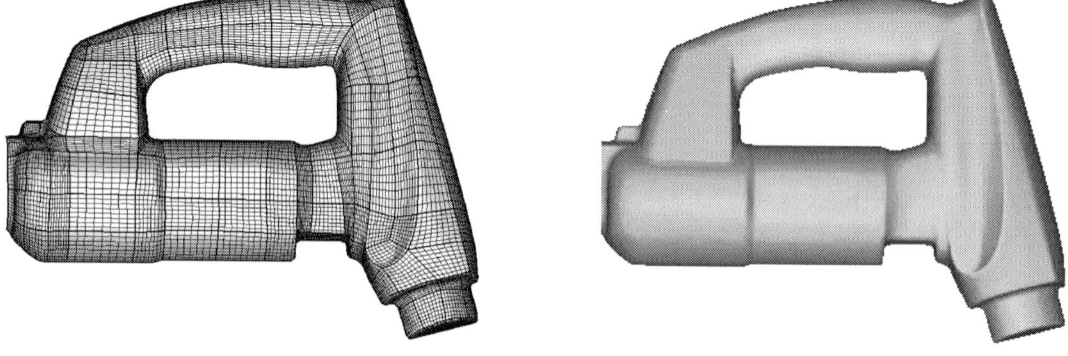

(a) 采样结果　　(b) B 样条曲面

图 8.9　手动工具模型的均匀采样和 B 样条曲面重建

参 考 文 献

[1] 施法中. 计算机辅助几何设计与非均匀有理 B 样条. 北京: 高等教育出版社, 2013

[2] Matthics E, Hugues H. Automatic Reconstruction of B-Splines Surfaces of Arbitrary Topological Type. In: Computer Graphics, Annual Conference Series（ACM SIGGRAPH）. New York: ACM Press, 1996

[3] 刘胜兰. 逆向工程中自由曲面与规则曲面重建关键技术研究. 南京: 南京航空航天大学, 2004

第9章 细 分 曲 面

9.1 Catmull-Clark 细分曲面

第 8 章采用 B 样条曲面片拟合复杂形体表面时，复杂形体表面被表示成了多张 B 样条曲面。这种方法使得 CAD 模型的曲面片之间会出现缝隙，不利于后续的操作。图 9.1 中的零件有小缝隙，刀轨在缝隙处断开，形成频繁进退刀。为了克服这样的缺陷，需要进行曲面缝合或者刀轨整合等特殊的处理[1]。另外，几何形体进行求并、求交、求差等布尔运算时，需要对曲面进行求交，参数曲面的求交不但理论繁琐，计算也很耗时，而且还很容易产生计算误差。

(a) 具有缝隙的零件模型

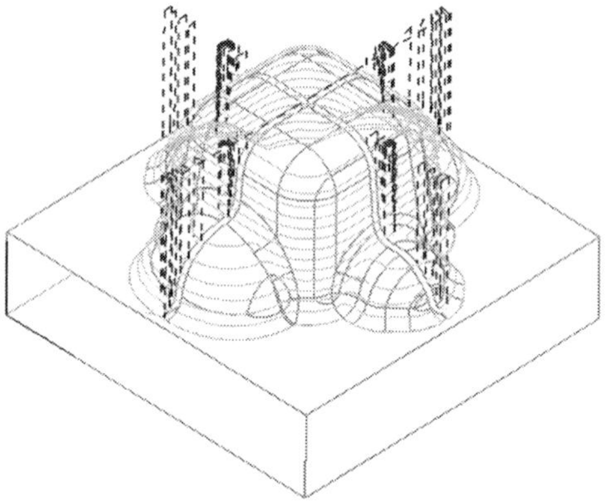

(b) 刀轨在缝隙处断开

图 9.1 表面有缝隙的零件模型

正如 DeRose 指出[2]，尽管 NURBS 早已被国际标准化组织作为定义工业产品数据交换的 STEP 标准，在工业造型和动画制作中得到了广泛的应用，但它仍然存在局限性。单一的 NURBS 方式不能表示任意拓扑结构的曲面。虽然可以用修剪 NURBS 曲面的方法来处理任意拓扑结构的曲面，但修剪是昂贵的，而且有数值误差。在动画中，要让用 NURBS 曲面拼合起来的模型在接缝处保持光滑，即使是近似的光滑也是困难的，因为模型是活动的。而细分曲面则没有以上困难，它们无需修剪，活动模型的平滑度被自动地保证。

那么，什么是细分曲面？就构造方式而言，细分曲面是一个网格序列的极限，网格序列则通过采用一组规则对给定的初始网格逐层加密顶点而获得。通常，每应用一次细分规则就得到一个顶点更加密集的网格。假设初始网格是 M^0，不断加密网格顶点时，得到网格序列，$M^1,\cdots,M^k,\cdots$。细分曲面的定义要求，如此一个网格序列是收敛的：

$$\lim_{k\to\infty} M^k = M$$

因此，细分曲面又称为极限曲面。通常把这种逐层加密网格顶点形成新网格的方法称为网格细分方法，简称细分方法或细分法；加密网格顶点采用的一组规则称为细分模式。本节介绍著名的 Catmull-Clark 细分模式及其应用。Catmull-Clark 细分模式来自于均匀三次 B 样条曲面。由于均匀 B 样条的节点间隔均匀，其表达式不受节点矢量的限制。因此可以由其表达式演化出控制网格顶点的加密规则。关于如何由 B 样条的表达式演化出密化规则，本书不进行阐述，有兴趣的读者可以参见文献[2]。

9.1.1 Catmull-Clark 细分模式

新顶点产生的几何规则如下。

(1) 面点(F-点)：设一个面的各个顶点为 $\boldsymbol{v}_1,\boldsymbol{v}_2,\boldsymbol{v}_3,\cdots,\boldsymbol{v}_n$，则其对应的新面点的位置为

$$\boldsymbol{v}_F = \frac{1}{n}\sum_{i=1}^{n}\boldsymbol{v}_i$$

(2) 边点(E-点)：设边的端点为 $\boldsymbol{v}_i,\boldsymbol{v}_j$，对于内部边，令共享此边的两个面的 F-顶点分别为 $\boldsymbol{f}_1$ 和 $\boldsymbol{f}_2$，那么此内部边对应的新边点位置为

$$\boldsymbol{v}_E = \frac{1}{4}(\boldsymbol{v}_i + \boldsymbol{v}_j + \boldsymbol{f}_1 + \boldsymbol{f}_2)$$

对于边界边，它对应的新边点位置是

$$\boldsymbol{v}_E = (\boldsymbol{v}_i + \boldsymbol{v}_j)/2$$

(3) 顶点点(V-点)：对于一点 $\boldsymbol{v}$，若 $\boldsymbol{v}$ 是内部点，设与之相邻的边的中点是 $e_i'(i=0,\cdots,n)$ 与之相邻的面对应的新面点是 $\boldsymbol{f}_i(i=0,\cdots,n)$，那么与此内部点对应的新顶点点的位置为

$$\boldsymbol{v}_V = \frac{n-3}{n}\boldsymbol{v} + \frac{2}{n^2}\sum_{i=0}^{n}\boldsymbol{e}_i' + \frac{1}{n^2}\sum_{i=0}^{n}\boldsymbol{f}_i$$

若 $\boldsymbol{v}$ 是边界点，设边界上与之相邻的点是 $\boldsymbol{v}_i,\boldsymbol{v}_j$，那么对应的新顶点点的位置为

$$\boldsymbol{v}_V = \frac{1}{8}(\boldsymbol{v}_i + \boldsymbol{v}_j) + \frac{3}{4}\boldsymbol{v}$$

此外，本文的应用中将 2 价边界点称为角点，细分过程中角点的位置始终不变。

Catmull-Clark 细分模式的几何规则可由图 9.2 的细分模板表示。

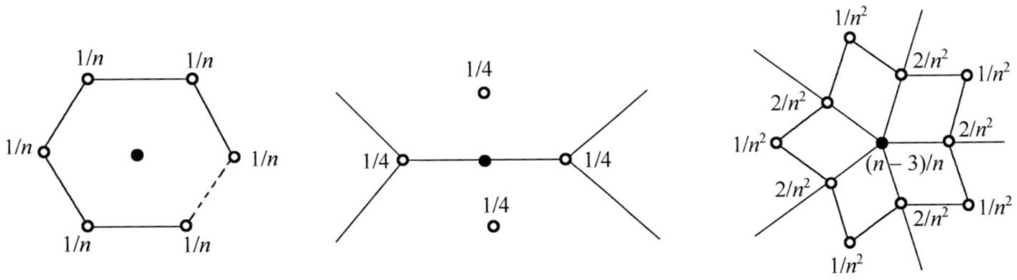

图 9.2　细分模板

新顶点的连接规则如下：

(1)连接每一新面点与周围的新边点。

(2)连接每一新顶点点与周围的新边点。

图 9.3 说明了 Catmull-Clark 细分的新点连接规则。

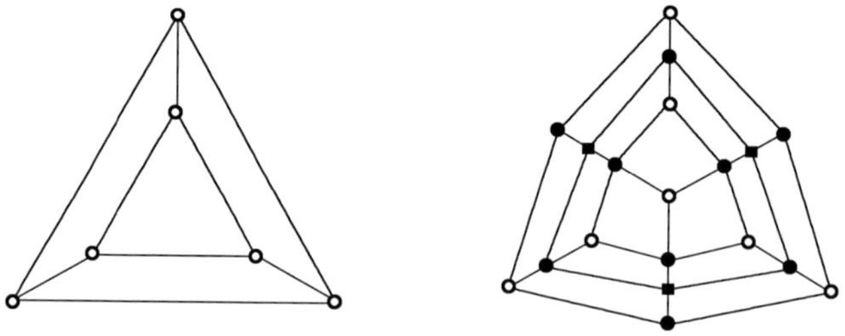

(a) 初始网格　　(b) 细分一次后的网格

图 9.3　Catmull-Clark 细分的新点连接规则

Catmull-Clark 细分曲面在奇异点处 G^1 连续，在其他点处 G^2 连续，而且网格的正则部分对应的极限曲面是均匀双三次 B 样条曲面[2-4]。在后面的叙述中，有时也把 Catmull-Clark 细分简称为 C-C 细分。

9.1.2　非均匀 Catmull-Clark 细分模式

非均匀 Catmull-Clark 细分模式、Catmull-Clark 回插细分模式的拓扑连接规则与 Catmull-Clark 细分模式的拓扑连接规则相同，因此对这两个细分模式只介绍新顶点产生的几何规则。

(1)面点(F-点)：设面的各个顶点为 $\boldsymbol{v}_1,\boldsymbol{v}_2,\boldsymbol{v}_3,\cdots,\boldsymbol{v}_n$，则对应的新面点的位置如下：

$$\boldsymbol{v}_F=\begin{cases}\dfrac{\sum\limits_{i=0}^{n-1}\omega_i\boldsymbol{v}_i}{\sum\limits_{i=0}^{n-1}\omega_i}, & \sum\limits_{i=0}^{n-1}\omega_i\neq 0\\ \dfrac{1}{n}\sum\limits_{i=0}^{n-1}\boldsymbol{v}_i, & \sum\limits_{i=0}^{n-1}\omega_i=0\end{cases}\tag{9.1}$$

这里，

$$\omega_i=(d_{i+1,i}^0+d_{i+1,i}^2+d_{i+1,i}^{-2}+d_{i-2,i-1}^0+d_{i-2,i-1}^2+d_{i-2,i-1}^{-2})\times(d_{i-1,i}^0+d_{i-1,i}^2+d_{i-1,i}^{-2}+d_{i+2,i+1}^0+d_{i+2,i+1}^2+d_{i+2,i+1}^{-2})$$

(2)边点(E-点)：设内部边的端点为 $\boldsymbol{v}_i,\boldsymbol{v}_j$，共享此边的两个面的 F-顶点分别为 $\boldsymbol{f}_{ij}$ 和 $\boldsymbol{f}_{ji}$，那么此内部边对应的新边点位置为

$$\boldsymbol{v}_E=(1-\alpha_{ij}-\alpha_{ji})\boldsymbol{m}+\alpha_{ij}\boldsymbol{f}_{ij}+\alpha_{ji}\boldsymbol{f}_{ji}\tag{9.2}$$

这里，

$$\alpha_{ij}=\begin{cases}\dfrac{d_{ji}^{1}+d_{ij}^{-1}}{2(d_{ji}^{1}+d_{ji}^{-1}+d_{ij}^{1}+d_{ij}^{-1})}, & d_{ji}^{1}+d_{ji}^{-1}+d_{ij}^{1}+d_{ij}^{-1}\neq 0\\ 0, \quad d_{ji}^{1}+d_{ji}^{-1}+d_{ij}^{1}+d_{ij}^{-1}=0\end{cases}$$

$$\boldsymbol{m}=\begin{cases}\dfrac{(d_{ji}^{0}+d_{ji}^{2}+d_{ji}^{-2})\boldsymbol{v}_i+(d_{ij}^{0}+d_{ij}^{2}+d_{ij}^{-2})\boldsymbol{v}_j}{d_{ji}^{0}+d_{ji}^{2}+d_{ji}^{-2}+d_{ij}^{0}+d_{ij}^{2}+d_{ij}^{-2}}, & d_{ji}^{0}+d_{ji}^{2}+d_{ji}^{-2}+d_{ij}^{0}+d_{ij}^{2}+d_{ij}^{-2}\neq 0\\ \dfrac{\boldsymbol{v}_i+\boldsymbol{v}_j}{2}, \quad d_{ji}^{0}+d_{ji}^{2}+d_{ji}^{-2}+d_{ij}^{0}+d_{ij}^{2}+d_{ij}^{-2}=0\end{cases}$$

(3) 顶点点(V-点)：内部点 $\boldsymbol{v}$ 对应的新顶点点的位置为

$$\boldsymbol{v}_V=\begin{cases}c\boldsymbol{v}_0+\dfrac{3\sum\limits_{i=1}^{n}(m_i\boldsymbol{m}_i+f_{i,i+1}\boldsymbol{f}_{i,i+1})}{n\sum\limits_{i=1}^{n}(m_i+f_{i,i+1})}, & \sum\limits_{i=1}^{n}(m_i+f_{i,i+1})\neq 0\\ \boldsymbol{v}_0, \quad \sum\limits_{i=1}^{n}(m_i+f_{i,i+1})=0\end{cases} \tag{9.3}$$

这里，$\boldsymbol{v}_i$ 是 $\boldsymbol{v}$ 的 1-环上边点，$\boldsymbol{M}_i$ 是边 $\boldsymbol{v}_0\boldsymbol{v}_i$ 对应的点，计算公式与(9.2)式中的 $\boldsymbol{M}$ 相同，$\boldsymbol{F}_{i,j}$ 是含有边 $\boldsymbol{v}_0\boldsymbol{v}_i$，$\boldsymbol{v}_0\boldsymbol{v}_i$ 的面产生的新面点，并且，

$$m_i=(d_{0i}^{1}+d_{0i}^{-1})(d_{0i}^{2}+d_{0i}^{-2})/2$$

$$f_{i,j}=d_{0i}^{1}d_{0j}^{-1}, \quad c=(n-3)/n$$

在上面的公式中，d_{ij}^{0} 表示边 $\boldsymbol{v}_i\boldsymbol{v}_j$ 对应的参数，d_{ij}^{k} 表示该边绕 $\boldsymbol{v}_i$ 逆时针旋转遇到的第 k 条边的参数。新网格中各边的参数按图 9.4 的方式给出。

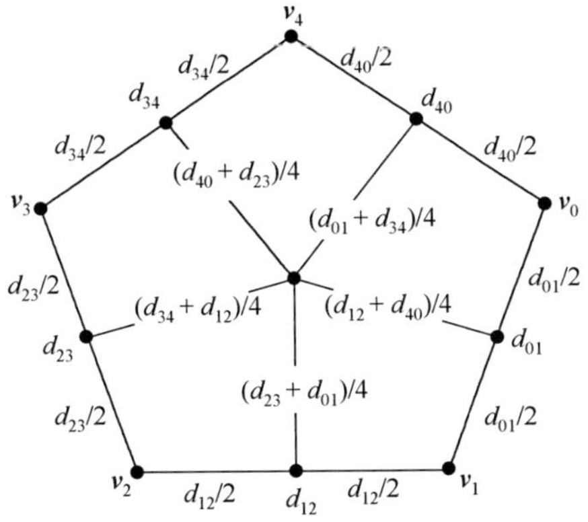

图 9.4　新网格中各边的参数

文献[3]分析了非均匀 Catmull-Clark 细分曲面的连续性，只有在边的参数满足一定条件时，才能保证非均匀 Catmull-Clark 细分曲面具有 G^1 连续。当各边对应的参数相等且不等于 0 时，这个细分模式就是 Catmull-Clark 细分模式；当细分网格取为非均匀 B 样条曲面的控制网格，且按照节点矢量与边的对应关系为边赋予参数值时，非均匀

Catmull-Clark 细分曲面就是非均匀 B 样条曲面[4]。另外，用非均匀 Catmull-Clark 细分使得在曲面上引入尖点、折痕等特殊效果变得比较容易。

9.1.3 Catmull-Clark 回插细分模式

Catmull-Clark 回插细分法最初是由 Kobbelt L.[5]提出来的，文献[6]将其作为半静态细分法的特例。现按照本文需要给出 Catmull-Clark 回插细分法的计算过程。

(1)用 Catmull-Clark 细分法将网格 M^k 进行一次细分，得到新顶点点 $\{\boldsymbol{v}_i'^k\}$、新边点 $\{\boldsymbol{e}_i'^k\}$、和新面点 $\{\boldsymbol{f}_i'^k\}$。

(2)计算新旧顶点点的差异：$\Delta\boldsymbol{v}_i := \boldsymbol{v}_i - \boldsymbol{v}_i'$。

(3)根据与之相连的新顶点点的变化，对新边点作回插：$\boldsymbol{e}_i' := \boldsymbol{e}_i' + (\Delta\boldsymbol{v}_1 + \Delta\boldsymbol{v}_2)/2$。

(4)根据周围的新顶点点的变化，对新面点作回插：$\boldsymbol{f}_i' := \boldsymbol{f}_i' + (\sum_{v_i \in Corners(f_i')} \Delta\boldsymbol{v}_i) \Big/ |Corners(\boldsymbol{f}_i')|$，这里 $|Corners(\boldsymbol{f}_i')|$ 表示 $\boldsymbol{f}_i'$ 周围的新顶点点形成的集合，$|Corners(\boldsymbol{f}_i')|$ 表示该集合中元素的个数。

(5)顶点 $\{\boldsymbol{v}_i^k\}$、$\{\boldsymbol{e}_i'^k\}$、$\{\boldsymbol{f}_i'^k\}$ 形成网格 M^{k+1} 的顶点 $\{\boldsymbol{v}_i^{k+1}\}$。

关于用 Catmull-Clark 回插细分法得到的极限曲面的连续性，文献[5,6]都证明了这样的极限曲面至少 G^1 连续。图 9.5 给出了 Catmull-Clark 细分、非均匀 Catmull-Clark 细分、Catmull-Clark 回插细分的具体实例。其中图 9.5(c)所示的非均匀 Catmull-Clark 细分曲面是将网格中与一个顶点邻接边的参数都取为 0，其余参数取为相等的常数得到的结果。

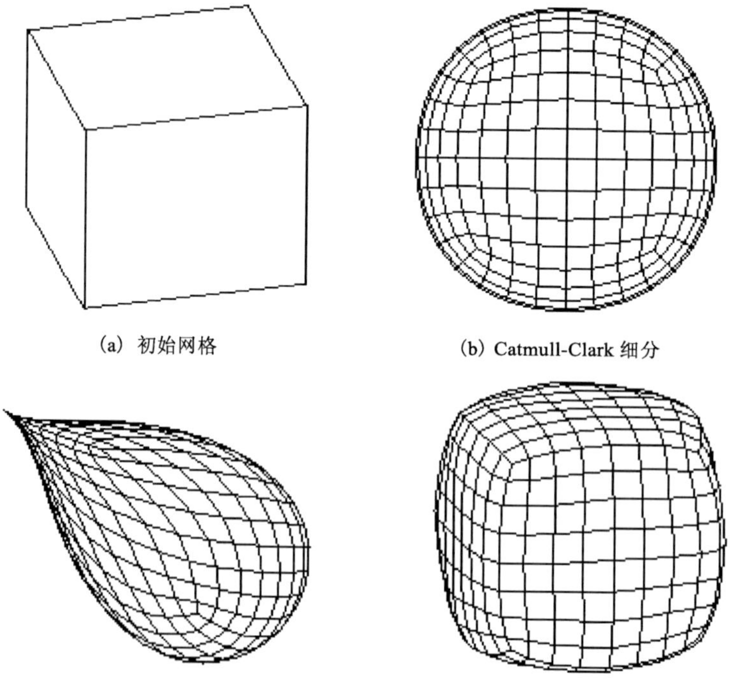

(a) 初始网格　(b) Catmull-Clark 细分　(c) 非均匀 Catmull-Clark 细分　(d) Catmull-Clark 回插细分

图 9.5 几种细分的效果

9.2 基于网格顶点调整的曲面重构

9.2.1 基网格的生成

用循环调整网格顶点的方法重构曲面的基本思路是：逐次对基网格进行细分，每次细分后循环修正网格顶点，使该细分层次上的网格尽可能接近原始曲面。可见基网格对于用循环调整网格顶点的方法重构曲面来说是必不可少的。文献[10]列举了构造基网格的三种方法：构造包围数据点的封闭多边形作为基网格，这种方法只适合与表面封闭的模型；手工建构基网格；将原始网格进行简化得到基网格。本书第 7 章中已经对网格曲面进行了数据分块，这些块的边界形成一个满足二维流形规则的网络。在三维空间中用直线替换网络中的曲线就得到了基网格。因此，采用细分技术重构网格时，无需光滑网格曲面数据块的边界，也无需使用调和映射。

即使无需光滑边界曲线，也无需采用调和映射，采用第 7 章的方法得到基网格依然是繁琐的，因为这样需要大量的交互。在应用中，可以采用三角网格简化技术得到基网格。经过简化后的网格的面都是三角形，虽然可以直接把这个网格作为基网格用 Catmull-Clark 细分法进行细分，但是这样做会导致后续细分网格中的奇异点个数过多，因此，需要尽可能多地合并简化网格中的三角形得到四边形，将这样处理后的简化网格作为细分的基网格。将三角网格中的三角形合并得到四边形网格的问题实际上是带权图的匹配问题，文献[7]将最大基数匹配与最大权值匹配综合考虑，给出了一个基于推理的匹配算法。本文把这个匹配算法应用于最后的简化网格得到基网格，但是为了确保简化网格中的尖锐边不被删除，并使得合并三角形得到的四边形的扭曲尽可能小，这里将原算法中相邻三角形合并的条件进行改变。

为此，将两个三角形可以合并的条件描述为两个约束：保凸约束和平坦度约束。为了描述保凸约束，给出如下定义。

定义 9.1 对于空间中的一个四边形 $\boldsymbol{V}_0\boldsymbol{V}_1\boldsymbol{V}_2\boldsymbol{V}_3$，取 $\boldsymbol{r}_i$ 为以 $\boldsymbol{V}_i$ 为顶点的小于 180°的角的角平分线的方向。如果 $\boldsymbol{r}_0 \cdot \boldsymbol{r}_2 \leqslant 0$，$\boldsymbol{r}_1 \cdot \boldsymbol{r}_3 \leqslant 0$，那么称该四边形为凸四边形，否则就称为凹四边形，如图 9.6 所示。

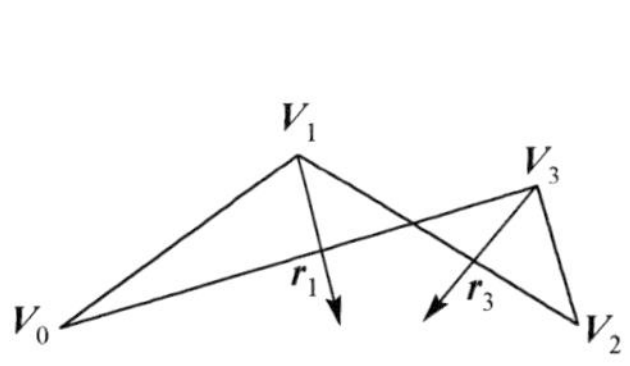

(a) 凸四边形

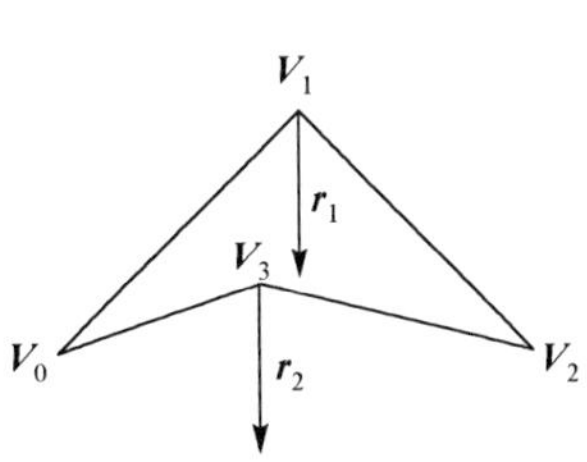

(b) 凹四边形

图 9.6 空间中的凸四边形和凹四边形

为了描述两个三角形合并得到的四边形的平坦度，用这两个三角形的二面角代替原算法中的变形能，这样处理主要是为了直观和计算的简洁。显然二面角的余弦值越小，这两个三角形合并后得到的四边形越平坦。现采用如下方式计算网格中每一条边的权值，以便将这两个约束在程序中统一。

(1) 如果一条边是边界边，将其权值置为 1，否则转步骤(2)。

(2) 如果与这条边邻接的两个三角形合并后得到的四边形是凹四边形，将其权值置为 1，否则转步骤(3)。

(3) 计算与该边邻接的两个三角形所成的二面角的余弦值，将这个值作为该边的权值。

以上述计算边权值的方法为基础，再给出以下定义：

定义 9.2 设对于一个三角形 T_i，有一个三角形 T_j 与之邻接，若这两个三角形的公共边对应的权值小于 s，则称 T_i、T_j 有效邻接，否则就称它们为无效邻接。这里的 s 是参数值，在本文的实验中将其取为 0。

有了上面的准备工作，给出三角形匹配的主要步骤如下：

(1) 对网格中的每一条边计算权值，并记录到相应的数据结构中。

(2) 若面表中没有未匹配的三角形，算法结束；如果有尚未匹配的三角形，但未匹配的三角形不存在与之有效邻接的三角形，算法结束；否则，计算每个未匹配三角形的有效邻接三角形的个数，通过比较得到与之有效邻接三角形个数最少的那个三角形 T_i，并记录其有效邻接的三角形 T_j，若同时有多个三角形的有效邻接三角形个数最小，记录其中权值最小的一对作为 T_i、T_j；

(3) 对 T_i、T_j 进行合并，得到一个四边形，断开 T_i、T_j 与其他三角形的联系，将 T_i、T_j 作已匹配标记，转步骤(2)。

采用这个匹配过程对简化网格中的三角形进行匹配后，或许还存在未匹配的三角形，把这些三角形依然保存在网格中，不会影响后面的细分过程。这样，就得到了所需要的基网格。原始网格、简化网格以及用上述匹配方法得到的基网格如图 9.7 所示。

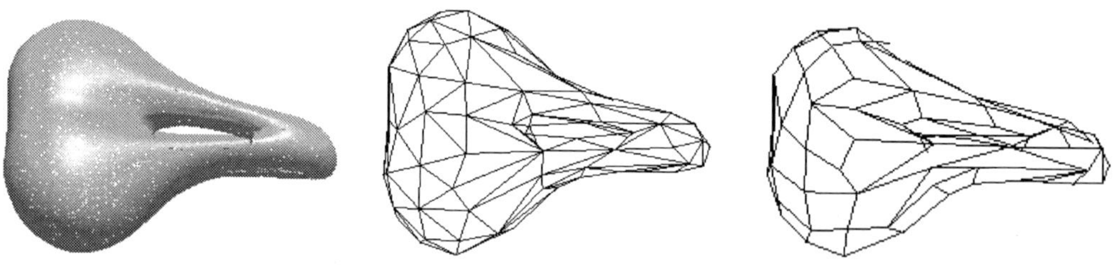

(a) 原始模型　　(b) 简化网格　　(c) 基网格

图 9.7 基网格的生成

9.2.2 曲面重构过程中网格顶点的调整

有了基网格，就可以不断对其进行细分，得到极限曲面。但是为了让每一细分层次上的网格都尽可能接近原始曲面，每次细分后都要对细分网格顶点的位置进行调整。关于调整顶点位置的方法，这里把文献[8]的收缩包围算法推广到了四边形网格。

设 M^k 是第 k 次细分得到的一个四边形网格，考察 M^k 中顶点的调整方式。对于 M^k 中的任意一内部点 $\boldsymbol{p}_i$，首先估算其法矢量。令 $\boldsymbol{p}_i$ (j=0, ⋯, n, n 是 $\boldsymbol{p}_i$ 的价)是 $\boldsymbol{p}_i$ 的 1-环上的边点，如图 9.8 所示。于是可以按照单位法矢量加权叠加的方法得到点 $\boldsymbol{p}_i$ 处法矢量的一个估计

$$\boldsymbol{N}_i = \sum_{j=0}^{n-1} \frac{d_{j,j+1}}{d_{i,j} + d_{i,j+1} + d_{j,j+1}} \boldsymbol{n}_j$$

式中，$\boldsymbol{n}_j$ 是 $\Delta \boldsymbol{p}_i \boldsymbol{p}_j \boldsymbol{p}_{j+1}$ 的单位法矢量，$d_{i,j}$ 是顶点 $\boldsymbol{p}_i, \boldsymbol{p}_j$ 之间的距离，$d_{i,n} = d_{i,0}$。

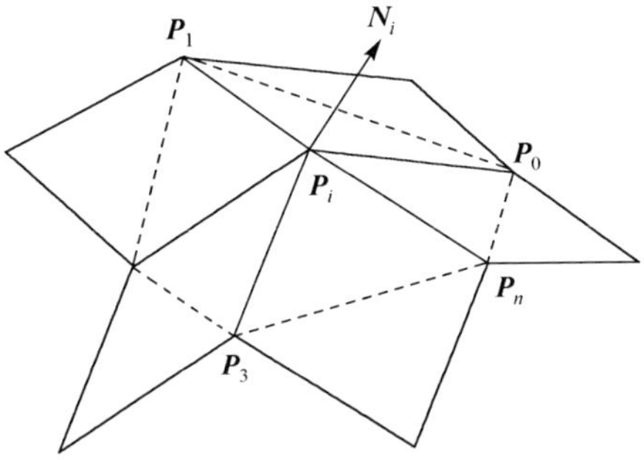

图 9.8　网格在顶点的法矢量

法矢量 $\boldsymbol{N}_i$ 的方向就相当于吸引力的方向。为了得到吸引力的大小，把 $\boldsymbol{p}_i$ 沿 $\boldsymbol{N}_i$ 向原始曲面上投影，得到投影点 $\boldsymbol{q}_i$。于是 $\boldsymbol{p}_i$ 应该移向的位置如下：

$$\boldsymbol{p}_i' = \boldsymbol{p}_i + \lambda(\boldsymbol{q}_i - \boldsymbol{p}_i) \quad \lambda \in [0,1] \tag{9.4}$$

上式中 λ 是一个参数值，这里将其取为 0.5，取这个值是考虑到对于网格的不同顶点 $\boldsymbol{p}_i \neq \boldsymbol{p}_j$，可能有 $\boldsymbol{q}_i = \boldsymbol{q}_j$。$\lambda(\boldsymbol{q}_i - \boldsymbol{p}_i)$ 是吸引力的大小。由于法矢量的估计不一定合理，这会导致过 $\boldsymbol{p}_i$ 以 $\boldsymbol{N}_i$ 为方向的直线与原始曲面无交点或计算出的 $\boldsymbol{q}_i$ 不合理。因此，为 $\|\boldsymbol{q}_i - \boldsymbol{p}_i\|$ 设置一个门限值，如果 $\|\boldsymbol{q}_i - \boldsymbol{p}_i\|$ 大于此门限值则认为 $\boldsymbol{q}_i$ 不合理，重新在原始曲面上取与 $\boldsymbol{p}_i$ 距离最近的点作为 $\boldsymbol{q}_i$。

对 M^k 上的每一点用吸引力作用以后再用松弛力作用，用松弛力作用相当于对网格进行光滑，使网格上的点尽可能均匀分布。先计算 $\boldsymbol{p}_i$ 的 Laplacian 算子。考虑到 $\boldsymbol{p}_i$ 对应的极限点[8]：

$$\boldsymbol{p}_i^{\infty} = \frac{n^2 \boldsymbol{p}_i + 4\sum_j \boldsymbol{e}_j + \sum_j \boldsymbol{f}_j}{n(n+5)} = \boldsymbol{p}_i + \frac{4\sum_j (\boldsymbol{e}_j - \boldsymbol{p}_i)}{n(n+5)} + \frac{\sum_j (\boldsymbol{f}_j - \boldsymbol{p}_i)}{n(n+5)} \tag{9.5}$$

式中，$\boldsymbol{e}_j, \boldsymbol{f}_j$ 是 $\boldsymbol{p}_i$ 的 1-环上的边点和面点，于是取 $\boldsymbol{p}_i$ 的 Laplacian 算子：

$$\boldsymbol{L}(\boldsymbol{p}_i) = \frac{4}{n}\sum_j (\boldsymbol{e}_j - \boldsymbol{p}_i) + \frac{1}{n}\sum_j (\boldsymbol{f}_j - \boldsymbol{p}_i)$$

由于 Laplacian 算子切向分量的作用是使网格上的顶点均匀分布，法向分量使网格收缩，因此取 $\boldsymbol{L}(\boldsymbol{p}_i)$ 的切向分量

$$L_t(\boldsymbol{p}_i) = \boldsymbol{L}(\boldsymbol{p}_i) - (\boldsymbol{L}(\boldsymbol{p}_i) \cdot \boldsymbol{N}_i)\boldsymbol{N}_i$$

如图 9.9 所示，在松弛力的作用下 $\boldsymbol{p}_i$ 应该移向的位置是

$$\boldsymbol{p}_i' = \boldsymbol{p}_i + \mu \boldsymbol{L}_t(\boldsymbol{p}_i) \quad \mu \in [0,1]$$

式中，μ 是一个参数值，这里将其取为 0.2。

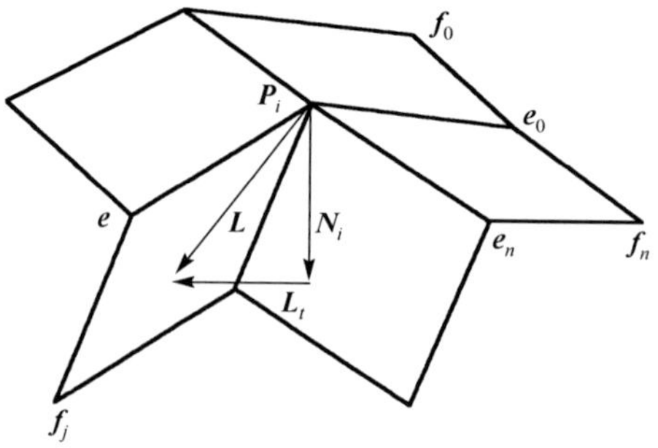

图 9.9 Laplacian 算子及其切向分量

上面关于吸引力和松弛力只适用于网格中的内部点，对于网格中的边界点用如下更为简洁的方式进行吸引和松弛。

首先提取原始网格的边界线。吸引力作用时，对于细分网格中的一个边界点 $\boldsymbol{p}_i$，在原始网格的边界线上找出与之距离最近的一点 $\boldsymbol{q}_i$，再用公式(9.6)计算出 $\boldsymbol{p}_i'$ 的位置；松弛力作用时，在细分网格的边界中找出顺次 3 点 $\boldsymbol{p}_{i-1}$、 $\boldsymbol{p}_i$、 $\boldsymbol{p}_{i+1}$，由三次 B 样条插入节点准则有松弛后的点：

$$\boldsymbol{p}_i' = (\boldsymbol{p}_{i-1} + 6\boldsymbol{p}_i + \boldsymbol{p}_{i+1}) / 8 \tag{9.6}$$

对一个网格进行细分以后，本文采用吸引—松弛—吸引的过程调整网格顶点的位置。

9.2.3 细分模式的选取

计算时可以发现，从基网格 M^0 开始，若细分时仅采用 Catmull-Clark 细分，则原始曲面中的一些比较尖锐的特征在重构曲面中总是表现不出来，或者尖锐特征被光滑掉，或者网格出现边相交的情况，如图 9.10(a)所示。产生这种情况是容易理解的。

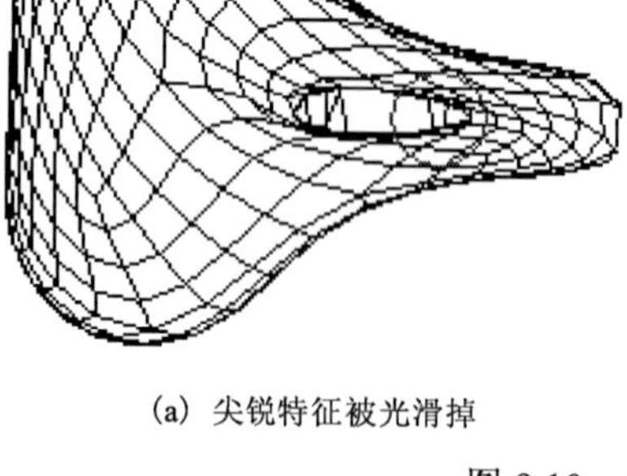

(a) 尖锐特征被光滑掉

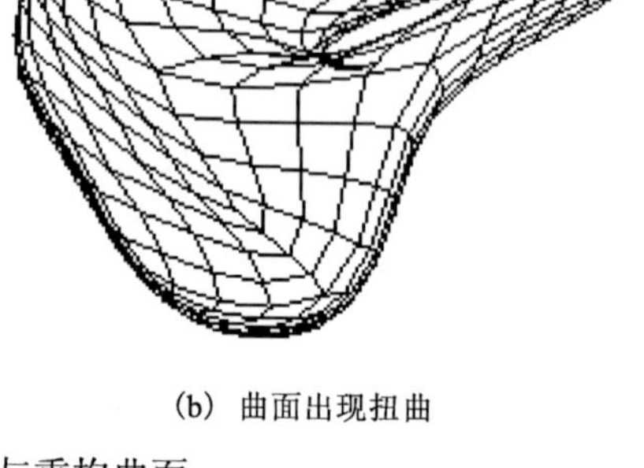

(b) 曲面出现扭曲

图 9.10 细分模式与重构曲面

首先，细分的过程是对控制网格的棱角不断磨光产生极限曲面的过程[2]。其次，基网格通过原始网格简化得到，其中已经包含了一些比较显著的尖锐特征。于是，当用 Catmull-Clark 细分法作用于基网格时，将网格顶点进行加密，也对网格进行了光滑，从而导致基网格上带有的尖锐特征被磨掉。为了保证重构曲面能够合理地表现出原始曲面的尖锐特征，这里的第一次细分采用 Catmull-Clark 回插细分，而后面的各次细分采用 Catmull-Clark 细分。每次都采用 Catmull-Clark 回插细分是不可以的，这样会使得细分后调整网格顶点时只能调整到新边点和新面点，而新顶点点得不到调整(因为新顶点点到原始曲面的距离为 0)，从而导致重构曲面出现扭曲，如图 9.10(b)所示。

对于边界上的细分规则，如果是回插细分，低层网格的顶点作为高层网格的顶点点，边界边两个端点的平均值作为高层网格的新边点；如果是普通细分，2 价边界点从低层网格到高层网格保持不变，非 2 价边界点用式(9.6)计算出新顶点点，低层网格中边界边的两个端点对应的新点的平均作为新边点，如图 9.11～图 9.14 所示。

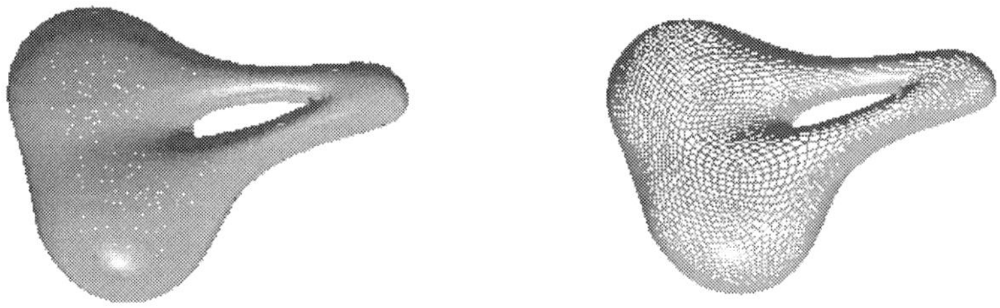

(a) 原始网格　　(b) 重构网格

图 9.11　坐垫模型重构

(a) 原始网格　　(b) 重构网格

图 9.12　割草机模型重构

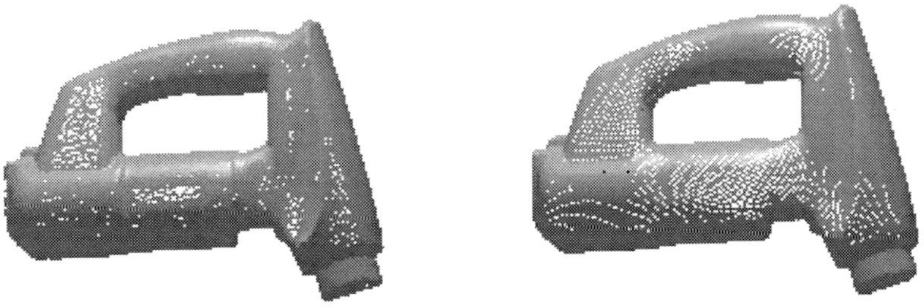

(a) 原始网格　　(b) 重构网格

图 9.13　手柄模型重构

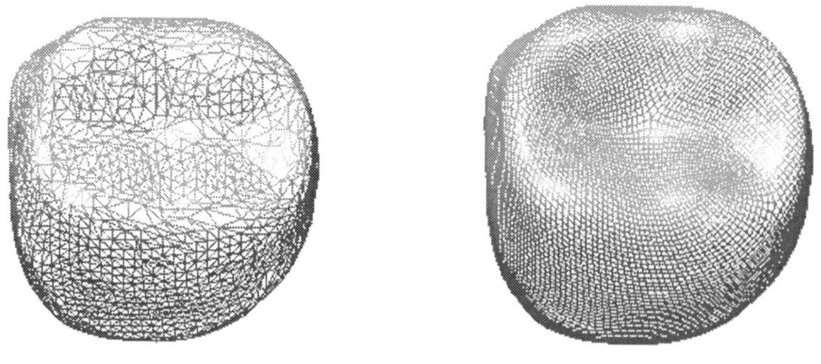

(a) 原始网格　　　　(b) 重构网格

图 9.14　牙齿模型重构

9.3　反算控制网格顶点

重构曲面时，对于一些表面细节不太丰富的模型不必每次细分后都修正网格顶点，在达到某一细分层次以后，再反算出控制网格顶点，然后再细分就可以达到需要的效果。本节讨论给定一个待插网格 M，如何构造 Catmull-Clark 细分曲面，使之通过 M 的所有顶点，且细分曲面的初始控制网格与 M 具有相同的拓扑结构。文献[9]循环修正网格顶点重构曲面的方法实际上也可以作为反算控制网格顶点的方法，这里把这种方法稍作修改，用于 Catmull-Clark 细分曲面控制网格顶点的反算。

设 M 是一个待插网格，$\boldsymbol{p}_i$ 是 M 上一点，由式(9.5)有

$$\boldsymbol{p}_i^{\infty} - \boldsymbol{p}_i = \frac{4}{n(n+5)}\sum_j(\boldsymbol{e}_j - \boldsymbol{p}_i) + \frac{1}{n(n+5)}\sum_j(\boldsymbol{f}_j - \boldsymbol{p}_i)$$

不妨令 M^k(M^0=M)是第 k 次修正顶点以后的网格(仅仅是对 M^0 中的顶点进行修正，没有对 M^0 进行细分)，记 M^k 的顶点为 $\boldsymbol{p}_i^k$。由于 M^0 是待插网格，所以应该有 $\boldsymbol{p}_i^{\infty} = \boldsymbol{p}_i^0$。于是对于网格 M^k 的顶点应该有

$$\boldsymbol{p}_i^0 - \boldsymbol{p}_i^k = \frac{4}{n(n+5)}\sum_j(\boldsymbol{e}_j^k - \boldsymbol{p}_i^k) + \frac{1}{n(n+5)}\sum_j(\boldsymbol{f}_j^k - \boldsymbol{p}_i^k)$$

上式的左边相当于吸引力，右边相当于松弛力，两边相等说明这两个力之间应该有一个平衡。但 $\boldsymbol{p}_i^0$、$\boldsymbol{p}_i^k$、$\boldsymbol{e}_j^k$、$\boldsymbol{f}_j^k$ 都是给定的，一般情况下不可能达到平衡，所以令

$$\boldsymbol{r}_i^k = (\boldsymbol{p}_i^0 - \boldsymbol{p}_i^k) - \left[\frac{4}{n(n+5)}\sum_j(\boldsymbol{e}_j^k - \boldsymbol{p}_i^k) + \frac{1}{n(n+5)}\sum_j(\boldsymbol{f}_j^k - \boldsymbol{p}_i^k)\right] \tag{9.7}$$

从而有新点

$$\boldsymbol{p}_i^{k+1} = \boldsymbol{p}_i^k + \lambda\boldsymbol{r}_i^k \quad \lambda \in [0,1]$$

上式中 λ 是一个参数值，这里按文献[11]的建议将其取为 0.8。于是反算控制网格的过程如下：

(1) 复制 M 的顶点为 P^0，置能量参数 E 为充分大。

(2) 对每个 $\boldsymbol{p}_i \in M$，由 $\boldsymbol{p}_i^0$ 及公式(9.7)计算 $\boldsymbol{r}_i$，并置 $\boldsymbol{p}_i := \boldsymbol{p}_i + \lambda \boldsymbol{r}_i$

(3) 对每个 $\boldsymbol{p}_i^k$ 计算其对应的极限点 $\boldsymbol{p}_i^{k\infty}$，置 $E := \dfrac{1}{|P^0|}\sum_i \left|\boldsymbol{p}_i^{\infty} - \boldsymbol{p}_i^0\right|$。

(4) 如果 $E < \varepsilon$，算法结束；否则转步骤(2)。

在上述过程中，ε 是给定的充分小的参数值。对于这个计算过程，最为关心的问题是迭代是否收敛以及收敛的速度。由公式(9.5)知：

$$\begin{aligned}
\boldsymbol{p}_i^{(k+1)\infty} - \boldsymbol{p}_i^0 &= \frac{n^2 \boldsymbol{p}_i^{k+1} + 4\sum_j \boldsymbol{e}_j^{k+1} + \sum_j \boldsymbol{f}_j^{k+1}}{n(n+5)} - \boldsymbol{p}_i^0 \\
&= \frac{n^2(\boldsymbol{p}_i^k + \lambda \boldsymbol{r}_i^k) + 4\sum(\boldsymbol{e}_j^k + \lambda \boldsymbol{r}_{ej}^k) + \sum_j (\boldsymbol{f}_j^k + \lambda \boldsymbol{r}_{fj}^k)}{n(n+5)} - \boldsymbol{p}_i^0 \\
&= (\boldsymbol{p}_i^{k\infty} - \boldsymbol{p}_i^0) + \lambda \frac{n^2 \boldsymbol{r}_i^k + 4\sum_j \boldsymbol{r}_{ej}^k + \sum_j \boldsymbol{r}_{fj}^k}{n(n+5)}
\end{aligned}$$

考虑到 $\boldsymbol{e}_j^k$、$\boldsymbol{f}_j^k$ 是 $\boldsymbol{p}_i^k$ 1-环上的点，因此认为 $\boldsymbol{r}_{ej}^k$、$\boldsymbol{r}_{ej}^k$ 平均分布，于是这些向量平均后有

$$\frac{n^2 \boldsymbol{r}_i^k + 4\sum_j \boldsymbol{r}_{ej}^k + \sum_j \boldsymbol{r}_{fj}^k}{n(n+5)} \approx \boldsymbol{r}_i^k$$

所以，$\boldsymbol{p}_i^{(k+1)\infty} - \boldsymbol{p}_i^0 \approx (\boldsymbol{p}_i^{k\infty} - \boldsymbol{p}_i^0) - \lambda \boldsymbol{r}_i^k$。

又由(9.7)式有 $\boldsymbol{r}_i^k = \boldsymbol{p}_i^0 - \boldsymbol{p}_i^{k\infty}$，所以

$$(\boldsymbol{p}_i^{(k+1)\infty} - \boldsymbol{p}_i^0)(\boldsymbol{p}_i^{(k+1)\infty} - \boldsymbol{p}_i^0)^T \approx (1-\lambda)^2 (\boldsymbol{p}_i^{k\infty} - \boldsymbol{p}_i^0)(\boldsymbol{p}_i^{k\infty} - \boldsymbol{p}_i^0)^T$$

即

$$\sum_i \left\|\boldsymbol{p}_i^{(k+1)\infty} - \boldsymbol{p}_i^0\right\|^2 \approx (1-\lambda)^2 \sum_i \left\|\boldsymbol{p}_i^{(k+1)\infty} - \boldsymbol{p}_i^0\right\|^2$$

从而有，$E^{k+1} / E^k \approx (1-\lambda)^2$。

这就证明了迭代的收敛性，而且说明迭代可以近似地认为是 2 阶收敛的。

用重构算法两次细分调整顶点后得到的网格作为待插网格反算控制顶点得到，网格能量与修正次数的关系如图 9.15 所示。再用 Catmull-Clark 细分得到的结果如图 9.15 所示(人体模型圈内的部分表示细分曲面已产生扭曲)。

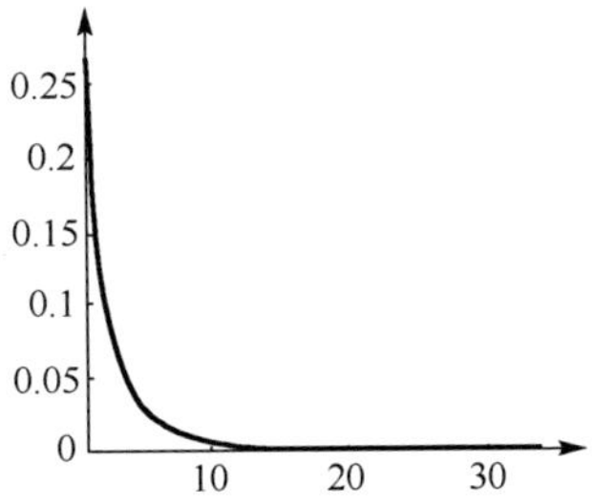

(a) 人体模型

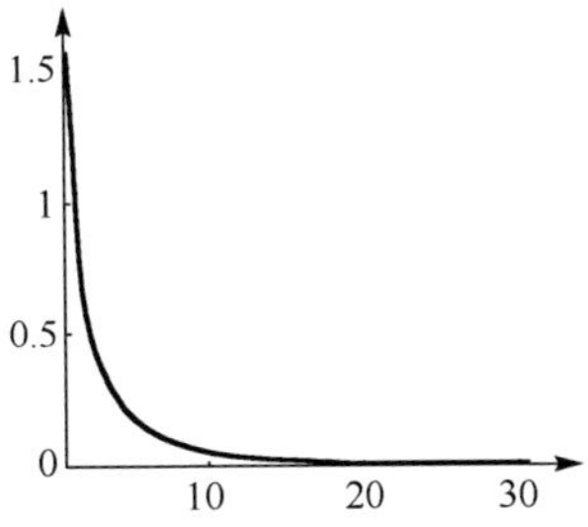

(b) 兔子模型

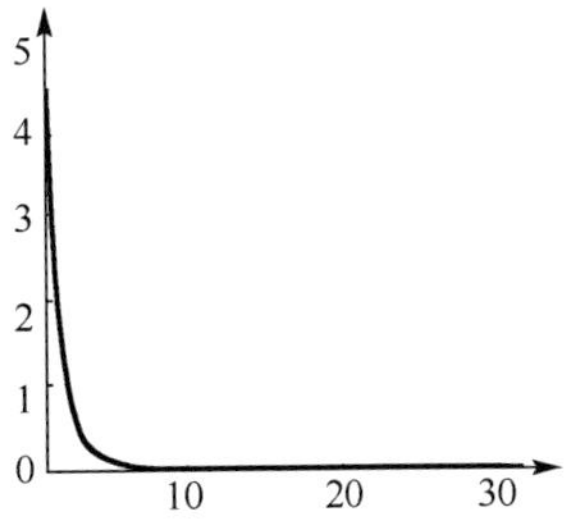

(c) 牙齿模型

图 9.15　网格能量与修正次数的关系

从图 9.16 可以看出，对于表面比较光滑的模型，用这种方法能够取得比较好的效果；而对于表面细节比较丰富的模型，由于网格的扭曲可能在细分曲面上导致扭曲和波动，并且待插网格上的顶点已经全部给定，这种情况是无法避免的。要消除细分曲面上的扭曲和波动，目前的方法是调整待插顶点、调整细分后网格的顶点，或者加密采样点。

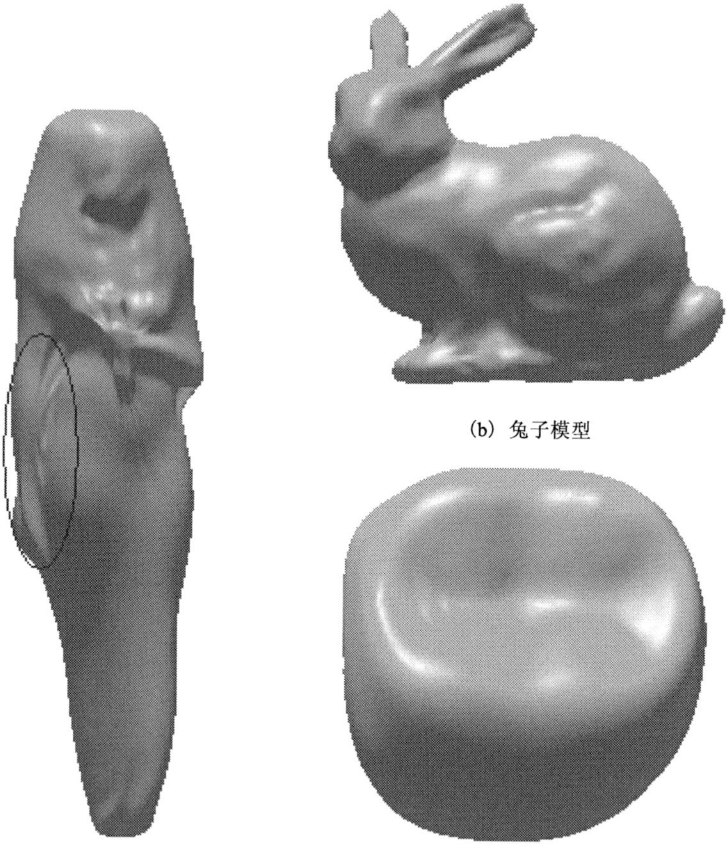

(a) 人体模型　(b) 兔子模型　(c) 牙齿模型

图 9.16　反算控制顶点产生的细分曲面

参 考 文 献

[1] 黄翔. 数控编程理论技术与应用. 北京: 清华大学出版社, 2006

[2] DeRose T, Kass M., Truong T. Subdivision surfaces in character animation. In: Computer Graphics, Annual Conference Series (ACM SIGGRAPH). New York: ACM Press, 1998

[3] 秦开怀, 王华维. 非均匀细分曲面造型及其连续性分析. 中国科学(E 辑), 2003, 30(3): 271-282

[4] 王国瑾, 汪国昭, 郑建民. 计算机辅助几何设计. 北京: 高等教育出版社, 2001

[5] Kobbelt L. Interpolatory subdivision on open quadrilateral nets with arbitrary topology. Computer Graphics Forum, 1996, 15(1): 409-420

[6] 张宏鑫. 基于离散的曲面显示和绘制. 杭州: 浙江大学, 2002

[7] 张丽艳. 逆向工程中模型重构关键技术研究. 南京: 南京航空航天大学, 2001

[8] Kobbelt L P, Vorsatz J, Labsik U, et al. A Shrink Wrapping Approach to Remeshing Polygonal Surfaces. Computer Graphics Forum, 1999, 18(1): 209-237

[9] Suzuki H, Takeuchoi S, Kanai T. Subdivision surface fitting to a range of points. In: Proceedings of the 7th Pacific Conference on Computer Graphics and Applications. Washington: IEEE Computer Society, 1999

[10] 周海, 周来水, 王占东等. 散乱数据点的细分曲面重构算法及实现. 计算机辅助设计与图形学学报, 2003, 15(10): 1287-1292

[11] Suzuki H, Takeuchoi S, Kanai T. Subdivision surface fitting to a range of points. In: Proceedings of the 7th Pacific Conference on Computer Graphics and Applications. Washington: IEEE Computer Society, 1999

第 10 章　活动轮廓模型

10.1　图像分割中的 Snake 模型

第 7 章使用阈值分割和区域增长的方法分割出图像中的兴趣区域，这种方法对图像中的噪声非常敏感。本章介绍用于分割图像的活动轮廓模型，与阈值分割法相比，活动轮廓模型的抗噪性能要强得多。在此基础上，本章介绍活动轮廓模型在几何建模中的应用。

活动轮廓模型也称作 snake 模型。迄今为止，snake 模型有许多版本[1]。这些版本可以分为两类：参数蛇和几何蛇。参数蛇就是常说的蛇模型。在参数蛇中，轮廓被表示为参数曲线，蛇演进通过参数化的控制点而进行。几何蛇通常被称为水平集模型。在水平集模型中，平面轮廓被表示为一个曲面在某一高度 z(通常是 z=0)的等高线，即水平面与曲面的交线。水平集算法通过改变曲面的形状达到改变轮廓形状的目的。

假设有参数曲线

$$x(s)=[x(s),y(s)],\ s\in[0,1] \tag{10.1}$$

其能量被定义为

$$E(x)=\int_0^1(E_{\text{int}}(\boldsymbol{x})+E_{\text{ext}}(\boldsymbol{x}))ds \tag{10.2}$$

这里，$E_{\text{int}}(\boldsymbol{x})=\dfrac{1}{2}(\alpha|\boldsymbol{x}'(s)|^2+\beta|\boldsymbol{x}''(s)|^2$，$\alpha$ 和 β 是权因子，它们分别控制着曲线的张度和刚度。在作者的实验中，$\alpha=0.05,\beta=0$。$\boldsymbol{x}'(s)$ 和 $\boldsymbol{x}''(s)$ 分别表示 $\boldsymbol{x}(s)$ 关于 s 的一阶导数和二阶导数。外部能量函数 E_{ext} 基于图像的特征而设计，通常需要它在兴趣区域的边界取最小值。从表达式(10.2)可以发现，$E_{\text{int}}(\boldsymbol{x})$ 最小，曲线最光滑。E_{ext} 最小曲线会位于兴趣区域的边界。因此，求解优化模型

$$\min E(x)=\int_0^1(E_{\text{int}}(\boldsymbol{x})+E_{\text{ext}}(\boldsymbol{x}))ds \tag{10.3}$$

就可以得到光滑的兴趣区域的边界曲线。在应用中，兴趣区域实现并不知道。因此 $E_{\text{int}}(\boldsymbol{x})$ 被设计为在灰度显著变化的位置达到最小。根据 Euler-Lagrang 方程，如下方程成立时：

$$\alpha\boldsymbol{x}''(s)-\beta\boldsymbol{x}^{(4)}(s)-\nabla E_{\text{ext}}=0 \tag{10.4}$$

优化模型(10.3)达到局部最小。在上述方程中，$-\nabla E_{\text{ext}}$ 可以认为是外力 $\boldsymbol{F}_{\text{ext}}$，它把轮廓拉向所希望的图像边缘。因此方程(10.4)可以改写为

$$\alpha\boldsymbol{x}''(s)-\beta\boldsymbol{x}^{(4)}(s)+\boldsymbol{F}_{\text{ext}}=0 \tag{10.5}$$

在有些蛇算法中，比如 GVF 蛇，$\boldsymbol{F}_{\text{ext}}$ 可以独立于 $-\nabla E_{\text{ext}}$ 而设计。不同的 $\boldsymbol{F}_{\text{ext}}$ 会产生不同的蛇算法，$\boldsymbol{F}_{\text{ext}}$ 的设计一般遵循如下两个原则：

(1) 在凹陷区域提高蛇算法的收敛性；

(2) 提高蛇算法的俘获范围。对于 GVF 蛇[1]，$\boldsymbol{F}_{\text{ext}}$ 被设置为

$$\boldsymbol{F}_{\text{ext}} = -\nabla P$$

这里，$P(x) = g[d(x)]$，也就是说，$P(x)$ 是图像中的点 x 到图像中距离最近的距离的函数。例如，

$$P(x) = -\mathrm{e}^{-d(x)^2}$$

在作者的实现中让 $g(d) = d$。

对于 GVF 蛇[2]，$\boldsymbol{F}_{\text{ext}}$ 被设置为 v，这里

$$v(x,y) = [u(x,y), v(x,y)]$$

$v(x,y)$ 使如下能量函数最小：

$$\varepsilon = \iint \mu(u_x^2 + u_y^2 + v_x^2 + v_y^2) + |\nabla f|^2 |\boldsymbol{v} - \nabla f|^2 \, dxdy \tag{10.6}$$

对于一个背景为白色目标为黑色的二值图像来说，根据文献[18]的建议设置。

$$f(x,y) = -E_{\text{ext}}(x,y) = -I(x,y) \tag{10.7}$$

对于灰度图像，可以设置：

$$f(x,y) = -E_{\text{ext}}(x,y) = |\nabla(G_\sigma(x,y) * I(x,y)| \tag{10.8}$$

10.2 GVF 蛇的初始轮廓

10.2.1 迭代格式

在所有的蛇算法中，GVF 蛇有着较好的计算效果，特别是对于二值图像，计算效果比较稳定。这里介绍为 GVF 蛇构造初始轮廓的一种方法。对于方程(10.5)，通常采用迭代方法求解。方程(10.5)可以转化为：

$$\begin{aligned}&\alpha[(\boldsymbol{x}_i - \boldsymbol{x}_{i-1}) - (\boldsymbol{x}_{i+1} - \boldsymbol{x}_i)] + \beta[(\boldsymbol{x}_{i-2} - 2\boldsymbol{x}_{i-1} + \boldsymbol{x}_i) - 2(\boldsymbol{x}_{i-1} - 2\boldsymbol{x}_i + \boldsymbol{x}_{i+1})\\&+(\boldsymbol{x}_i - 2\boldsymbol{x}_{i+1} + \boldsymbol{x}_{i+2})] + \boldsymbol{f}_i = 0\end{aligned}$$

上式中 $\boldsymbol{x}_i$ 表示曲线上的第 i 个点，$\boldsymbol{f}_i$ 表示该点受到的外力。将上述方程写成矩阵形式如下：

$$\boldsymbol{AX} + \boldsymbol{F}_{\text{ext}} = 0$$

这里，A 是一个带状的对角线矩阵，X 是曲线上的点排成的列向量，$\boldsymbol{F}_{\text{ext}}$ 是曲线上各点受到的外力排成的列向量。上述方程的时间离散格式如下：

$$\boldsymbol{AX}_t + \boldsymbol{F}_{t,\text{ext}} = -\Delta t(\boldsymbol{X}_t - \boldsymbol{X}_{t-1}) \tag{10.9}$$

这里，Δt 表示时间步的大小。在平衡状态下，$\mathrm{d}\boldsymbol{X}/\mathrm{d}t=0$，即 $\boldsymbol{X}_t-\boldsymbol{X}_{t-1}=0$，迭代结束。上述方程的矩阵形式为

$$\boldsymbol{X}_t=(\boldsymbol{A}+\Delta t\boldsymbol{I})^{-1}(\boldsymbol{X}_{t-1}-\boldsymbol{F}_{t,\mathrm{ext}})$$

10.2.2 GVF 分析

通过上面的迭代方式求解得到轮廓时，得到的只是一个能量函数的局部极小。这说明初始轮廓对迭代结果会产生很大影响。图 10.1 给出了初始轮廓对 GVF 蛇的影响。本节讨论如何为 GVF 蛇构造初始轮廓。

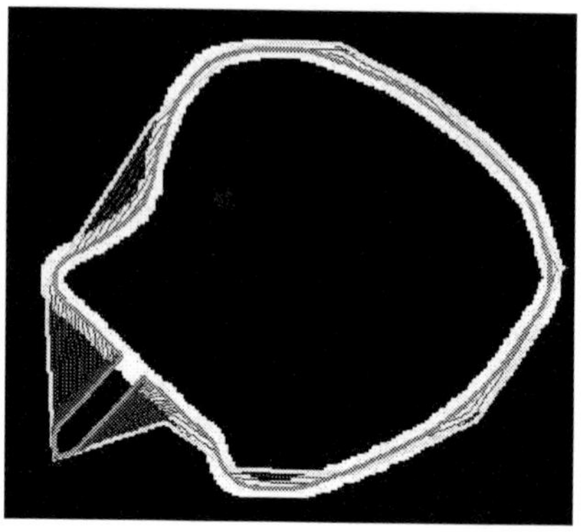

(a) 单目标图像

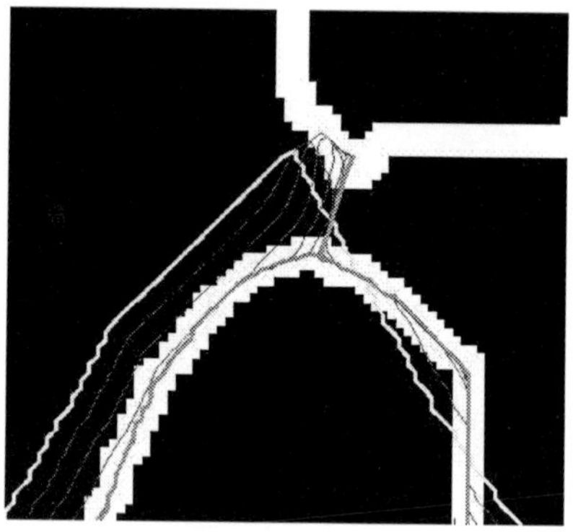

(b) 多目标图像

图 10.1 初始轮廓对 GVF 蛇的影响

本节的方法由 Tauber[3]等人给出。首先基于 GVF 给出相关概念。

- 收敛曲线：曲线周围的向量指向该曲线。
- 分离曲线：曲线周围的向量背离该曲线。
- 分离区域：该区域内的向量是 0，该区域外的向量背离该区域。
- 收敛曲线的收敛区域：通常简称为收敛区域。其中心是收敛曲线，其边界曲线或者是分离曲线，或者是分离区域的边界。在收敛区域中，所有向量指向收敛曲线。
- 收敛区域的宽度：收敛区域的边界到收敛曲线的最短距离。

如图 10.2 所示，该图中应该有两个轮廓：一个是矩形，另外一个是圆圈。在 GVF 中者两个轮廓分别对应于两个收敛曲线。这两个轮廓由分离曲线或者分离区域隔开。如果两个轮廓之间的距离非常远，它们由分离区域隔开；否则，它们由分离曲线隔开，如图 10.3 所示。如果在一个轮廓的内部没有其他轮廓，该轮廓围成的区域内部也有分离曲线或者分离区域。一个分离曲线可以被最为一个退化的分离区域。既然在 GVF 演进中，轮廓的演进方向完全由 GVF 中的向量控制，则初始轮廓满足如下原则。

(1)初始轮廓应该包含在兴趣区域中。一个兴趣区域由两部分组成：目标区域和目标区域围成的区域。这样处理得目的是为了便于确定初始轮廓的位置，理论上并不是如此。如图 10.1(a)，白色的带状区域和该带状区域围成的区域称为兴趣区域。

(2)初始轮廓应该包围分离曲线。

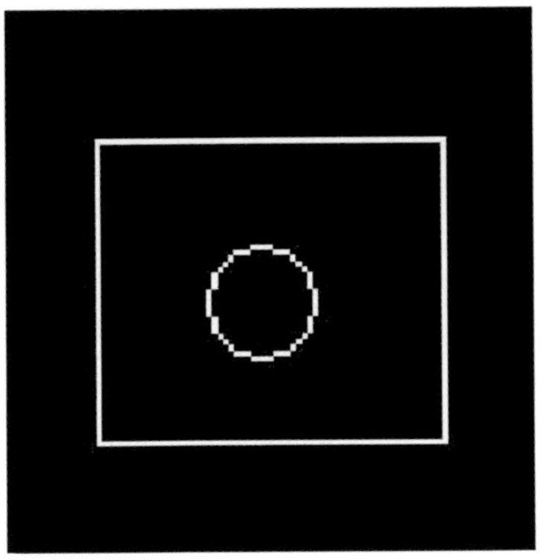

(a) 二值图像

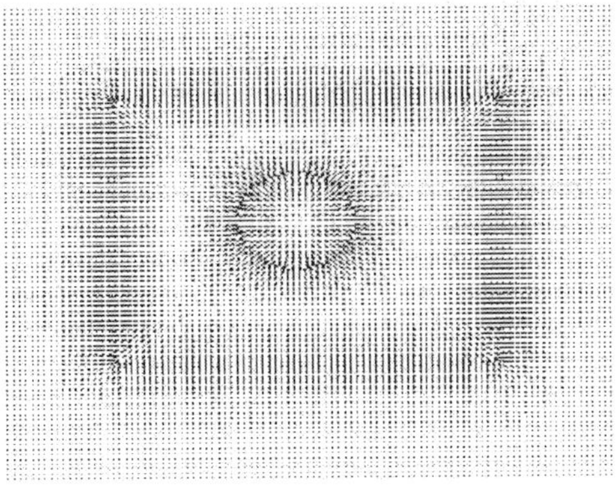

(b) 图像的GVF

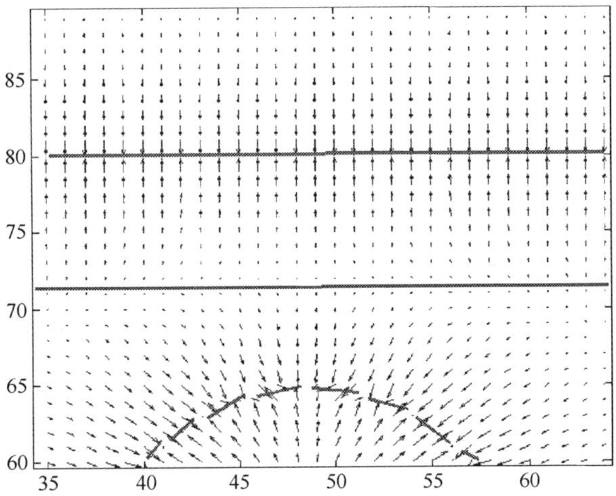

(c) 收敛曲线和分离曲线

(其中的GVF是图(b)中GVF的局部区域, 线条表示收敛曲线和分离曲线)

图 10.2　GVF 及其相关概念

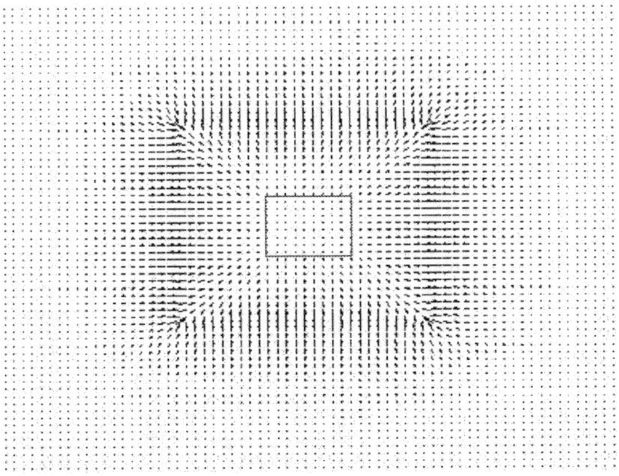

(a) 标准的分离区域

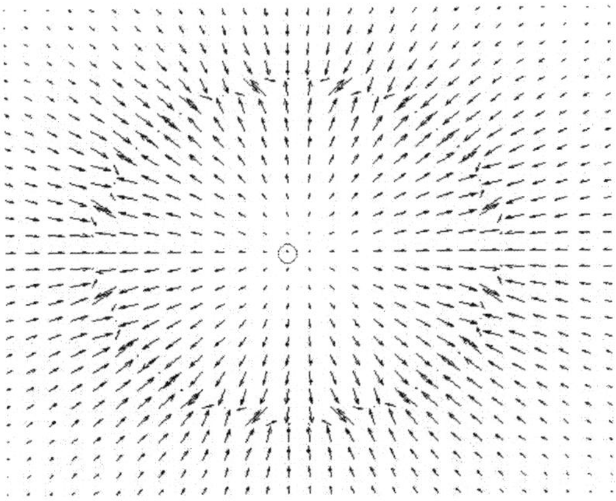

(b) 一个分离区域仅仅是一个点

图 10.3　GVF 及其分离区域

10.3 图像处理中的水平集算法

首先注意到一个事实：

$$\phi(x,y)=0$$

是一个曲线，例如 $x^2+y^2-1=0$。这说明对于方程

$$z=\phi(x,y)$$

只要固定不同的 z，就有不同的曲线。这一曲线可以认为是水平面 $z=z_0$ 与曲面 $z=\phi(x,y)$ 的交线。这个交线可以认为是这个水平面 $z=z_0$ 上满足条件 $z=\phi(x,y)$ 的点的集合，这就是水平集算法的来由。如果认为 $z=\phi(x,y)$ 是一个随时间变化而变化的曲面：

$$z(t)=\phi(x,y,t)$$

那么，z=0 的水平面上的曲线也是随时间的变化而变化的。

$$\phi(x,y,t)=0$$

这就是曲线演化的水平集方程。显然，$t=0$ 时刻的曲线就是 $\phi(x,y,0)=0$。下面的偏微分方程被认为是曲线演化的水平集方程：

$$\frac{\partial\phi(x,y,t)}{\partial t}=F|\nabla\phi| \tag{10.10}$$

这里 F 是轮廓运动的速度函数。水平集算法的一个公认的优点是，它能够自动处理轮廓的拓扑分裂和拓扑合并问题，而 Snake 算法在演进过程中始终只允许一个轮廓存在。从方程(10.9)可以进一步写为：

$$\phi(x,y,t+\Delta t)-\phi(x,y,t)=\Delta tF|\nabla\phi|$$

即

$$\phi(x,y,t+\Delta t)=\phi(x,y,t)+\Delta tF|\nabla\phi| \tag{10.11}$$

上式说明，如果 $|\nabla\phi|$ 非常大，即曲面很陡峭，那么从 $\phi(x,y,t)$ 到 $\phi(x,y,t+\Delta t)$ 的变化会很大。大的变化会产生大的数值误差。因此这样的迭代通常会不收敛，即迭代失败。为了使得迭代成功，必须不断地考察 $|\nabla\phi|$。当 $|\nabla\phi|$ 大到一定程度，需要根据新演进中的 $\phi(x,y,t)$ 重新设计初始水平集函数，确保 $|\nabla\phi|$ 足够小。这就是传统水平集算法的著名缺陷：重新初始化问题。重新初始化大大降低了水平集算法的计算效率和计算的稳定性，避免重新初始化是人们努力的一个方向。DRLSE[4]是避免重新初始化问题的一个比较成功的水平集算法。假设有一个能量函数

$$E=E(\phi)$$

根据变分原理，由方程(10.10)定义的演进过程使得 $E(\phi)$ 最小。于是上述方程可以重新写为：

$$\frac{\partial\phi(x,y,t)}{\partial t}=F|\nabla\phi|=-\frac{\partial E(\phi)}{\partial\phi} \tag{10.12}$$

规定

$$E(\phi)=\mu R_p(\phi)+\lambda L_g(\phi)+\alpha A_g(\phi) \tag{10.13}$$

这里，$R_p(\phi)=\iint p(\nabla\phi)\mathrm{d}x\mathrm{d}y$，$L_g\iint g\delta(\phi)|\nabla\phi|\mathrm{d}x\mathrm{d}y$，$A_g(\phi)=\iint gH(-\phi)\mathrm{d}x\mathrm{d}y$。在本文实现中，$\mu=0.2/\Delta t$，$\Delta t=1.0$，$\lambda=5.0$，$\alpha=-3.0/3.0$。如果$\alpha$是负数，演进过程使初始轮廓膨胀；否则，演进过程使初始轮廓收缩。方程(10.13)中一些特殊函数的表达式是：

$$p(s)=\begin{cases}\dfrac{1}{(2\pi)^2}(1-\cos(2\pi s), & s\leqslant 1\\ \dfrac{1}{2}(s-1)^2, & s\geqslant 1\end{cases}$$

$$\delta_\varepsilon(x)=\begin{cases}\dfrac{1}{2\varepsilon}\left[1+\cos\left(\dfrac{\pi x}{\varepsilon}\right)\right], & |x|\leqslant\varepsilon\\ 0, & |x|>\varepsilon\end{cases}$$

$$H_\varepsilon(x)=\begin{cases}\dfrac{1}{2}\left[1+\dfrac{x}{\varepsilon}+\dfrac{1}{\pi}\sin\left(\dfrac{\pi x}{\varepsilon}\right)\right], & |x|\leqslant\varepsilon\\ 1, & x>\varepsilon\\ 0, & x<-\varepsilon\end{cases}$$

这里ε通常设置为 1.5。在演进过程中，$R_p(\phi)$的作用是使得$\phi(x,y,t)$尽可能保持$|\nabla\phi|=1$。在L_g中，

$$g=\frac{1}{1+|\nabla G_\sigma * I|}$$

其中，I是一个灰度图像，G_σ是 Gauss 光滑算子，$*$表示卷积。容易发现，在图像边缘处，$|\nabla G_\sigma * I|$最大，从而 g 达到最小。因此L_g使得轮廓拉向图像边缘。实际上，假设$C(s)$（$s\in[0,1]$）是演进轮廓，当这个演进轮廓$C(s)$是兴趣区域的边界时，$C(s)$上每一点都是图像的边缘点，此时沿曲线一周累加$g(C(s)$必然是所有曲线中的一个局部最小，即

$$\int_0^1 g(C(s))|C'(s)|ds \tag{10.14}$$

达到最小。进一步地，采用时间演进使得$\int_0^1 g(C(s))|C'(s)|\mathrm{d}s$最小时，轮廓被拉向图像边缘。如果把 C(s)表示为$\phi(x,y)=0$，表达式(10.14)就是$\iint g\delta(\phi)|\nabla\phi|\mathrm{d}x\mathrm{d}y$。在所有的基于轮廓的水平集的能量函数设计中，$L_g$是必须存在的。$L_g$与其他能量的不同组合，就会出现不同水平集演进版本。$A_g(\phi)$计算计算轮廓围成的区域$\Omega=\{\boldsymbol{x}|\phi(\boldsymbol{x})\leqslant 0\}$的加权面积。当$g=1$，$A_g(\phi)$就是区域的准确面积，其作用是加速轮廓的演进速度。根据 Euler-Larange 公式，使表达式(10.13)表示的能量函数最小的时间演进格式为

$$\frac{\partial\phi}{\partial t}=\mu div(d_p(|\nabla\phi|)\nabla\phi)+\lambda\delta_\varepsilon(\phi)div(g\frac{\nabla\phi}{|\nabla\phi|})+\alpha g\delta_\varepsilon(\phi)$$

这里，$\mathrm{div}(\cdot)$表示向量场的散度，$d_p(s)=p'(s)/s$。

如同 Snake 算法，水平集演进也需要初始轮廓。不同的是，水平算法的初始轮廓可

以有很多个。假设灰度图像 I 是一个 $m \times n$ 的矩阵，定义一个 $m \times n$ 的矩阵 ϕ，显然，这个矩阵也可以看作一个灰度图像。在这个图像中

$$\phi(x) = \begin{cases} -c_0, x \in \Omega_0 \\ c_0, x \notin \Omega_0 \end{cases}$$

式中，$c_0 > 0$ 是一个常数，Ω_0 是初始轮廓围成的区域。

10.3.1 在灰度图像中提取轮廓

这里比较 GVF 蛇、距离蛇和 DRLSE 用于提取灰度图像的轮廓时对初始轮廓的敏感性。对于 GVF 蛇，我们设置了少数几个 Gauss 光滑算子。对于 DRLSE，这里使用其膨胀模式。使用图像的规模是 512×512 。为了构造初始轮廓，这里交互式地选取一些点，并连接它们。从图 10.4 可以发现，DRLSE 提取的效果最准确。

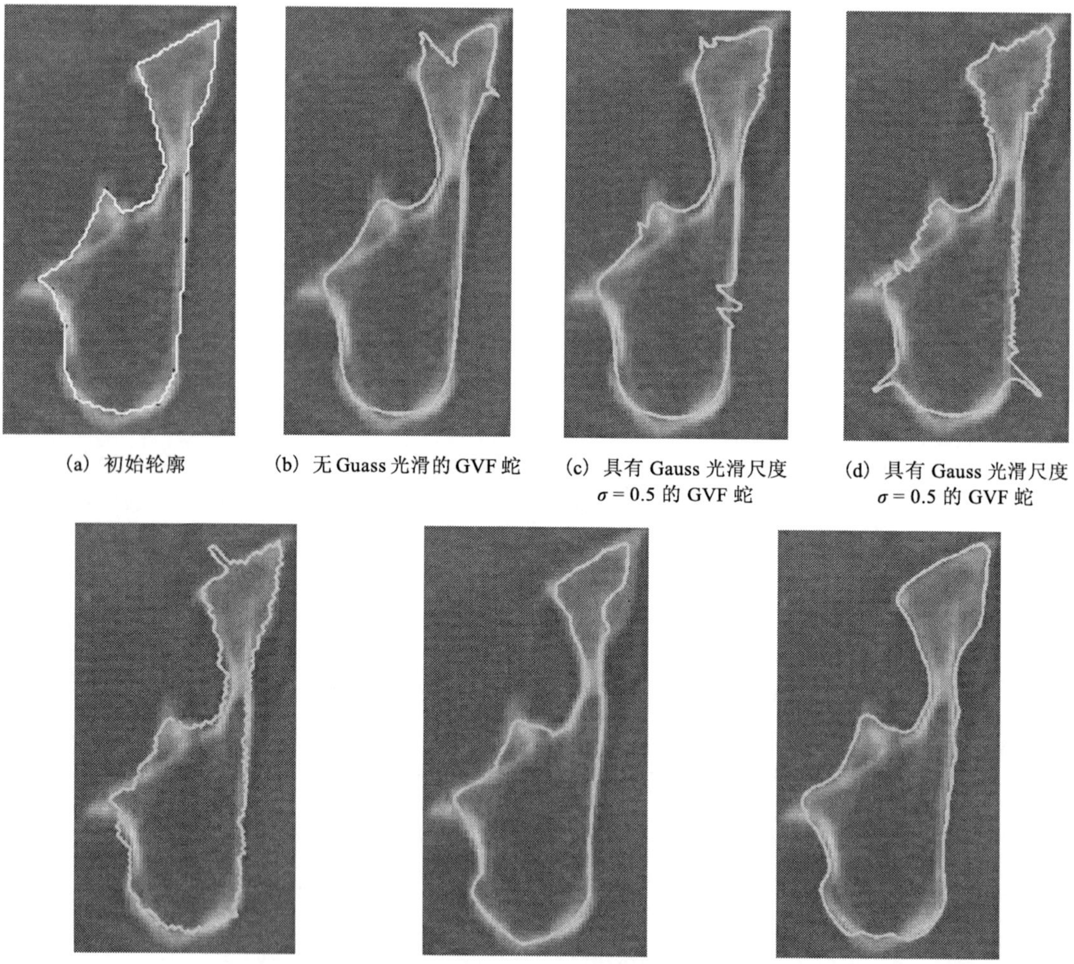

(a) 初始轮廓　(b) 无 Guass 光滑的 GVF 蛇　(c) 具有 Gauss 光滑尺度 $\sigma = 0.5$ 的 GVF 蛇　(d) 具有 Gauss 光滑尺度 $\sigma = 0.5$ 的 GVF 蛇

(e) 具有 Gauss 光滑尺度　(f) 距离蛇 σ=1.5 的 GVF Snake　(g) DRLSE

图 10.4　几个活动轮廓模型提取灰度图像轮廓的比较

10.3.2　在二值图像中提取轮廓

当 GVF 蛇用于提取无噪声的二值图像的轮廓时，它表现出对初始轮廓极低的依赖性。只要初始轮廓在收敛区域内，结果轮廓总是位于带型区域的中间。而距离蛇和 DRLSE 的演进结果则依赖于初始轮廓的位置。图 10.5 给出了几个活动轮廓模型提取轮廓的例子。

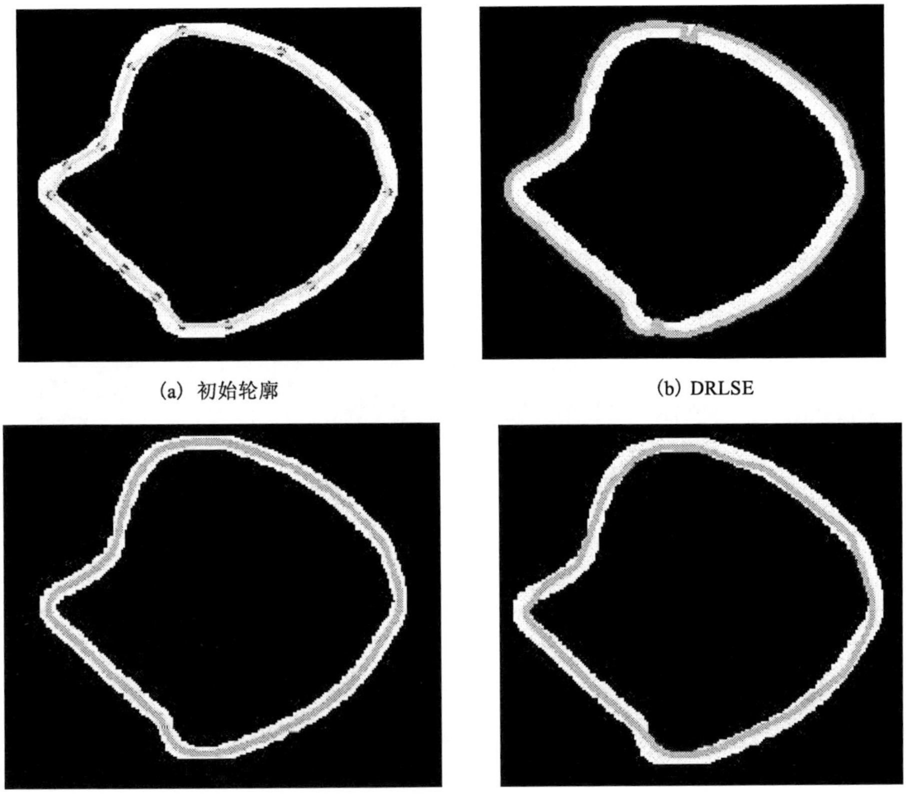

(a) 初始轮廓　(b) DRLSE　(c) GVF 蛇　(d) 距离蛇

图 10.5　提取二值图像轮廓时几种活动轮廓模型的比较

10.3.3　联合 GVF 蛇和 DRLSE 提取轮廓

GVF 蛇的结果轮廓总是位于带型区域的中间，而 DRLSE 则可以调节参数，使初始轮廓收缩和膨胀。因此，可以组合 GVF 蛇和 DRLSE，得到准确的内部轮廓和外部轮廓。图 10.6 给出了组合这两个活动轮廓模型提取轮廓的例子。

实际上，对于一些细节特征丰富或者具有噪声的兴趣目标，GVF 蛇可能出现结果轮廓的自交，如图 10.7(b)所示。鉴于 GVF 蛇不敏感于初始轮廓，只要初始轮廓位于收敛区域内，演进得到的结果总是唯一的。因此提取灰度图像轮廓时也可以组合这两种方法。

(1) 把给定的灰度图像 G^0 转换为给定的二值图像 I^0，通常使用一个边缘点检测方法即可转换，如 Canny 算子、Gauss-Laplace 算子等。

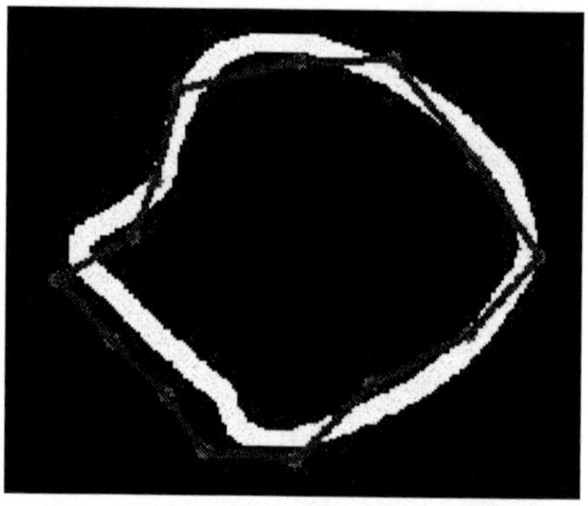

(a) GVF Model 的初始轮廓

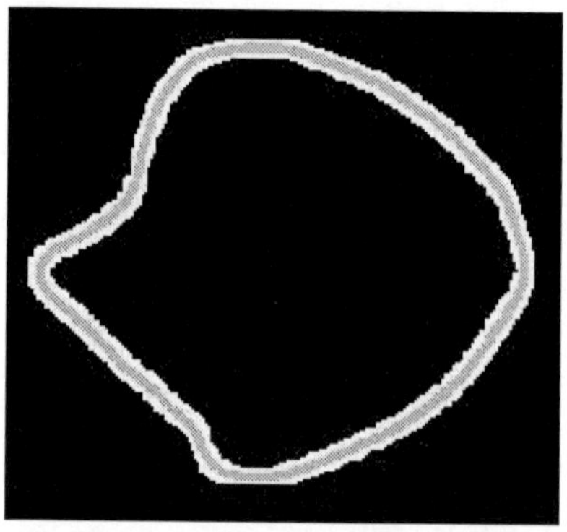

(b) GVF 轮廓

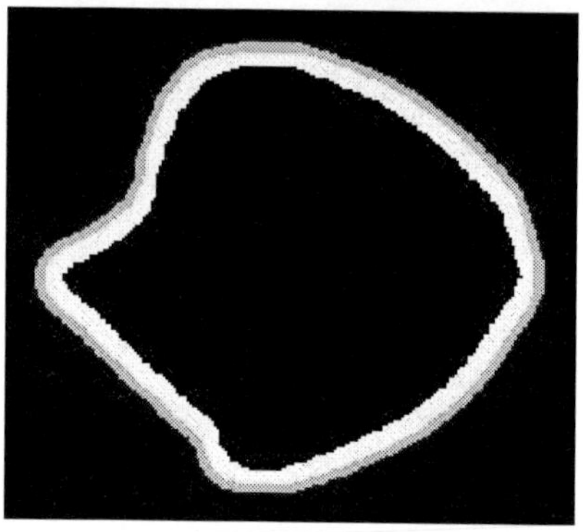

(c) DRLSE 膨胀轮廓

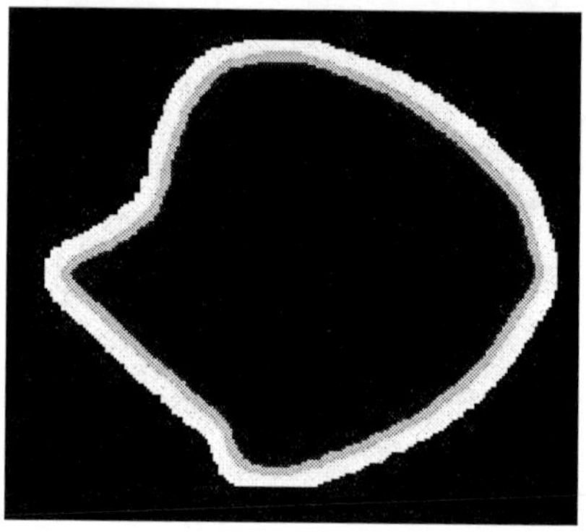

(d) DRLSE 收缩轮廓

图 10.6 使用 GVF 轮廓作为 DRLSE 的初始轮廓

(2) 使用 GVF 算法提取二值图像 I^0 的轮廓，得到轮廓 C_G^0。

(3) 把 C_G^0 作为初始轮廓，使用 DRLSE 在灰度图像中提取轮廓。

图 10.7 给出了 GVF 蛇和 DRLSE 组合提取轮廓的过程。

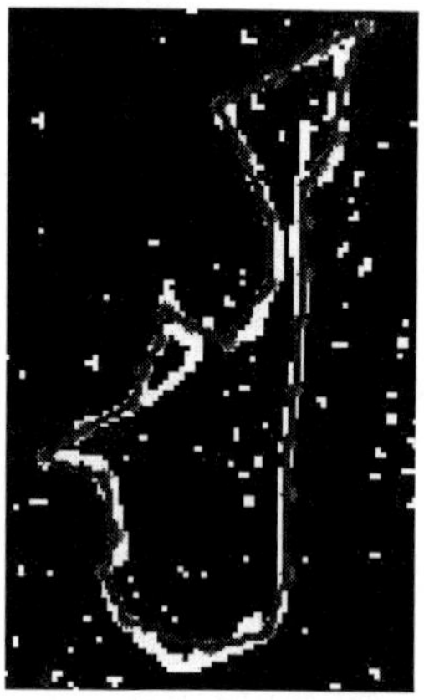

(a) 二值图像和 GVF 初始轮廓，该二值图像的目标点是灰度图像的边缘点

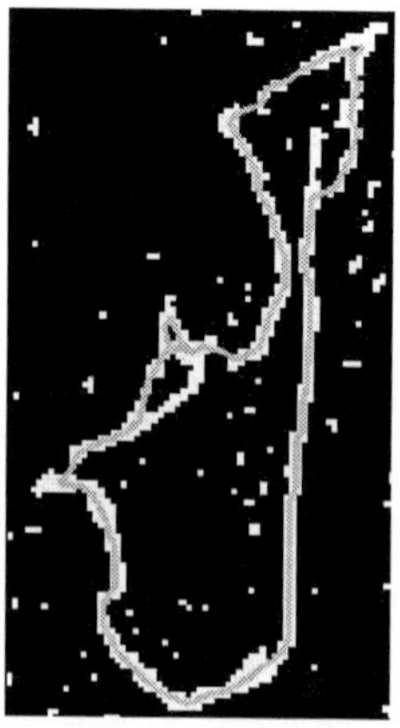

(b) GVF 轮廓

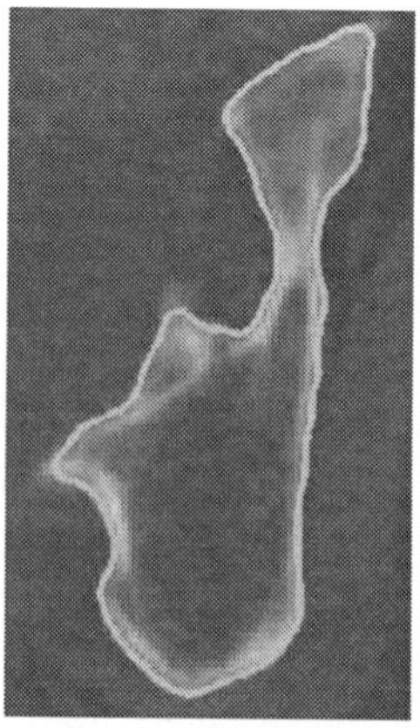

(c) 灰度图像中的 DRLSE 膨胀轮廓

图 10.7 联合 GVF 模型 and DRLSE 提取灰度图像轮廓

虽然 DRLSE 能够得到很好的结果轮廓，但是它仍然摆脱不了所有水平集算法的共同缺陷，即产生不必要的拓扑分裂，如图 10.8 所示。使水平集算法克服该缺点是如今水平集算法研究的一个努力方向。

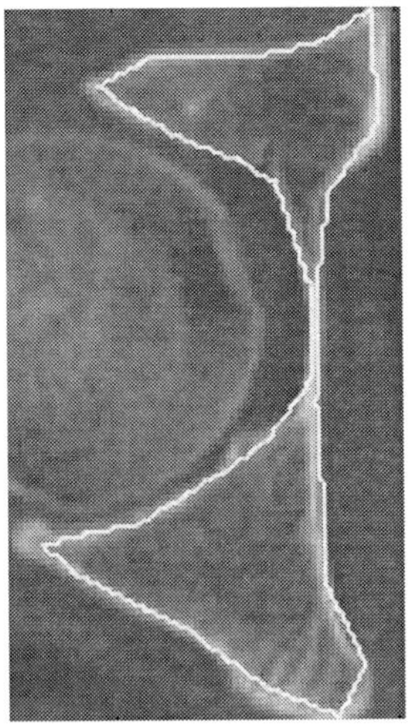

(a) 初始轮廓

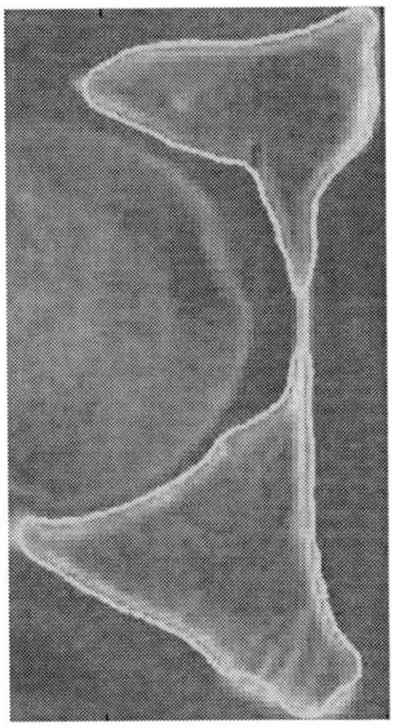

(b) DRLSE 轮廓

图 10.8 DRLSE 产生不希望得拓扑分裂

10.4 活动轮廓模型在图形学中的应用

受 Snake 模型的启发，可以设计出曲线和曲面的光滑方法[5]。假设曲线方程是 $\boldsymbol{p}=\boldsymbol{p}(u)$，这里的 p 可以是二维空间也可以是三维空间中的点。根据表达式(10.2)可以构造以下能量方程：

$$E(\boldsymbol{p})=\int(\alpha \boldsymbol{p}_{\mathrm{u}}^{2}+\beta \boldsymbol{p}_{\mathrm{uu}}^{2}+\boldsymbol{f}^{2}(u))$$

在上式中 p_{u}、 p_{uu} 分别表示曲线 $\boldsymbol{p}=\boldsymbol{p}(u)$ 关于 u 的一阶导和二阶导。 $\boldsymbol{f}(u)$ 表示曲线上各点受到的力。显然，丢弃掉 $\boldsymbol{f}(u)$， $E(\boldsymbol{p})$ 就只含有曲线的内部能量。当内部能量达到最小时，曲线最为光滑。不同于图像的场合需要使得曲线通过图像的边缘点。这里丢弃 $\boldsymbol{f}(u)$ 后，优化问题

$$\min E(\boldsymbol{p}) \tag{10.15}$$

是一个无约束优化问题，求解的结果是曲线上的各点均等于 0。为了避免出现这种情况，需要为优化问题(10.15)添加不同的约束，如实现规定曲线必须通过哪些点，这就是插值情况下的光滑问题；或者规定曲线的端点必须在指定位置，而且有固定的切矢量或者曲率，这就是给定边界条件下的曲线设计问题。至于外力 $\boldsymbol{f}(u)$，可以用其交互式修改曲线形状。

对于曲面

$$\boldsymbol{p}=\boldsymbol{p}(u,v)$$

其能量方程可以写为

$$E(\boldsymbol{p})=\iint[\alpha_{11}\boldsymbol{p}_u^2+2\alpha_{12}\boldsymbol{p}_u\boldsymbol{p}_v+\alpha_{22}\boldsymbol{p}_v^2+\beta_{11}\boldsymbol{p}_{uu}^2+2\beta_{12}\boldsymbol{p}_{uv}^2+\beta_{22}\boldsymbol{p}_{vv}^2+\boldsymbol{f}^2(u,v)]\mathrm{d}u\mathrm{d}v$$

如果所考虑的曲面不是参数曲面，而是网格曲面，例如无结构三角网格曲面，我们只需要知道上述离散曲面上一阶导数和二阶导数的离散方式，就可以利用上式设计曲面或者优化曲面。遗憾的是，上面的导数都是依赖于参数的。为此，可以定义基于几何量的能量函数。通常有如下能量函数可以供参考：

$$E_{\text{curve}}=\int k(t)^2\,\mathrm{d}t$$

$$E_{\text{curve}}=\int k'(t)^2\,\mathrm{d}t$$

$$E_{\text{surface}}=\int(k_1^2+k_2^2)\mathrm{d}A$$

$$E_{\text{surface}}=\int H^2\mathrm{d}A$$

$$E_{\text{surface}}=\int\left[\left(\frac{\partial k_1}{\partial \boldsymbol{e}_1}\right)^2+\left(\frac{\partial k_2}{\partial \boldsymbol{e}_2}\right)^2\right]\mathrm{d}A$$

$$E_{\text{surface}}=\int|\nabla H|^2\,\mathrm{d}A$$

这些几何量的离散方法，在本书第 3 章中已经介绍了一些。离散出的表达式越复杂，方程求解的难度就越大。有兴趣的读者可以参考文献[6,7]。参考方程(10.9)，人们总是根据变分原理，把上述能量函数的最小化问题转化为一个时间演进问题：

$$\frac{\partial \boldsymbol{p}}{\partial t}=\boldsymbol{n}(\boldsymbol{p})V(k_1,k_2,\boldsymbol{p})$$

这个演进格式通常被称为曲率流。常用的曲率流包括以下几种。

(1) 平均曲率流：$\frac{\partial \boldsymbol{p}}{\partial t}=-\boldsymbol{n}(\boldsymbol{p})H(\boldsymbol{p})$，它对应于 $E_{\text{surface}}=\int\mathrm{d}A$，即构造极小曲面。

(2) 曲面分离流：$\frac{\partial \boldsymbol{p}}{\partial t}=\boldsymbol{n}(\boldsymbol{p})\Delta H(\boldsymbol{p})$，它对应于 $E_{\text{surface}}=\int H^2\mathrm{d}A$，即构造中曲率的和最小平的曲面。

(3) 高阶曲率流：$\frac{\partial \boldsymbol{p}}{\partial t}=(-1)^{k+1}\boldsymbol{n}(\boldsymbol{p})\Delta^k H(\boldsymbol{p})$，它对应于 $E_{\text{surface}}=\int|\nabla H|^2\,\mathrm{d}A$ 或 $E_{\text{surface}}=\int\left[\left(\frac{\partial k_1}{\partial \boldsymbol{e}_1}\right)^2+\left(\frac{\partial k_2}{\partial \boldsymbol{e}_2}\right)^2\right]\mathrm{d}A$。

一般来说，曲率流愈高，曲面的保形状能力就愈强。平均曲率流通常只能保证位置连续，曲面分离流可以达到切方向连续，而高阶曲率流则可以保证曲率连续。

参 考 文 献

[1] He L, Peng Z G, Everding B, etal. A comparative study of deformable contour methods on medical image segmentation[J]. Image and Vision Computing, 2008, 26(2): 141-196

[2] Xu C Y, Prince J L. Snakes, Shapes, and Gradient Vector Flow. IEEE Transactions on Image Processing, 1998
[3] Tauber C, Batatia H, Ayache A. Quasi-automatic initialization for parametric active contours. Pattern Recognition Letters, 2010, 31(2010): 83-90
[4] Li CM, Xu C Y, Gui C F, etal. Distance Regularized Level Set Evolution and Its Application to Image Segmentation. IEEE Transactions on Image Processing, 2010, 19(2010): 3243-3254
[5] 朱心雄. 自由曲线曲面造型技术. 北京: 科学出版社, 2000
[6] Xu G L. Discrete Laplace-Beltrami operators and their convergence. Computer Aided Geometric Design, 2004, 21(6): 767-784
[7] Xu G L, Zhang Q. G2 surface modeling using minimal mean-curvature-variation flow. Computer- Aided Design, 2007, 39(2007): 342-351

第 11 章　图像图形转换技术和方法

11.1　图像图形转换技术概述

图像到图形的转换也可称为基于二维数据的三维数据重建，实现方式一般是利用特定的原理和方法，对机器视觉(例如 CCD 相机)终端采集到的目标图像数据，实现三维点云数据的计算和重建，然后对三维点云数据按一定的规则连接成形，即是所称的三维图形。基于视觉的测量技术是目前图像到图形转换的主要方法之一，它融合了计算机视觉、计算机图像学、数字信息处理、计算机图形学等学科。

随着需求和技术的发展，出现了以光、声、电磁等为介质的各类转换方法，根据重建数据是否为物体表面轮廓数据，可以分为面数据重建方法和体数据重建方法两大类，如图 11.1 所示。

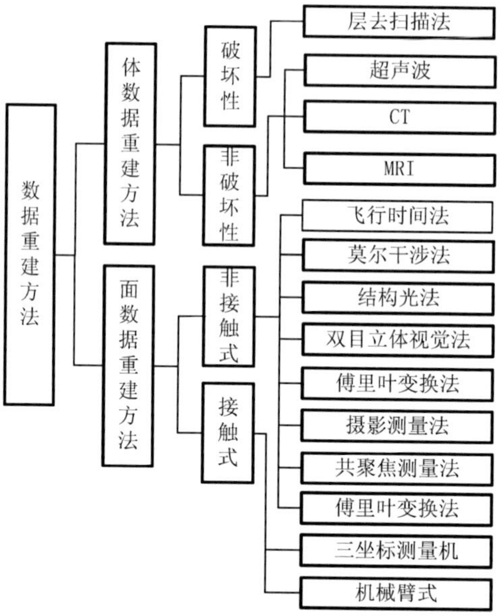

图 11.1　数据重建方法分类

面数据重建方法仅能实现物体表面轮廓数据的重建，不能获得物体内腔或内部的三维数据。针对面数据获取方法的研究较为广泛，根据其实现原理不同又可分为接触式和非接触式两类。接触式有基于力-变形原理的触发式、连续扫描式，基于磁场、超声波介质的成像式等。而非接触式主要有激光三角法、飞行时间法、莫尔干涉法、结构光法、傅里叶变换轮廓法、摄影测量法、立体视觉、共聚集测量法等。体数据重建方法通过获取被测物体的截面轮廓图像，进而实现复杂物体内部三维结构信息，该类方法能同时获得物体表面和内部结构三维数据。体数据获取方法原理较为单一，主要是获取物体的断层截面图像数据，进而实现三维重建，根据断层图像获取方式不同可分为破坏性和非破坏性两类。非破坏性方法目前主要通过超声波、CT 和 MRI 等介质实现图像传导；破坏性测量方法主要是以层去扫描法为主，逐层去除物体材料，逐层用扫描设备扫描截面，从截面图像获取物体三维轮廓形状。

11.2 图像图形转换方法——基于结构光编码图像的三维图形重建

结构光三维视觉方法的研究最早开始于 20 世纪 70 年代。在诸多的视觉方法中，结构光三维视觉以其大视场、大量程、高精度、光条图像信息易于提取、实时性强及主动受控等特点，近年来得到了广泛的研究和应用[1]。基本原理是经典光学三角法，利用能量发射器、接收器及被测物体表面之间的三角几何关系，来获得被测物体表面的三维图形重建，主要分为光束扫描法和编码光投射法。光束扫描法投射的是普通的光束或光条，如点光、线光、网格、平行光条等，并通过运动部件实现光束在物体表面的扫描测量，因此对设备的加工精度以及运动控制精度要求较高；而编码光投射法的系统中无运动部件，编码光与接收器的相对位置不变，用来投射的是带有编码信息的特殊光场，可以采用光栅投影或者数字投影方式来实现。

11.2.1 三维重建原理

光学投射器将一定模式的结构光透射于物体表面，形成由被测物体表面形状所调制的光条三维图像。该三维图像由处于另一位置的摄像机采集，从而获得光条二维畸变图像。光条的畸变程度取决于光学投射器与摄像机之间的相对位置和物体三维表面外形。直观上，沿光条显示出的位移(或偏移)与物体表面高度成比例，扭曲表示了平面的变化，不连续显示了表面的物理间隙。当光学投射器与摄像机之间的相对位置一定时，由畸变的二维光条图像坐标便可重现物体表面三维外形。光学投射器、摄像机和计算机系统即构成了结构光三维视觉系统。以线激光测量系统为例，三角法测量原理如图 11.2 所示。*X-Y* 是参考平面，设半圆形是被测物，*C* 点是相机观察点，*P* 点是结构光投射点，一束光线 *PA* 投射出去，在物体上 *H* 点反射，反射光线是 *HF*，如果不受物体遮挡反射光线是 *AE*，则成像平面上的 *EF* 间距是物体上 *H* 点高度 *HH'* 调制造成的，图像上的调制距离 $EF=\left|j^{*}-j\right|$ 携带了物体的 *HH'* 的高度，则物体的高度可表示调制光线的函数：$h=f(j-j^{*})$，其中 $f(*)$ 是函数表示形式。

基于激光的测量模型结构图如图 11.3 所示。设 O_c 和 O_p 分别为相机镜头和激光投射器的镜头中心，当线激光模式投射到物体上时，平面的线激光模式被具有高度信息的三维物体调制，成像在相机图像平面内的不同弯曲程度线激光隐含了三维物体的高度信息。

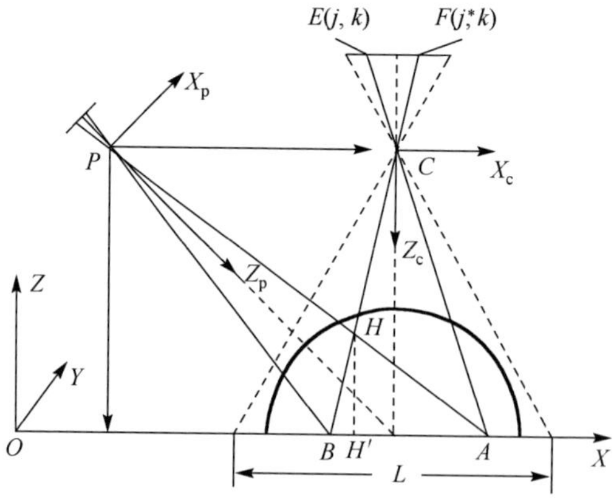

图 11.2　三角测量法光学原理

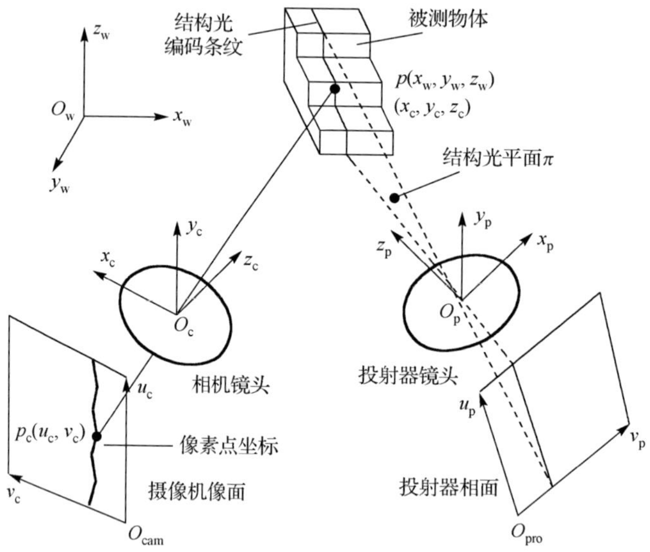

图 11.3　结构光三维视觉测量原理模型

11.2.2　重建数学模型

根据光学投射器所投射的光束模式不同，系统模型有所差别，但具有相似性。系统一般包含一个图像采集器件，一个结构光透射器件。建模的任务就是找到投射的光模式在空间与透视成像的关系，如图 11.3 所示。以线结构光测量系统为例，系统模型可表示为激光投射器在空间投射的光平面π与透视成像点的对应关系，三维空间点可看成是相机成像的射线模型与空间光平面的交点。相机的小孔成像模型如下：

$$s\begin{bmatrix}u_c\\v_c\\1\end{bmatrix}=M\begin{bmatrix}x_w\\y_w\\z_w\\1\end{bmatrix} \tag{11.1}$$

s 是变换因子，(x_w, y_w, z_w) 为世界坐标系 $o_w - x_w y_w z_w$ 内空间三维点，(u_c, v_c) 为相机成像平面内的图像坐标点，M 是相机摄影变换矩阵参数，包括相机焦距、镜头中心坐标、像元大小、坐标系间转换参数等物理参数。该模型在数学上是一个比例变换关系式，还需增加一个方程的约束消除这种多义性，实现物点三维坐标 (x_w, y_w, z_w) 计算。此时就需要建立激光光平面方程：

$$ax_w + by_w + cz_w + d = 0 \tag{11.2}$$

式中 a、b、c、d 分别为空间光平面的物理参数。联立公式(11.1)和式(11.2)即可实现物体三维坐标的计算，至此，完成线激光三维测量系统数学模型搭建。

如果投射光模式为面式结构光，如图 11.4 所示。系统在结构上类似线结构光系统，不同之处在于投射的结构光不同，整面的结构光是按一定的编码方式实现投影像面像素与相机像素的对应关系。设编码结构光图像作为重建系统的输入数据，三维重建的点云数据作为输出数据，在输入和输出之间存在一个整体映射函数，如式(11.3)所示。

$$\begin{cases} x_w = F(U_i, V_i, \phi_i) = \sum_{c=0}^{n}\sum_{b=0}^{n-c}\sum_{a=0}^{n-c-b} S_{abc} U_i^a V_i^b \phi^c \\ y_w = G(U_i, V_i, \phi_i) = \sum_{c=0}^{n}\sum_{b=0}^{n-c}\sum_{a=0}^{n-c-b} Q_{abc} U_i^a V_i^b \phi^c \\ z_w = H(U_i, V_i, \phi_i) = \sum_{c=0}^{n}\sum_{b=0}^{n-c}\sum_{a=0}^{n-c-b} R_{abc} U_i^a V_i^b \phi^c \end{cases} \tag{11.3}$$

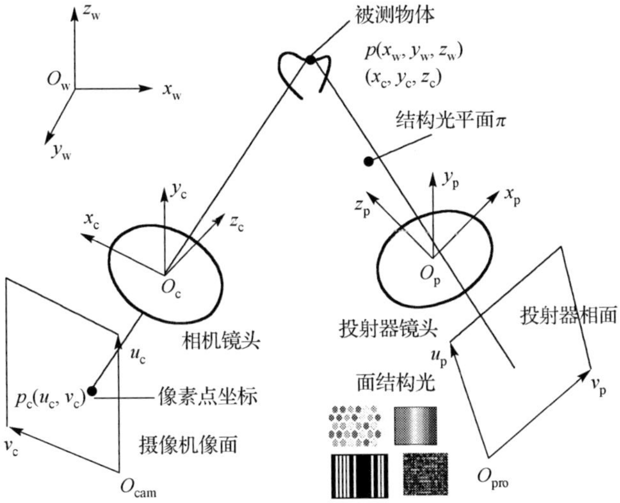

图 11.4　面结构光测量系统模型

该函数表示三维测量输入和输出之间一种映射模型，其中，(x_w, y_w, z_w) 是需要重建的三维数据，(U_i, V_i, ϕ_i) 是图像坐标及编码，S_{abc}、Q_{abc}、R_{abc} 是输入输出数据的映射函数，n 是映射阶数。

11.2.3　模型参数标定

系统标定是精确重建得以进行的前提，基于光学的三维测量方法是相对不稳定的，测量过程中会受到来自成像模型、系统结构、外界不稳定光线、被测物表面的反光、电子元器件的感光性能不稳定、光电信号衰减等各方面的影响，因此，为了实现系统在特定环境、特定结构形式、特定图像信息下的稳定测量，需要精确反求系统的参数，实现系统模型及器件参数的标定获取，从而保证系统测量的精确性和稳定性。

标定是使用精确已知的靶标数据优化获取系统参数θ_c和θ_p。结构光测量系统包括相机和投影器两个主要器件，两个器件在模型上均可做小孔成像模型简化。当标定系统时，首先使用相机采集三维靶标特征点数据$p_w^i(x_w, y_w, z_w)$，并提取其对应的二维图像坐标$p_{cp}^i(u_{cp}, v_{cp})$，利用标定算法实现相机参数的精确获取。摄像机是测量系统中的主要部件，摄像机标定是测量系统研究的核心和基础，方法很多，根据不同的评价标准可把目前较为经典的摄像机标定方法分为以下几类：

(1) 是否考虑相机的畸变因素，可分为线性和非线性相机标定方法。

(2) 内部和外部相机参数标定，内部标定算法仅仅集中于获得相机的物理和光学参数，外部标定主要计算相机在场景中的位置和姿态

(3) 隐式标定和显式标定，隐式标定是在不明确相机物理参数的情况下对相机标定的一个过程，尽管这些标定的参数能用于三维测量，但这些参数不具有物理意义。

(4) 根据摄影几何、仿射变换等几何特性(比如消失点，消失线或其他的线性特征)，建立不变量的对应关系，实现系统参数标定。

(5) 实现步骤，分为两步法、三步法、四步法等。

摄像机的准确标定是保证整体测量系统标定正确收敛的前提。

投影设备的参数标定比较复杂，主要原因在于其不具有相机的图像采集功能，不能直接实现标定所需靶标特征数据的获取。投影设备标定一般采用以下两种标定方法。

(1) 间接的标定方法，如图 11.5(a)所示。首先利用投影设备将坐标已知的二维特征点$p_{pp}(u_{pp}, v_{pp})$图案投射到靶标板上，相机采集特征图案并提取特征点，利用相机的标定参数和靶标板当前三维z_w值，计算这些特征点的三维坐标值(x'_w, y'_w)，进而用于投影设备标定的输入数据$p_{pp}(u_{pp}, v_{pp})$和(x'_w, y'_w, z_w)获取。该方式是在相机标定的基础上对投影设备进行标定，容易受相机标定结果的影响。

(2) 将三维靶标点$p_w^i(x_w, y_w, z_w)$同时用于两个设备的标定输入数据，如图 11.5(b)所示。投影设备投射正弦光栅编码到靶标，根据相机采集到的编码信息，实现相机内靶标图像点$p_{cp}(u_{cp}, v_{cp})$的编码获取$code_x$。投射二维的正弦光栅编码，可实现靶标点的二维编码$(code_x, code_y)$，根据投影相面内投影编码条纹的像素对应信息，获取三维靶标特征点$p_w^i(x_w, y_w, z_w)$的投影相面像素坐标$p_{pp}(u_{pp}, v_{pp})$，以此为标定输入数据可实现投影设备的精确标定。该方法利用条纹编码将相机与投影设备的相面像素建立联系，实现了投影设备的“图像抓取功能”。

以上两种标定方法中，相机是系统中唯一的图像采集设备，两个元器件的标定均通过相机实现，相机与空间三维靶标之间具有直接联系，因此可以将两者看作是一个相对独立的整体，如图 11.5 中虚线部分，投影设备的标定参数内也就隐含了系统内结构参数信息。

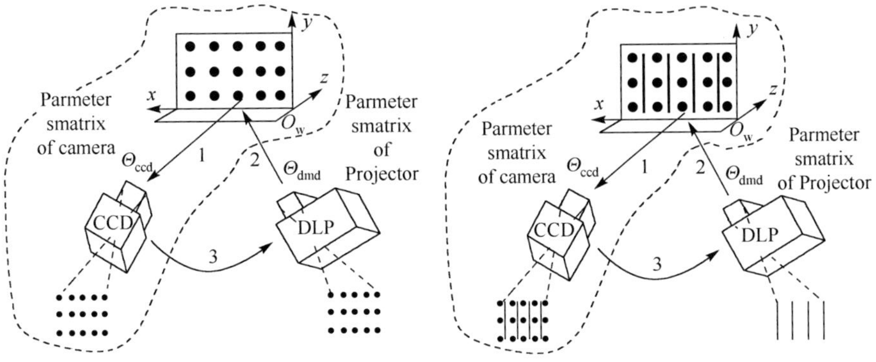

(a) 第一种投影设备标定方法　　(b) 第二种投影设备标定方法

图 11.5　用于系统标定的两种模型

针对系统的标定也有很多很好的算法。文献[2]提出了一种基于系统结构几何参数的标定算法，主要实现相机和投影设备间的基线距离、相对参考平面的距离和系统器件法向等的标定，该方法对系统结构要求严格，标定方法复杂，而且需要特殊的标定设备。文献[3]提出一种基于 BP(back propagation)神经网络的标定算法，该方法需要大量的标定输入数据训练多层神经网络，标定结果受标定输入数据精度影响较大，而且训练过程耗时。文献[4]提出了一种基于坐标系约束的系统标定算法，利用系统中两元器件之间的刚体约束关系进行标定。文献[5]提出了一种新颖的标定算法，将测量系统整体考虑，在三维靶标点和其对应二维图像坐标建立隐式匹配关系，使用最小二乘算法优化隐式模型实现系统参数的标定。该方法需要足够多准确的标定数据优化收敛，但并不能保证优化收敛的正确性。文献[6]的结构光标定方法也利用结构光编码在相机和投影像素坐标间建立匹配关系，使投影设备具有类似相机的虚拟图像采集功能，然后对器件单独标定实现系统参数获取。以上系统标定算法均能得到较好的效果，但每个系统的个体差异较大，要根据三维测量系统特性，选择合适的方法。

第一步单独标定后，摄像机和投影仪的内外部参数包括非线性畸变因子均已获得了初值，传统的两步法标定到此已经结束。然而，由于系统结构、系统模型误差、靶标板平面度及靶标点三维坐标的精确性等因素影响，仅靠元器件的单独标定，还不能保证获得稳定、精确的结果。因此，崔海华[7]提出了基于系统结构强约束和实际测量误差补偿的第二、三步系统优化标定。

由于投影设备不具有采集图像的功能，因此，投影设备的标定所需数据需经过相机中转，然后将标定数据进行坐标系统一。世界坐标系与相机坐标系间存在刚性连接，相机标定完成后相机和世界坐标系即建立了捆绑关系。当系统结构发生变化，即相机和投影设备间结构关系发生变动后，可看成是系统模型内投影设备坐标系相对于捆绑坐标系整体发生相对运动，结构光系统的这种特性使得系统标定时，可以将摄像机和投影仪作为一个整体，仅用一个设备坐标系与世界坐标系建立关系，两个设备坐标系之间通过一个刚体变换绑定。这种方法在立体视觉里广为采用，如图 11.6 所示。

具体转换关系参数模型如图 11.7 所示。

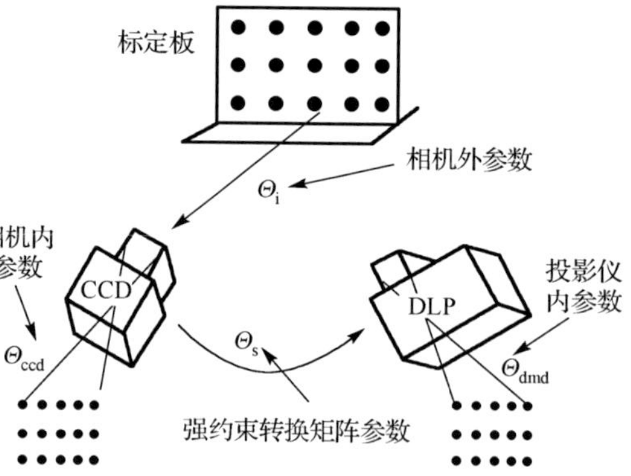

图 11.6 系统标定中建立强约束关系示意图

$$p_c = f(p_w, \Theta_i) \longrightarrow g_c(p_c, \Theta_{ccd})$$
$$\longrightarrow p' = f(p_c, \Theta_s) \longrightarrow g_p(p', \Theta_{dmd})$$

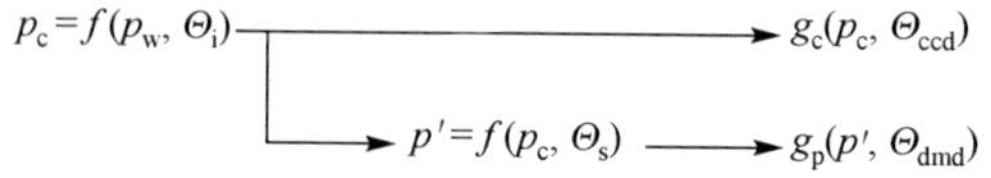

图 11.7 转换关系参数模型

以上关系中，Θ_i 表示世界坐标系到相机坐标系的转换关系，Θ_{ccd}、Θ_{dmd} 表示相机和投影仪的内参数，Θ_s 表示相机和投影仪坐标系之间的转换关系。这种绑定的优点是提高了条纹编码的精确性。因为相机采集的图像引入了相机和投影仪镜头两种不同的畸变误差，对相机采集的条纹图像编码能否精确的表示投影仪内理想的编码是要考虑的。因此，需把条纹编码值 x_s 与计算得到的编码值的均方差值作为目标优化函数，对转换矩阵 Θ_s 进行优化，使相机采的条纹编码能更为精确地表示投影仪内理想编码值。为了提高条纹编码的精确性，亚条纹的获取也是必要的。亚条纹数据获取非常的简单，首先在标定点的亚像素坐标 (x_p, y_p) 周围选择一定的区域，对该区域的像素编码值进行最小二乘法曲面拟合，得到了一张编码值为高度信息的连续曲面，该曲面上亚像素坐标 (x_p, y_p) 位置处的编码值就是该点的亚像素条纹值 x_s。

检测到的靶标点亚像坐标、亚条纹数据和通过模型参数估计，得到数据之间差值的均方差之和作为整体标定的最小目标优化函数，进行系统优化标定。具体如下：

$$J(\varphi) = \sum\sum\left\{\left\|p_f(i,j) - g_c(p_c,\Theta_{ccd})\right\|^2 + \left\|p_s(i,j) - g_p(p_s,\Theta_{dmd})\right\|^2\right\} \quad (11.4)$$

式中，$p_f(i,j)$ 和 $p_f(i,j)$ 分别是标定点中的第 i 个平面 j 个点的像素坐标和条纹坐标；$\varphi = [\Theta_{ccd}, \Theta_{dmd}, \Theta_1, \Theta_2, \cdots, \Theta_N]$ 是需要优化的参数。以上的优化问题采用常用的 L-M 优化算法即可解决。

11.2.4 结构光编码

结构光编码方式有很多种，如格雷码编码、二进制编码、N 位条纹编码、伪随机编码、相移编码、傅里叶相位编码、彩色条纹编码等[8]。按解码不同也可以分为：直接编码方式、空间邻域编码方式和时间编码方式[9]。直接编码方式根据灰度或颜色信息对投射图像中的每一个投射像素定义一个唯一的编码,在拍摄得到的数字图像中寻找该编码,从而进行三维测量。但总体而言，这种编码方法码词间的距离过小，对投射和拍摄中的噪声过于敏感，仅仅作为一种理论方法存在。

空间维编码，即是当前点的码词与其邻域点的码词具有相关性，当前点的编码值是由周围编码信息推导而来的。如：Boyer 和 Kak[10]提出的具有 4 种彩色信息的垂直条状编码、Ito 提出了的栅格模式、Chen[11]等定义的由彩色信息组成的垂直条纹编码等。后来，又出现了更高鲁棒性的 De Bruijn sequences[12]系列空间编码模式，以及具有窗口匹配特性的 M-arrays 编码模式[13]等。这种空间维的结构光模式优点是，一般仅需一幅编码图像就能实现编码值计算，可用于动态测量，适用范围广，缺点是解码比较困难、稳定性差。

时间编码，即当前点码值是由沿着时间轴序列的多幅编码图像共同决定的，当前点编码与其空间邻域点的编码无直接的相关性信息，如二进制编码、N 位编码、格雷码、相移编码等。时间编码方式通过对多幅编码图像细化，保证了码词和像素间的易区分性，从而保证了测量精度，解决了直接编码方式和空间编码方式易受噪声干扰的问题，测量精度高，可以高效率地得到致密的三维点云数据，是编码结构光在目前的实际应用中的常见形式。但缺点是需要多幅图像共同实现码值计算。

相移光栅编码是应用广泛的一种时间维编码方法，本质上是两种随着时间变化的两种波发生干涉产生，干涉中每个测量点产生一个随时间而发生变化的信号值，该测量点的信号差异即是相对相位值。

物理上光波数学模型可表示为：

$$s(x,y,t)=a(x,y)\mathrm{e}^{i(\varphi(x,y))} \tag{11.5}$$

式中 x 和 y 是空间坐标值，$a(x,y)$ 是光波的幅值，$\varphi(x,y)=4\pi h(x,y)/\lambda$ 是光波的相位值，λ 是波长，$h(x,y)$ 是反射中的曲面高度误差。设干涉中的参考波和测试波分别表示为

$$s_r(x,y,t)=a_r(x,y)\mathrm{e}^{i(\varphi_r(x,y)-\delta(t))} \tag{11.6}$$

和

$$s_t(x,y,t)=a_t(x,y)\mathrm{e}^{i(\varphi_t(x,y)-\delta(t))} \tag{11.7}$$

其中 $\delta(t)$ 是相移的时间变化。当参考波和测试波互相发生干涉时，产生的相位灰度值为：

$$I(x,y,t)=\left|s_r(x,y,t)+s_t(x,y,t)\right|^2 \tag{11.8}$$

或

$$I(x,y,t)=I'(x,y)+I''(x,y)\cos[\varphi_t(x,y)-\phi_r(x,y)+\delta(t)] \tag{11.9}$$

其中，$I'(x,y)=a_t^2(x,y)+a_t^2(x,y)$ 是平均灰度值，$I''(x,y)=2a_r(x,y)a_t(x,y)$ 是条纹的调制度值。如果将相位差异定义为 $\phi(x,y)=\varphi_t(x,y)-\varphi_r(x,y)$，那么相移的基本公式可以表示为

$$I(x,y,t)=I'(x,y)+I''(x,y)\cos[\varphi(x,y)+\delta(t)] \tag{11.10}$$

式中，$\delta(t)$ 是随时间变化的相移量，$I'(x,y)$ 也称为灰度偏移量，$I''(x,y)$ 是相移条纹峰谷差异的一般灰度值，$\varphi(x,y)$ 是待求解的未知相位值。经过 N 步相移，相位求解为

$$\varphi(x,y)=\arctan\frac{\sum_{n=0}^{N-1} I_n(x,y)\sin(2n\pi/N)}{\sum_{n=0}^{N-1} I_i(x,y)\cos(2n\pi/N)} \tag{11.11}$$

从上式看出，相位值与 R(x, y)、A(x, y)、B(x, y)/A(x, y)无关，即对背景、对比度不敏感。

四步相移算法是一种经典的相移方法，该算法具有对背景项、检测器的非线性及常数项影响自动消除的优点。通过计算机生成的 4 幅相位图像如图 11.8 所示。数学模型表示为

$$\begin{cases} I_1(x,y)=R(x,y)\{A(x,y)+B(x,y)\cos[\varphi(x,y)-0]\} \\ I_2(x,y)=R(x,y)\{A(x,y)+B(x,y)\cos[\varphi(x,y)-\pi/2]\} \\ I_3(x,y)=R(x,y)\{A(x,y)+B(x,y)\cos[\varphi(x,y)-\pi]\} \\ I_4(x,y)=R(x,y)\{A(x,y)+B(x,y)\cos[\varphi(x,y)-3\pi/2]\} \end{cases} \tag{11.12}$$

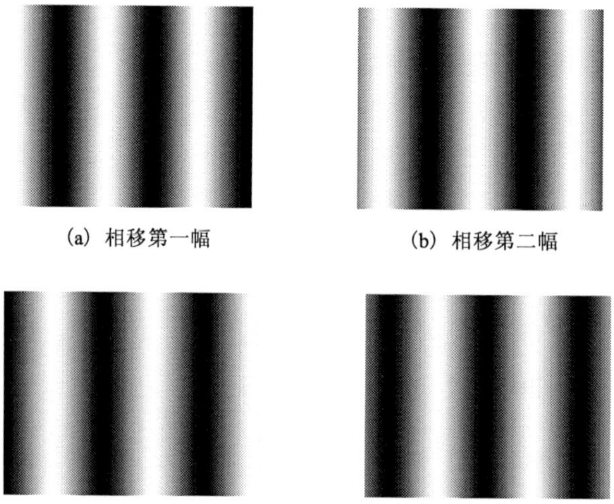

(a) 相移第一幅　(b) 相移第二幅　(c) 相移第三幅　(d) 相移第四幅

图 11.8　间隔π/2 的 4 幅正弦相移图像

利用公式(11.12)求解包裹相位函数为

$$\varphi(x,y)=\arctan\frac{I_2(x,y)-I_4(x,y)}{I_1(x,y)-I_3(x,y)} \tag{11.13}$$

此时，计算得到相位 $\varphi(x,y)$ 在主值 $(-\pi,+\pi]$ 内，称其为具有 2π 锯齿跳动的未展开相位(包裹相位)，如图 11.9(a)所示。当基准点与其相邻点的相位大于π 的时候，将此点加上 ±2π 移除相位跳动，如图 11.9(b)中实线。这种移除相位跳动的技术即为相位展开技术，只有经过展开的位相才能用于三维高度 $h(x,y)$ 的映射计算。

二维相位展开的过程数学原理上是一个积分的过程，相位展开的目的是在一定的积分区域 D 内求解曲线积分，可表示为

$$I=\int_C (f(x,y)\mathrm{d}x+g(x,y)\mathrm{d}y) \tag{11.14}$$

式中，C 是区域 D 中的 A、B 两点之间的任一个路径，$f(x,y)=\frac{\partial\varphi}{\partial x}, g(x,y)=\frac{\partial\varphi}{\partial y}$，$\varphi$ 是包裹相位。

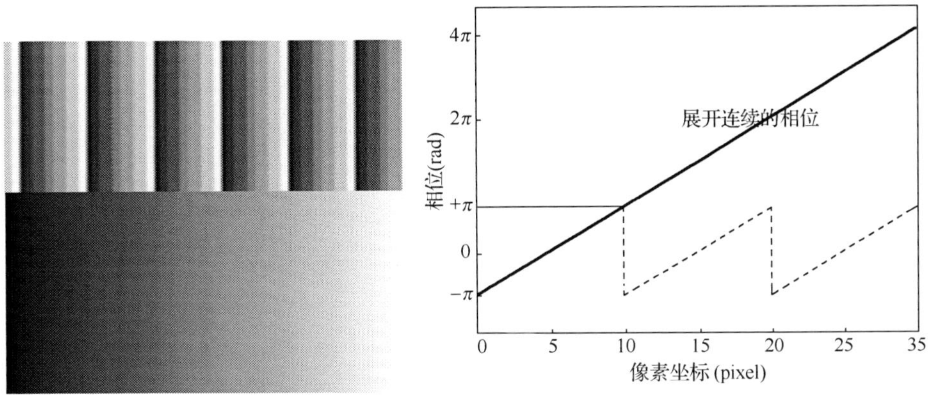

(a) 包裹相位图像展开　　(b) 相位展开对应曲线表示图

图 11.9　相位展开示意图

针对离散的图像情况，式(11.14)积分过程可表示为

$$\Phi(x,y)=\varphi(x,y)-2\pi\mathrm{Round}\left[\frac{\varphi(x,y)-\varphi_0}{2\pi}\right] \tag{11.15}$$

式中，$\Phi(x,y)$ 表示展开后的相位值；$\varphi(x,y)$ 表示截断包裹相位；φ_0 表示初始点绝对相位，Round[.]表示取整操作。理想情况下，经过以上运算能实现图 11.10 中 A、B 两点之间正确的相位展开，而且展开结果不因路径不同而有差别。然而，实际测量过程中的噪声或实物不连续会导致相位误差出现，这些都有可能造成非正常的 2π 相位跳动，如图 11.10 中+、−号之间的噪音阻断。如果相位展开路径错误的穿过了这些噪音区域，将造成相位展开结果因路径不同而不同，出现相位展开错误。

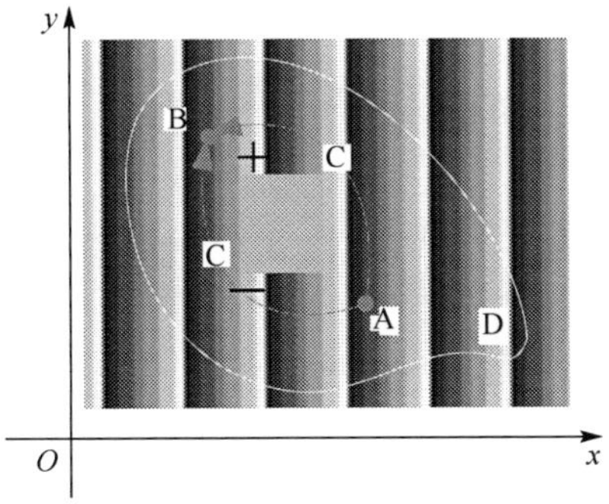

图 11.10　相位展开的数学积分模型图

如图 11.11 和图 11.12 所示为基于结构光视觉方法的图像到图形转换的实例。图 11.11(a)为石膏牙齿模型的图像二维图像，通过 CCD 图像传感器采集到带有相位编码的结构光图像如图 11.11(b)所示。对采集到图像数据进行处理，包括求解(图 11.11(c))、质量评

估(图 11.11(d))、前景提取图 11.11(e)、相位展开(图 11.11(f))等。最终得到石膏牙齿模型的三维点云数据，如图 11.11(g)所示。进而重建得到三维图形数据，如图 11.11(h)所示。

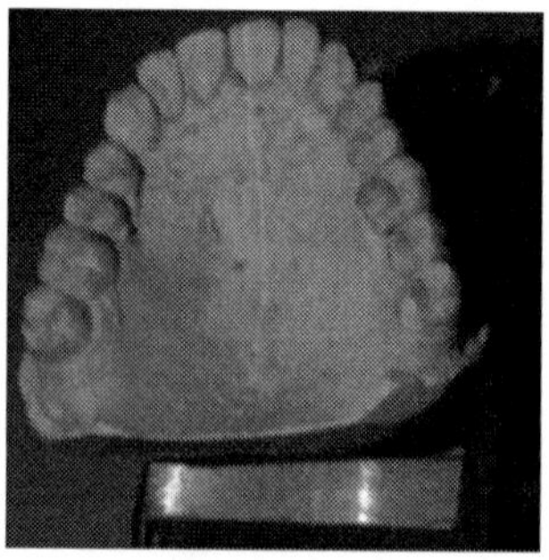

(a) 二维图像

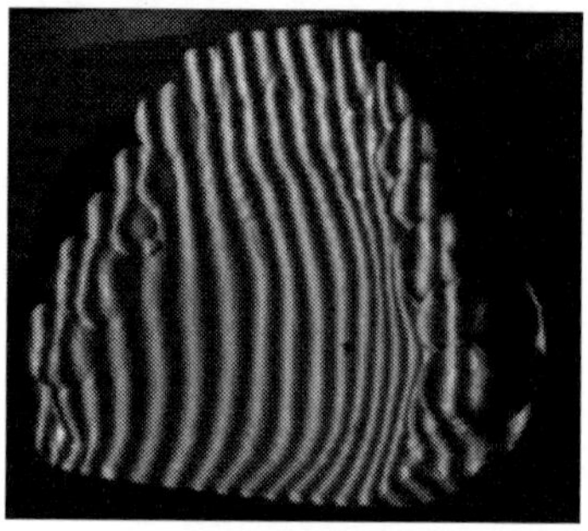

(b) 相位图像

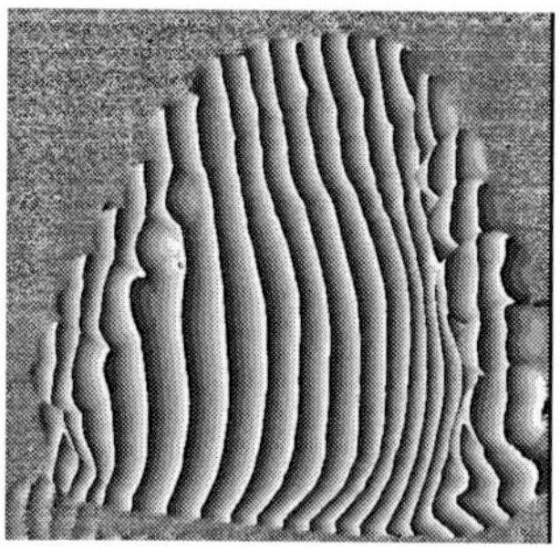

(c) 相位求解处理

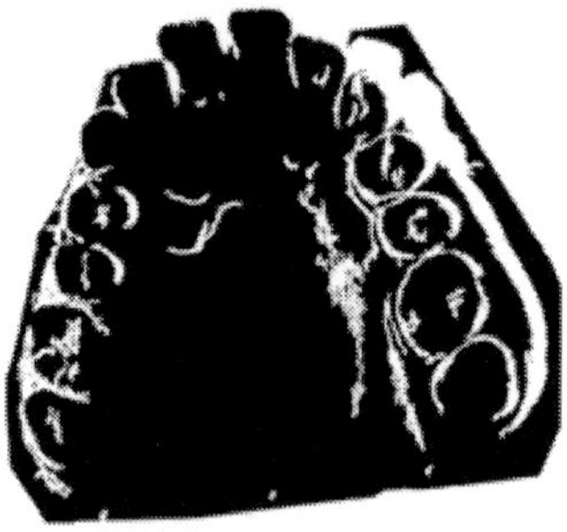

(d) 质量评估图

(e) 前景提取图像

(f) 相位展开图

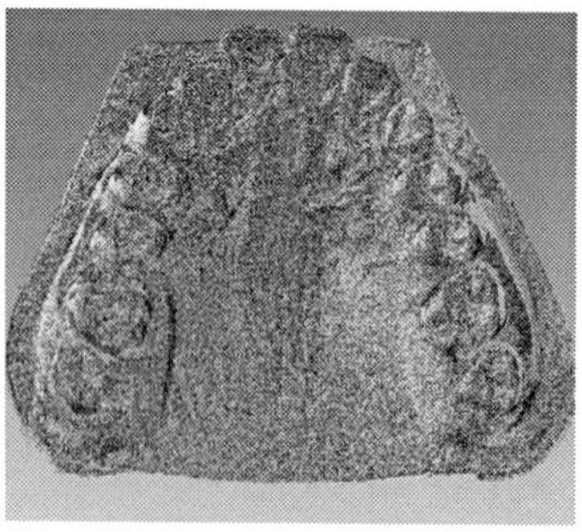

(g) 三维点云数据

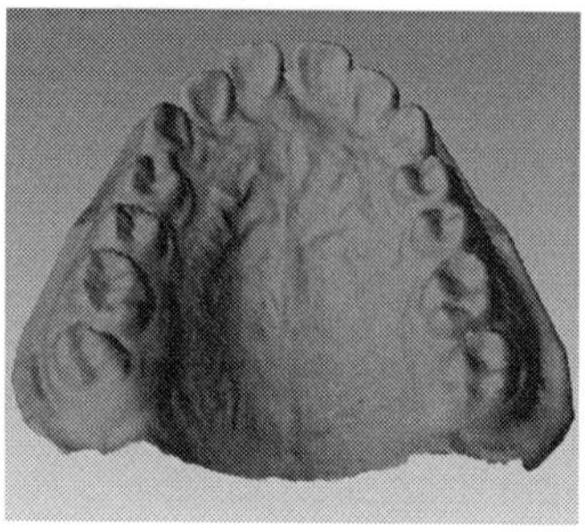

(h) 三维图形数据

图 11.11 牙齿模型图像图形转化实例

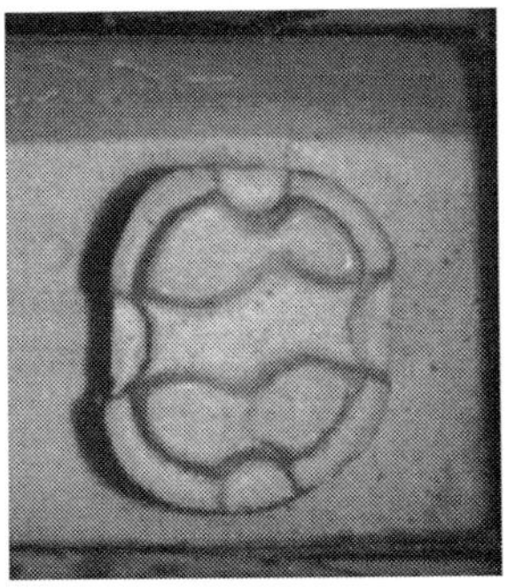

(a) 实物二维图像

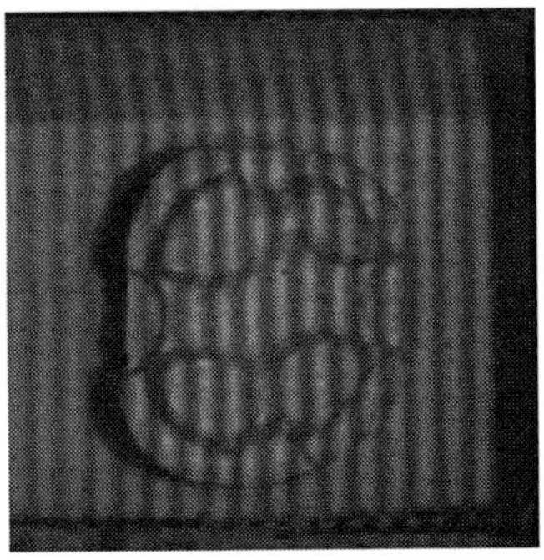

(b) 带条纹图像

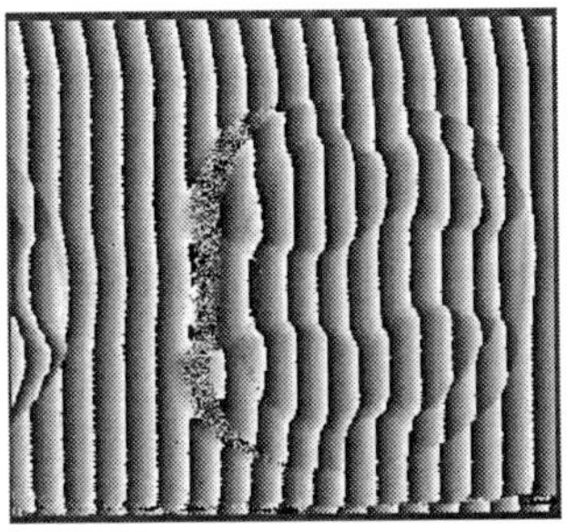

(c) 相位编码图

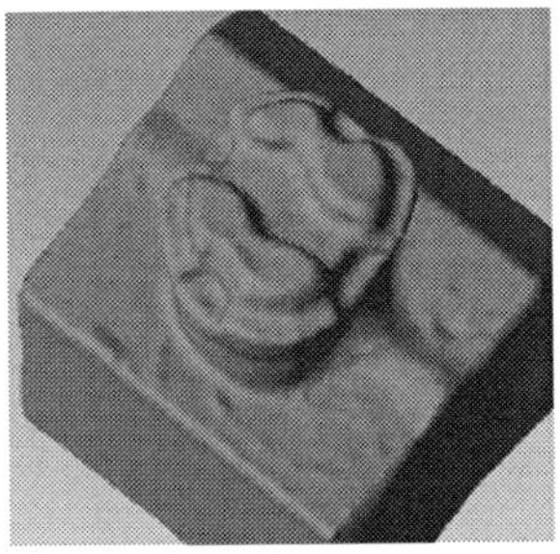

(d) 三维图形

(e) 实物二维图像

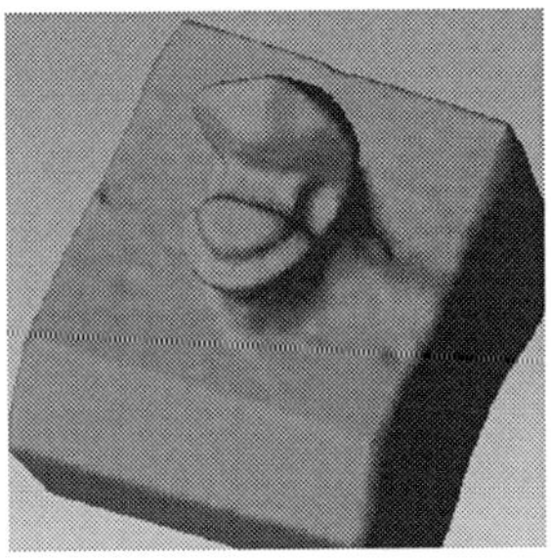

(f) 三维图形

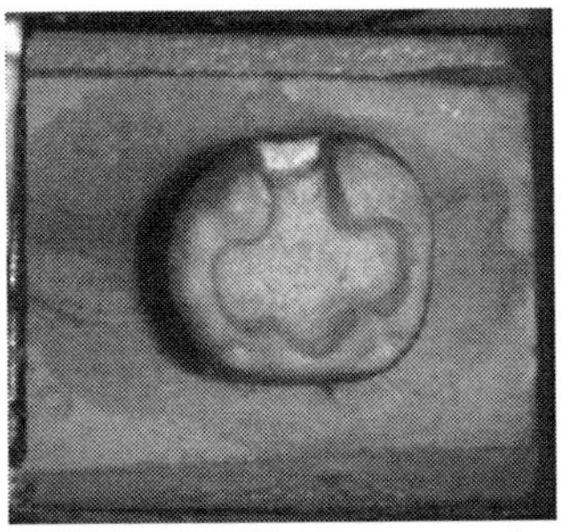

(g) 实物二维图像

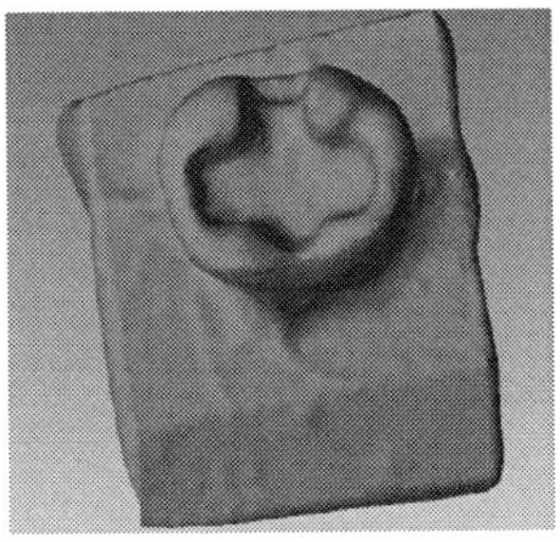

(h) 三维图形

图 11.12 图像图形转换实例

11.3　图像图形转换方法——基于双目立体视觉的三维图形重建

11.3.1　三维重建原理

双目立体视觉三维重建是基于视差原理，并利用三角测量法来实现物体表面形貌三维测量的一种方法，即由两个相机的成像平面和被测物体构成一个三角形，左右相机从不同的视角同时采集两幅图像，然后根据左右两个相机之间的空间位置关系，得到两幅图像上对应点的匹配关系，求出双目视差，最后利用三角测量法求解空间点的三维坐标。双目视觉立体成像系统模型可以近似看成两个单目成像系统的组合，图 11.13 为最基本的平视双目系统成像示意图。

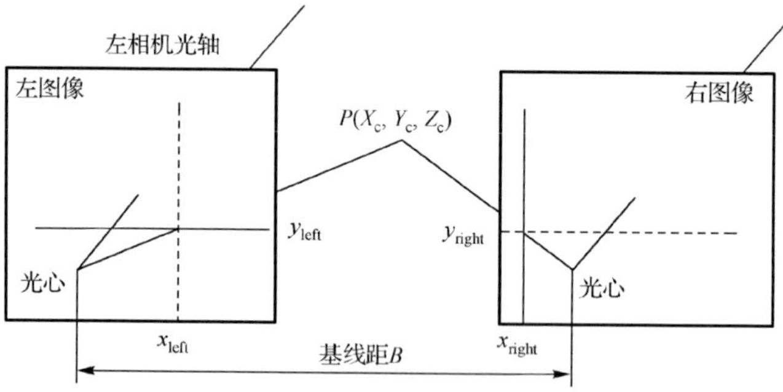

图 11.13　平视双目系统成像示意图

左右相机光心连线的长度即双目视觉系统的基线距 B，两相机同时拍摄空间同一点 P，并分别在左、右图像找到点 P 对应的图像点坐标 $p_{\text{left}}(x_{\text{left}},y_{\text{left}})$ 和 $p_{\text{right}}(x_{\text{right}},y_{\text{right}})$。假定两相机成像平面共面，则设 $y_{\text{left}}=y_{\text{right}}=y$，根据三角几何关系可得：

$$\begin{cases} x_{\text{left}}=f\dfrac{X_{\text{c}}}{Z_{\text{c}}} \\ x_{\text{right}}=f\dfrac{(X_{\text{c}}-B)}{Z_{\text{c}}} \\ y=f\dfrac{Y_{\text{c}}}{Z_{\text{c}}} \end{cases} \tag{11.16}$$

定义视差：$x_{\text{Disparity}}=x_{\text{left}}-x_{\text{right}}$，则空间点 P 在相机坐标系下的三维坐标为：

$$\begin{cases} X_{\text{c}}=\dfrac{B\times x_{\text{left}}}{x_{\text{Disparity}}} \\ Y_{\text{c}}=\dfrac{B\times y}{x_{\text{Disparity}}} \\ Z_{\text{c}}=\dfrac{B\times f}{x_{\text{Disparity}}} \end{cases} \tag{11.17}$$

因此，左摄像机像面上的任意一点只要能在右摄像机像面上找到对应的匹配点，就可以唯一确定该点的三维坐标。

11.3.2 重建数学模型

基于平视的双目立体视觉原理，为不失一般性，两个摄像机位置随意放置。假定左相机坐标系与世界坐标系重合，定义为 $O-XYZ$，其图像坐标系定义为 $O_1-x_1y_1$，有效焦距 f_1；右相机坐标系定义为 $O_r-X_rY_rZ_r$，其图像坐标系定义为 $O_r-x_ry_r$，有效焦距 f_r。则根据相机的针孔成像简化模型有

$$\rho_1\begin{bmatrix}x_1\\y_1\\1\end{bmatrix}=\begin{bmatrix}f_1&0&0&0\\0&f_1&0&0\\0&0&1&0\end{bmatrix}\begin{bmatrix}X\\Y\\Z\\1\end{bmatrix}\tag{11.18}$$

$$\rho_r\begin{bmatrix}x_r\\y_r\\1\end{bmatrix}=\begin{bmatrix}f_r&0&0&0\\0&f_r&0&0\\0&0&1&0\end{bmatrix}\begin{bmatrix}X_r\\Y_r\\Z_r\\1\end{bmatrix}\tag{11.19}$$

空间一点 P 与左右相机成像图像点之间存在如下投影关系：

$$\begin{cases}X_{cl}=R_1X_w+t_1\\X_{cr}=R_rX_w+t_r\end{cases}\tag{11.20}$$

消去式(11.20)中的 X_w 可得

$$X_{cr}=R_rR_1^{-1}X_{cl}+t_r-R_rR_1^{-1}t_1\tag{11.21}$$

由式(11.21)得到两相机坐标系之间的空间转换关系，即

$$\begin{cases}R=R_rR_1^{-1}\\t=t_r-R_rR_1^{-1}t_1\end{cases}\tag{11.22}$$

从而左右相机坐标系之间可由上述 R、t 表示如下：

$$\begin{bmatrix}X_r\\Y_r\\Z_r\\1\end{bmatrix}=\begin{bmatrix}R&t\\0&1\end{bmatrix}\begin{bmatrix}X\\Y\\Z\\1\end{bmatrix}=\begin{bmatrix}r_{11}&r_{12}&r_{13}&t_1\\r_{21}&r_{22}&r_{23}&t_2\\r_{31}&r_{32}&r_{33}&t_3\\0&0&0&1\end{bmatrix}\begin{bmatrix}X\\Y\\Z\\1\end{bmatrix}\tag{11.23}$$

从而，物体的空间三维坐标可表示为

$$\begin{cases}X=\dfrac{Zx_1}{f_1}\\Y=\dfrac{Zy_1}{f_1}\\Z=\dfrac{f_1(f_rt_1-x_rt_3)}{x_r(r_{31}x_1+r_{32}y_1+r_{33}f_1)-f_r(r_{11}x_1+r_{12}y_1+r_{13}f_1)}\\\quad=\dfrac{f_1(f_rt_2-y_rt_3)}{y_r(r_{31}x_1+r_{32}y_1+r_{33}f_1)-f_r(r_{21}x_1+r_{22}y_1+r_{23}f_1)}\end{cases}\tag{11.24}$$

式(11.24)即为一般双目视觉测量系统的数学模型。因此，只要得到左、右相机参数与两幅图像中的对应匹配点，即可根据上述模型求解空间点的三维坐标，进而实现从物体的图像到三维图形的转换。

11.3.3 双目图像对应点匹配

双目立体视觉重建是建立在对应图像点的视差基础之上，因此，立体匹配是双目视觉测量系统中最重要也是最困难的一个环节，匹配的精度和速度将在很大程度上决定了测量系统的整体性能，基于极线约束的匹配是常见的匹配方法。

1. 常规极线约束匹配

双目立体匹配过程通常可以分为 3 步：

(1)从一幅图像中提取与实际被测物体特征相对应的图像特征。

(2)在另一幅图像中搜索与同一物体特征相对应的图像特征。

(3)根据这两个图像特征之间的相对关系，得到视差信息。

其中第二步是匹配过程中最困难也是最重要的部分，是实现立体匹配的关键。由于在寻找匹配点的过程中需要对目标图像进行遍历和搜索操作，因此计算量较大，效率较低。针对这一问题，Marr 在文献[14]中提出了两幅对应图像在匹配过程中满足相容性、唯一性、连续性 3 个基本约束条件。除此之外，在双目立体匹配中还存在着顺序性约束和极线约束等条件。在双目立体匹配中灵活地运用上述约束条件，可以缩小搜索范围，从而有效提高匹配的精度和效率。

极线几何描述的是两个相机成像平面之间的几何关系，如图 11.14 所示。I_l 和 I_r 分别为采集到的左图像和右图像，点 P 是三维空间中的任意一点，p_l 和 p_r 分别为点 P 在左右两幅图像上的投影点，显然，p_l 与 p_r 互为对应点。

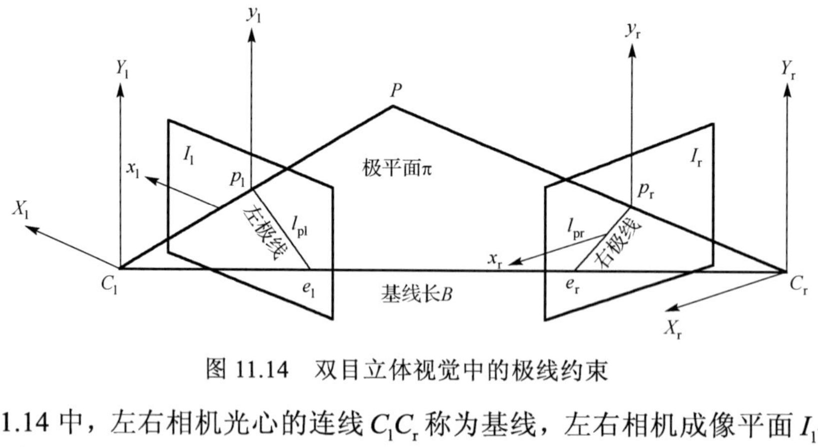

图 11.14 双目立体视觉中的极线约束

在图 11.14 中，左右相机光心的连线 C_lC_r 称为基线，左右相机成像平面 I_l、I_r 与基线 C_lC_r 的两个交点 e_l、e_r 称为极点，由空间点 P 和基线 C_lC_r 决定的平面π 称为极平面，极平面π 与左右相机成像平面的两条交线 e_lp_l、e_rp_r 称为极线，其中 e_rp_r 为点 p_l 在右图像中对应的右极线，e_lp_l 为点 p_r 在左图像中对应的左极线。

结合图 11.14，极线约束条件可以描述为：假定已知点 p_l 在左相机成像平面 I_l 内的某一位置，则点 p_l 在右相机成像平面 I_r 内的对应点必然在其对应的右极线 $e_r p_r$ 上；反之亦然。极线约束是双目立体视觉系统本身的一个重要特性。虽然利用极线约束条件只能确定点 $p_l(p_r)$ 在另一幅图像中对应的极线 $e_r p_r(e_l p_l)$，而不能直接确定对应点 $p_r(p_l)$，但它将对应匹配点的搜索范围从整幅图像压缩到一条极线上，大大提高了立体匹配的效率和精度。下面给出在相机已经标定的条件下求极线的方法。

预先对左右相机参数进行了标定，因此两相机的投影方程可表示为

$$\begin{cases} s_l p_l = A_l[R_l, t_l]X_w = M_l X_w = (M_{l1}, m_l)X_P \\ s_r p_r = A_r[R_r, t_r]X_w = M_r X_w = (M_{r1}, m_r)X_P \end{cases} \tag{11.25}$$

式中，X_P 为空间任一点 P 在世界坐标系下的三维齐次坐标；p_l 和 p_r 分别为图像像素坐标系中与点 P 对应的左右图像点的二维齐次坐标。M_{l1} 和 M_{r1} 分别为投影矩阵 M_l 和 M_r 的左边 3×3 部分，m_l 和 m_r 分别为 M_l 和 M_r 的右边 3×1 部分。

将世界坐标系下点 P 的齐次坐标 $X_P=(X_w,Y_w,Z_w,1)^T$ 记为 $X_w=(X^T,1)^T$，则式(11.25)可展开表示为

$$\begin{cases} s_l p_l = M_{l1}X + m_l \\ s_r p_r = M_{r1}X + m_r \end{cases} \tag{11.26}$$

将式(11.26)消去 X 后可得：

$$s_r p_r - s_l M_{r1} M_{l1}^{-1} p_l = m_r - M_{r1} M_{l1}^{-1} m_l \tag{11.27}$$

在式(11.27)中包含了 3 个方程，因此可以消去 s_l 与 s_r，从而推导出一个与 s_l、s_r 无关的描述 p_l 与 p_r 关系的方程，即极线约束方程。

为了便于推导，定义一个反对称矩阵：假定 t 为一个三维列向量，即 $t=(t_x,t_y,t_z)^T$，则将下列矩阵 $[t]_\times$ 定义为由三维列向量 t 导出的反对称矩阵：

$$[t]_\times = \begin{bmatrix} 0 & -t_z & t_y \\ t_z & 0 & -t_x \\ -t_y & t_x & 0 \end{bmatrix} \tag{11.28}$$

上述定义的反对称矩阵 $[t]_\times$ 具有如下性质：任意三维列向量 r 与向量 t 的叉积(向量积)为：

$$t\times r = [t]_\times r \tag{11.29}$$

由式(11.29)可得如下推论：任意满足 $[t]_\times r = 0$ 的三维列向量 r 与向量 t 相差一个常系数，即 $r = kt$。因此

$$[t]_\times t = t\times t = 0 \tag{11.30}$$

将式(11.27)右边的三维向量记为 m，即

$$m = m_r - M_{r1} M_{l1}^{-1} m_l \tag{11.31}$$

由三维向量 m 导出的反对称矩阵记为 $[m]_\times$，令 $[m]_\times$ 与式(11.27)的两边左乘，结合式(11.30)的推论可得：

$$[m]_{\times}(s_{\mathrm{r}}p_{\mathrm{r}}-s_{\mathrm{l}}M_{\mathrm{rl}}M_{\mathrm{ll}}^{-1}p_{\mathrm{l}})=0 \tag{11.32}$$

记 $s=\dfrac{s_{\mathrm{l}}}{s_{\mathrm{r}}}$，式(11.32)可化成：

$$[m]_{\times}sM_{\mathrm{rl}}M_{\mathrm{ll}}^{-1}p_{\mathrm{l}}=[m]_{\times}p_{\mathrm{r}} \tag{11.33}$$

上式中右边向量 $[m]_{\times}p_{\mathrm{r}}=m\times p_{\mathrm{r}}$，显然该向量与 p_{r} 正交，将式(11.33)的两边左乘 p_{r}^{T} 后可得到如下 p_{l} 与 p_{r} 的重要关系：

$$p_{\mathrm{r}}^{T}[m]_{\times}M_{\mathrm{rl}}M_{\mathrm{ll}}^{-1}p_{\mathrm{l}}=0 \tag{11.34}$$

式(11.34)描述了左右对应点 p_{l} 与 p_{r} 所满足的关系，可见，当给定左图像点 p_{l} 时，式(11.34)给出了过点 p_{r} 的极线方程，即左图像点在右图像中对应的极线方程；相反，当给定右图像点 p_{r} 时，式(11.34)给出了过点 p_{l} 的极线方程，即右图像点在左图像中对应的极线方程。

定义矩阵 $F=[m]_{\times}M_{\mathrm{rl}}M_{\mathrm{ll}}^{-1}$ 为基础矩阵，则式(11.34)可写成 $p_{\mathrm{r}}^{T}Fp_{\mathrm{l}}=0$，基础矩阵是极线几何约束的一种代数表示，故点 p_{l} 与 p_{r} 之间的关系可以用基础矩阵表示为：

$$\begin{cases} l_{\mathrm{pr}}=Fp_{\mathrm{l}} \\ l_{\mathrm{pl}}=F^{T}p_{\mathrm{r}} \end{cases} \tag{11.35}$$

利用标定获得的相机参数求得基础矩阵 F 后，再利用式(11.35)即可求得对应特征点在另一幅图像中的对应极线。在标定时使用的棋盘格靶标上选取部分特征角点(本文选用左边第一列)对上述极线约束算法进行验证，如图 11.15 所示。每一个特征角点在另一幅图像中的对应极线都准确经过了其对应匹配点，从而说明利用该方法实现左右特征点的匹配是可行的。

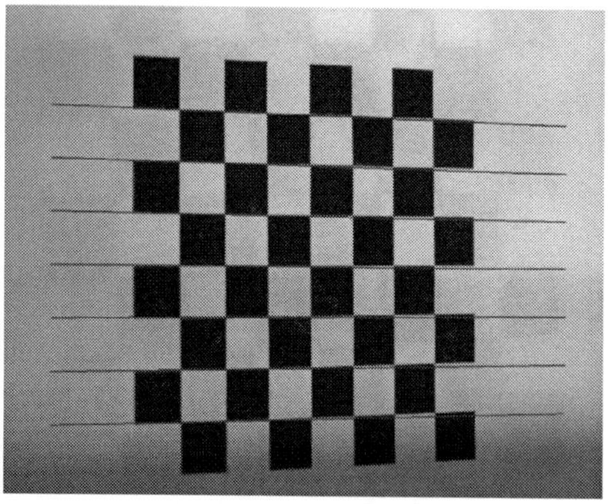

(a) 左图像

(b) 右图像

图 11.15　常规极线约束示意图

以激光线条匹配为例，对于左图像中任意光条中心点 P_{l}，由极线约束条件可唯一确定该点在右图像中对应的极线，且该极线必经过其对应匹配点 P_{r}，又因为匹配的对象是激光光条中心，所以匹配点 P_{r} 就是对应极线与右光条中心的交点。

从左右光条图像中提取到的中心线为不规则且局部断开的曲线，无法用确定的曲线方程来描述，因此不能使用解析的方法来求解交点。可以采用最邻近原则来实现左右光条中心点之间的匹配。具体的匹配实现过程如下：

(1) 为避免勿匹配，设定一个最短距离阈值 *Th*，当最短距离大于该阈值时，则说明匹配点不存在；反之，距离最短的点即为匹配点。这里 *Th* 取 2(像素)。

(2) 在左图像光条中心上选定第一个待匹配点，利用基础矩阵确定其在右图像中对应的极线。

(3) 从上至下依次计算右图像光条中心点到对应极线之间的距离，并记录下距离最短的点对应的图像坐标。当最短距离小于 *Th* 时，则最短距离所对应的点即为匹配点，并分别记录下左右对应点的图像坐标；反之，则匹配点不存在。

(4) 若左图像中还有光条中心点未匹配，则选定下一个待匹配点，并确定对应极线，然后执行(3)。

(5) 重复执行(4)，直至完成全部光条中心点的匹配。

利用上述匹配方法完成激光光条中心上所有效点的立体匹配，再结合 11.3.2 中给出的三维重建模型，即可实现光条中心上全部有效点的三维测量。然而，利用该方法进行立体匹配时对于左图像光条中心上的每一点都需要计算极线方程，并且根据最邻近原则搜索对应匹配点时，又需要大量计算点到直线的距离，整个匹配过程中包含了大量的计算，因而匹配的效率较低。

2. 投影校正后的极线约束匹配

双目立体视觉系统的数学模型中，如果两相机光轴平行，则实现三维测量是非常方便的。但是在实际应用中受相机自身装配工艺、测量系统安装等因素的制约，要使左右相机严格满足这种配置关系是很难实现的。而利用投影校正的方法则可以将一般配置下的两个相机模拟成上述平行配置关系。所谓投影校正是指对左右两幅图像各进行一次摄影变换，将左右对极点映射至无穷远，从而使左右图像中的所有极线都平行于图像坐标系的 x 轴，并且对应匹配点的极线满足重合关系。通过这样的变换后，左右两幅图像仅存在 x 轴方向上的视差，而 y 轴方向的视差为零。

投影校正是提高双目立体匹配速度的重要手段，国外学者已对此进行了大量的研究。对于已经标定图像对的校正，Fusiello[15]提出了一种基于投影矩阵的投影校正方法，该方法只需给出两相机标定时的投影矩阵即可完成校正。但是该方法在两个相机视角相差较大时得到的校正图像较大，还需要对其进行平移和缩放处理。Faugeras[16]提出了一种将左右图像重新投影到同一平面上，从而得到校正图像的校正方法，重新投影的平面经过原来左右图像平面的交线并且与基线相互平行。Roy 和 Meunier[17]等在 1997 年提出了一种新的校正方法，将左右图像重新投影到一个公共圆柱面，该方法可以校正较大视角图像对、极点在图像中等复杂情形，但是计算复杂，算法上不易实现。而对于未标定图像对的校正，Hartley[18]在 1999 年提出了一种线性的投影校正方法，在该方法中以图像点位置变化最小作为约束条件，从而优化了图像的射影畸变问题。Pollefeys[19]提出了一种在极坐标系下进行校正的方法，该方法将图像中的极点作为极坐标系的原点，通过坐标之间的变换来实现校正。该方法需要坐标系之间进行相互转换，计算量较大。Loop 和 Zhang[20]提出了一种由摄影变换和仿射变换两步来实现投影校正的方法，该方法由于在摄影变换中利用非线性优化的方法进行求解，因而校正的稳定性很难保证。

如果已经预先对相机进行精确标定，而 Fusiello 提出的利用左右相机初始投影矩阵进行校正的方法原理简单，易于实现，因此本文采用该方法对左右图像对进行投影校正。

在相机线性成像模型中，空间任意一点在世界坐标系下的齐次坐标 $\tilde{w}=(X,Y,Z,1)$ 与对应投影点在图像坐标系下的齐次坐标 $\tilde{m}=(x,y,1)$ 之间存在一个投影关系 P，即

$$\tilde{m}=P\tilde{w}=A[R,t]\tilde{w} \tag{11.36}$$

利用 QR 分解可以将矩阵 P 分解为

$$P=[Q\mid q]=\begin{bmatrix} q_1^T & q_{14} \\ q_2^T & q_{24} \\ q_3^T & q_{34} \end{bmatrix} \tag{11.37}$$

将该式代入式(11.36)得：

$$\begin{cases} x=\dfrac{q_1^T w+q_{14}}{q_3^T w+q_{34}} \\ y=\dfrac{q_2^T w+q_{24}}{q_3^T w+q_{34}} \end{cases} \tag{11.38}$$

定义平行于成像平面并通过光心的平面为焦平面，在世界坐标系下光心 C 的非齐次坐标 c 可表示为：$c=-Q^{-1}q$。因此，投影矩阵 P 又可以写成

$$P=[Q\mid -Qc] \tag{11.39}$$

连接图像点 w 与光心 C 的直线称为投影线，投影线上所有点的投影均为点 w，用参数形式可表示为

$$w=c+\lambda Q^{-1}\tilde{m} \tag{11.40}$$

定义校正前与校正后左右相机的投影矩阵分别为 P_{o1}、P_{o2} 与 P_{n1}、P_{n2}，校正过程可以描述如下：对校正前的两个投影矩阵绕各自光心旋转直至两个焦平面共面。此时，基线包含于焦平面中，从而保证了左右极点位于无穷远处，图像中所有极线都平行于 x 轴。为使所有共轭匹配点具有相同的垂直坐标，需要两个相机具有相同的内部参数。由于校正后两个新的投影矩阵只在光心位置上不同，因而可以认为两者只存在 x 方向上的一个平移。

由式(11.36)、式(11.39)可以导出两个新的投影矩阵：

$$\begin{cases} P_{n1}=A[R\mid -Rc_1] \\ P_{n2}=A[R\mid -Rc_2] \end{cases} \tag{11.41}$$

在两个新的投影矩阵中，内部参数矩阵相同且可以任意选取(通常是取左右相机内部参数的平均值)，左右光心位置保持不变，可由 $c=-Q^{-1}q$ 计算获得。此外，反映相机姿态的矩阵 R 也相同，由分别代表相机坐标系中 X、Y、Z 轴的 3 个行向量来指定：

$$\boldsymbol{R}=\begin{bmatrix} r_1^{\mathrm{T}} \\ r_2^{\mathrm{T}} \\ r_3^{\mathrm{T}} \end{bmatrix} \tag{11.42}$$

(1)新的 X 轴平行于基线，即：$r_1=(c_1-c_2)/\|c_1-c_2\|$。

(2)新的 Y 轴同时正交于 X 轴(必须)和任意单位向量 k(通常取校正前左投影矩阵中旋转部分的第三行)，即：$r_2=k\wedge r_1$。

(3)新的 Z 轴正交于 XY 平面，即：$r_3=r_1\wedge r_2$。

通过上述过程即可得到校正后的投影矩阵。为了完成对图像的校正，还需要计算从校正前投影矩阵 $P_{o1}=[Q_{o1}\,|\,q_{o1}]$ 到校正后投影矩阵 $P_{n1}=[Q_{n1}|q_{n1}]$ 进行转换的映射矩阵 $\boldsymbol{T}_1$。

对任意三维空间点 W，校正前后均有如下投影关系：

$$\begin{cases} \tilde{m}_{o1}=P_{o1}\tilde{w} \\ \tilde{m}_{n1}=P_{n1}\tilde{w} \end{cases} \tag{11.43}$$

又由式(11.40)可知，校正前后的投影线均可由参数形式表示为

$$\begin{cases} w=c_1+\lambda_o Q_{o1}^{-1}\tilde{m}_{o1}, & \lambda_o\in R \\ w=c_1+\lambda_n Q_{n1}^{-1}\tilde{m}_{n1}, & \lambda_n\in R \end{cases} \tag{11.44}$$

因此：

$$\tilde{m}_{n1}=\lambda T_1\tilde{m}_{o1}=\lambda Q_{n1}Q_{o1}^{-1}\tilde{m}_{o1} \quad \lambda\in R \tag{11.45}$$

将式(11.45)中的转换关系应用于校正前图像中的每一个像素点，即可得到校正后的图像。需要指出的是，原始图像上的像素点坐标值都为整数值，而校正转换后其坐标可能是非整数值，因此在对原始图像经过校正转换后，还需要做一次双线性插值操作。同理，对右图像也进行相同的校正。在标定时使用的棋盘格靶标上选取部分特征角点(本文选用左边第一列)对上述投影校正算法进行验证，如图 11.16 所示。对应匹配点的极线均满足水平且共线的要求，说明采用的投影校正算法是有效的，利用该方法实现左右目标点的匹配是可行的。

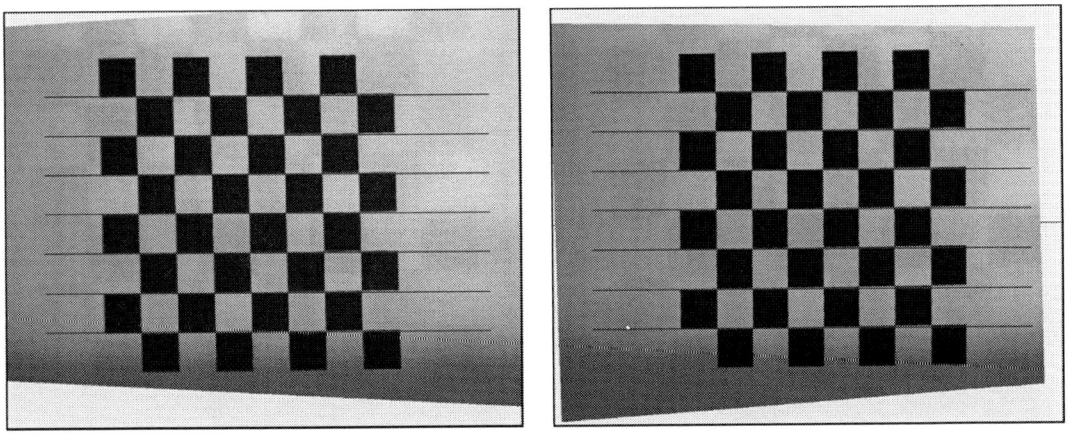

(a) 校正后左图像　　(b) 校正后右图像

图 11.16　投影校正后的极线约束示意图

以激光光条中心匹配为例，将投影校正中得到的左右相机的转换映射矩阵分别作用于左右图像中所有光条中心点，使左右匹配点所对应的极线保持水平并重合，从而简化了立体匹配的过程。具体的匹配实现过程为：

(1) 在匹配前首先定义两个数组，分别保存校正后的左右光条中心点；将每一行的行序数作为数组元素的索引值，若该行存在光条中心点，则将该点所在的列序数作为对应数组元素的值；反之，对应数组元素的值设为零。

(2) 从左图像中选择一个未匹配的光条中心点，在右图像对应数组中查找与待匹配点索引值相同的数组元素的值，若值非零，则该元素对应的光条中心点即为匹配点；反之，则匹配点不存在。

(3) 若左图像中还有光条中心点未匹配，则继续执行(2)；否则，匹配结束。

与之前介绍的匹配方法相比，经过投影校正后的立体匹配方法更加简单、高效，只需对左右数组中对应元素进行比对，避免了大量的搜索和计算过程，从而匹配效率大大提高。同时，根据立体匹配的结果可直接获取对应匹配点的视差，再根据平视双目立体视觉系统的数学模型即可方便地获得对应空间点的三维坐标。

11.3.4 模型参数标定

双目立体视觉测量系统的标定主要指摄像机的内部参数标定及视觉系统的结构参数 R 和 T 标定。一般方法是采用标准 2D 或 3D 精密靶标，通过摄像机的图像坐标与三维世界坐标的对应关系求得这些参数。

通过摄像机标定可以得到摄像机的内部参数，对特征对应点在视觉系统的左右摄像机的图像坐标进行归一化处理，设获得的理想图像坐标为 (X_1, Y_1) 和 (X_r, Y_r)。

双目立体视觉系统中左右摄像机的外部参数和内部参数预先各自标定完成，分别为 R_l、T_l 和 R_r、T_r)。其中 R_l、T_l 表示左摄像机与世界坐标系的相对位置，R_r、T_r 表示右摄像机与世界坐标系的相对位置。对任意一点，如果它在世界坐标系、左摄像机坐标系和右摄像机坐标系下的非齐次坐标分别为 X_w、X_l、X_r，则

$$X_l = R_l X_w + T_l, \quad X_r = R_r X_w + T_r \tag{11.46}$$

消去 X_w，得到 $X_r = R_r R_l^{-1} X_l + T_r - R_r R_l^{-1} T_l$。因此，两个摄像机之间的几何关系 R、T 可以用以下关系式表示：

$$R = R_r R_l^{-1}, \quad T = T_r - R_r R_l^{-1} T_l \tag{11.47}$$

式(11.47)表示，如果预先对左右相机进行分别标定，得到 R_l、T_l 和 R_r、T_r，则左右相机的相对几何关系可由式(11.47)确定。

实际上，在双目立体视觉测量系统的标定方法中，是由标定靶标对两个摄像机同时进行摄像机标定，以分别获得两个摄像机的内外参数，从而不仅可以标定出摄像机的内部参数和外部参数，同时也可以标定出双目立体视觉测量系统的结构参数。

11.3.5 三维点云和图形重建

预先标定出左、右相机参数与对应旋转矩阵 $\boldsymbol{R}$ 和平移矢量 $\boldsymbol{T}$，两幅图像中的对应匹配点即可根据式(11.24)唯一确定空间位置，其三维坐标表示为

$$
\begin{cases}
X = \dfrac{Zx_1}{f_1} \\[2ex]
Y = \dfrac{Zy_1}{f_1} \\[2ex]
Z = \dfrac{f_1(f_r t_1 - x_r t_3)}{x_r(r_{31}x_1 + r_{32}y_1 + r_{33}f_1) - f_r(r_{11}x_1 + r_{12}y_1 + r_{13}f_1)} \\[2ex]
\quad = \dfrac{f_1(f_r t_2 - y_r t_3)}{y_r(r_{31}x_1 + r_{32}y_1 + r_{33}f_1) - f_r(r_{21}x_1 + r_{22}y_1 + r_{23}f_1)}
\end{cases}
\tag{11.48}
$$

如图 11.17 所示为左右相机采集到的石膏牙模图，将激光线条由左至右扫描，可获得如图 11.18 所示的三维模型。

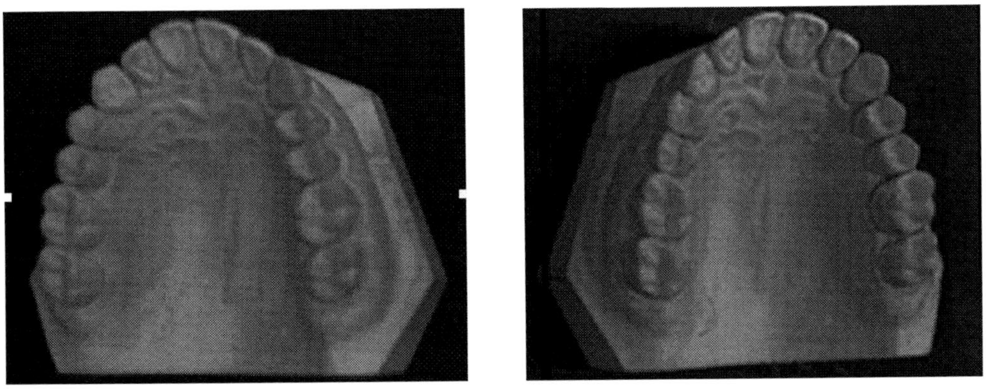

(a) 左相机视图　　(b) 右相机视图

图 11.17　光照条件下采集到的石膏牙模图像

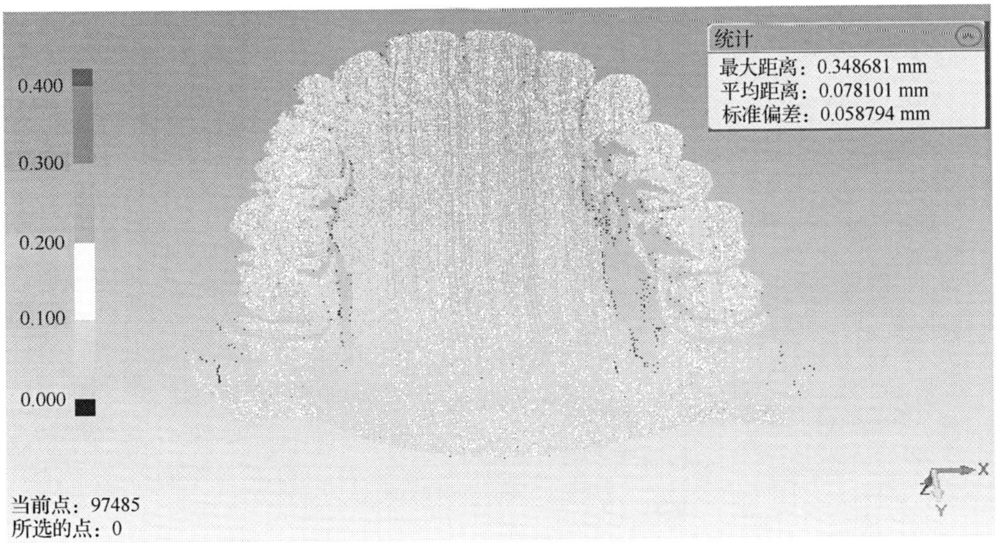

图 11.18　点云数据偏差分布图

而在三维视觉测量过程中，许多因素决定了单个视觉传感器无法一次测量出整个物体的三维形貌，如对于大型物体测量范围受到限制，复杂物体存在视觉死区，必须分块多次测量，然后将局部三维数据拼接，从而得到整体的三维数据。下面介绍一种基于标志圆点的拼接方法。

两次测量之间的数据拼合是整个拼合算法的基础。拼合的已知条件是两次测量各自得到的标记圆点的三维坐标，它们分别位于不同的坐标系下。其中的标记圆点存在公共的部分，且这些公共的部分符合欧氏坐标系下面的刚性旋转与平移的变换关系。假设已经知道不同坐标系下面的标记圆点之间的对应关系，则问题可以抽象为：已知两个相同元素个数的三维坐标点的集合 $\Lambda=\{X_i\},\Lambda'=\{X_i'\},i=1,2,\cdots,N$ 其中 N 是集合的元素个数，且 $N\geqslant 3$， $X_i\in R^3$， $X_i'\in R^3$ 且符合：

$$X_i'=RX_i+t+n_i' \tag{11.49}$$

其中，R 是 3×3 单位旋转正交矩阵，t 是平移向量，n_i 是噪声向量。问题的目标是求旋转和平移矩阵向量 R 和 t，最小化目标函数为

$$Q(R,t)=\sum_{i=1}^{N}\left|X_i'-(RX_i+t)\right|^2 \tag{11.50}$$

该问题可以用 SVD 方法求解。假设最小二乘意义下的解为 $\hat{R}$ 和 $\hat{t}$，定义一个新的点的集合 Λ'' 为：

$$\{X_i''=\hat{R}X_i+\hat{t}\} \tag{11.51}$$

则两个坐标点的集合 Λ' 和 Λ'' 应该具有相同的质心，即

$$X=X'' \tag{11.52}$$

其中

$$X'=\frac{1}{N}\sum_{i=1}^{N}X_i' \tag{11.53}$$

$$X''=\frac{1}{N}\sum_{i=1}^{N}X_i''=\hat{R}X+\hat{t} \tag{11.54}$$

$$X=\frac{1}{N}\sum_{i=1}^{N}X_i \tag{11.55}$$

令

$$Y_i=X_i-X \tag{11.56}$$

$$Y_i'=X_i'-X' \tag{11.57}$$

则

$$Q(R,t)=\sum_{i=1}^{N}\left|Y_i'-\hat{R}Y_i\right|^2 \tag{11.58}$$

如此，原来的最小二乘问题的目标函数可以分成两步来求解：

步骤 1：寻找 $\hat{R}$ 来最小化。

步骤 2：由如下公式求得 $\hat{t}$ 。

$$\hat{t} = Y' - \hat{R}Y \tag{11.59}$$

对于步骤 1 当中对 $\hat{R}$ 的求解，首先计算

$$H = \sum Y_i Y_i'^T \tag{11.60}$$

接着对矩阵 H 进行 SVD 分解，得到

$$H = U\Lambda V^T \mathrm{T} \tag{11.61}$$

再计算：

$$S = VU^T \tag{11.62}$$

求解矩阵 H 的行列式，若行列式的值为 1，则

$$\hat{R} = S \tag{11.63}$$

否则，若行列式的值为其他值，那么在这两个点集之间不存在欧氏的旋转平移变换，算法失败。详细讨论可以参见文献[21,22]。

下面对一个旋转对称的花盆进行实际测量实验[23]，被测物体如图 11.19(a)所示。使用本章方法，共测量得到了 18 个标记圆点集，其中 10 组是花盆侧面的数据，8 组是花盆底部的数据，图 11.19(b)是其中某两幅数据拼合结果，图 11.19(c)是整体优化的最终拼合结果。

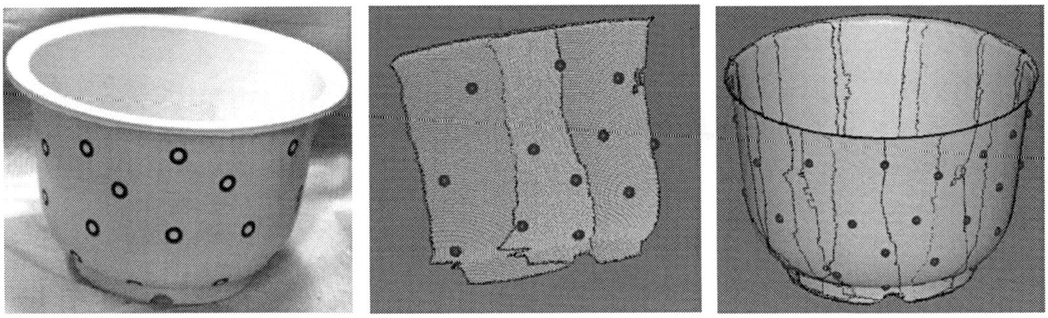

(a) 实物模型　　(b) 两视图拼合　　(c) 最终拼合结果

图 11.19　示例实验

11.4　图像图形转换方法——基于射影几何图像的三维图形重建

11.4.1　重建原理

三维重建的目标是将二维图像转化为三维图形[24]。由于图像中储存的是二维信息，部分数据已经丢失，使得从图像中恢复可见表面的三维几何变得困难。在这里，需要根

据客观三维世界的一般特性，找出相关问题的约束条件，并把它们变成精密的假设，从而完成三维重建的目标。

基于多视图像的三维重建的方法多种多样，例如从阴影恢复形状的方法(Shape From Shading，SFS)，从纹理和表面轮廓恢复三维形状，光度立体方法等。

目前在多视图重建技术方面应用的比较多的是立体视觉和从运动恢复结构的方法。立体视觉是指利用多台摄像机拍摄多幅图像，求解图像间的视差，进而恢复物体表面的深度信息。而从运动中恢复结构方法，只需要利用一台摄像机，在静止的场景中从不同方向拍摄不同的照片，根据特征点间的对应关系，获得图像的结构信息，重建模型。由于从运动恢复结构方法只需要一台普通摄像机，成本低，拍摄图像灵活，所以下面介绍的多视图三维重建的方法便是从运动恢复结构的方法。

基于图像序列的三维重建是研究如何从图像信息来获取物体在空间中的三维信息的。目前，基于图像序列的三维重建算法主要有下面几类：

(1)基于轮廓线的算法[25]。这类算法通过利用物体投影在图像平面上的轮廓线来重构物体的三维模型。

(2)基于深度图的算法[26]。该类算法通过配准和合并多幅包含图像深度值的深度图像来得到物体表面的完整信息。

(3)基于体素的算法[27]。该类算法通过将待重建物体划分为一个个小立方体栅格，然后基于这些体素来进行物体的三维重建。

(4)基于匹配点的算法[28-30]。该类算法首先通过图像序列得到物体的稀疏点云结构，再通过扩散操作得到物体表面的稠密点云。这种算法无论在重建精度还是完整性上，都具有非常突出的表现，可以说是这类算法的典型代表，同时也代表了当前多视重建所达到的水平。

相机的成像过程可通过 4 个坐标系(世界坐标系 (x_w, y_w, z_w)、相机坐标系 (x_c, y_c, z_c)、图像坐标系 (x, y)、像素坐标系 (u, v))之间的 3 次转换来表达[Tsai]。

3 次转换过程如下所述：

(1)将世界坐标系中的信息转换到相机坐标系中。

(2)将相机坐标系中的信息转换到图像坐标系中。

(3)由图像坐标系中的信息转换到像素坐标系中。

根据针孔模型理论，空间中任意一点 P 从相机坐标系向图像坐标系的转换过程，满足中心投影或者透视投影理论，其在图像坐标系中的投影 p 由光心 O 和 P 点的连线跟图像坐标系所在平面的交点来决定，如图 11.20 所示。可用下式表示：

$$x = \frac{f \cdot x_c}{z_c}, \quad y = \frac{f \cdot y_c}{z_c} \tag{11.64}$$

其中 (x, y) 为 P 点的图像坐标，(x_c, y_c, z_c) 则是空间点 P 在相机坐标系下的坐标，f 是相机的焦距。

为了方便推导，可以用齐次坐标以及矩阵来表示上面所述中心投影关系。

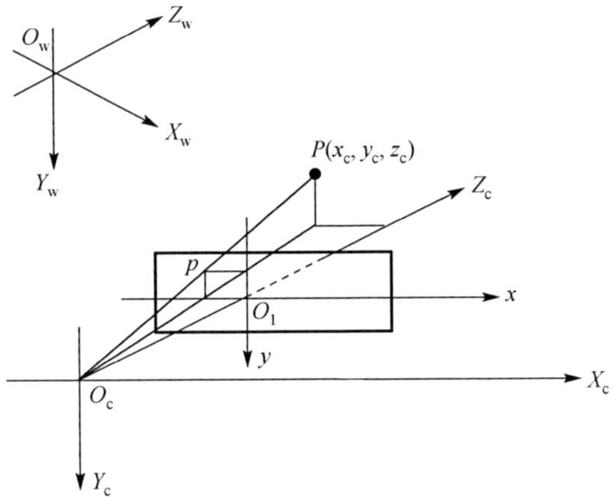

图 11.20　针孔成像示意图

$$z_c\begin{bmatrix}x\\y\\1\end{bmatrix}=\begin{bmatrix}f&0&0&0\\0&f&0&0\\0&0&f&0\end{bmatrix}\begin{bmatrix}x_c\\y_c\\z_c\\1\end{bmatrix}\tag{11.65}$$

图像坐标系的坐标原点位于光轴与图像坐标平面的交点 O_1 处，它的坐标值由某个长度单位(比如毫米)来表征，属于一个连续变化的量。而像素坐标系中的坐标则是以像素为单位表示的，其原点位于成像平面的左上角，如图 11.20 可知，图像坐标系的原点在像素坐标系下的坐标应为 (u_0,v_0)。图像坐标系与像素坐标系之间也可以有以下互相转换关系：

$$u=\frac{x}{\mathrm{d}x}+u_0,\quad v=\frac{y}{\mathrm{d}y}+v_0\tag{11.66}$$

其中 dx、dy 分别表示 CCD 在 x 和 y 方向的相邻两个像素点间的距离。用齐次坐标及矩阵表示如下：

$$\begin{bmatrix}u\\v\\1\end{bmatrix}=\begin{bmatrix}\frac{1}{\mathrm{d}x}&0&u_0\\0&\frac{1}{\mathrm{d}y}&v_0\\0&0&1\end{bmatrix}\begin{bmatrix}x\\y\\1\end{bmatrix}\tag{11.67}$$

一般我们在认识周围场景的时候，均是根据现场存在的参照物为基准来建立坐标系，即为通常所说的世界坐标系。而相机进行成像时的透视投影关系却是建立在相机坐标系下，若我们要想应用(11.65)所示的成像模型，就必须首先将 P 点在世界坐标系下的坐标变换成在相机坐标系下的坐标。相机坐标系与世界坐标系间的变换关系能够用一个旋转矩阵 $\boldsymbol{R}$ 以及一个平移向量 t 来表示，三维空间点 P 在世界坐标系及相机坐标系中的坐标之间的转换关系如式(11.68)所示。

$$\begin{bmatrix} x_c \\ y_c \\ z_c \\ 1 \end{bmatrix} = \begin{bmatrix} R & t \\ 0^T & 1 \end{bmatrix} \begin{bmatrix} x_w \\ y_w \\ z_w \\ 1 \end{bmatrix} \tag{11.68}$$

其中$(x_w, y_w, z_w, 1)^T$和$(x_c, y_c, z_c, 1)^T$分别表示空间点$\boldsymbol{P}$在世界坐标系以及相机坐标系中的齐次坐标，$\boldsymbol{R}$为3×3的单位正交矩阵，$\boldsymbol{t}$为三维平移向量，$\boldsymbol{t}=(t_c, t_c, t_c)^T$，$\boldsymbol{0}=(0,0,0)^T$为0向量。

将公式(11.67)和(11.68)代入(11.65)，可以建立世界坐标系表示的$\boldsymbol{P}=(x_w, y_w, z_w)$点与其投影点$\boldsymbol{P}$在像素坐标系中的坐标$(u,v)$之间的联系

$$z_c \begin{bmatrix} u \\ v \\ 1 \end{bmatrix} = \begin{bmatrix} \frac{1}{\mathrm{d}x} & 0 & u_0 \\ 0 & \frac{1}{\mathrm{d}y} & v_0 \\ 0 & 0 & 1 \end{bmatrix} \begin{bmatrix} f & 0 & 0 & 0 \\ 0 & f & 0 & 0 \\ 0 & 0 & f & 0 \end{bmatrix} \begin{bmatrix} R & t \\ 0^T & 1 \end{bmatrix} \begin{bmatrix} x_w \\ y_w \\ z_w \\ 1 \end{bmatrix} \tag{11.69}$$

$$z_c \begin{bmatrix} u \\ v \\ 1 \end{bmatrix} = \begin{bmatrix} \alpha_x & 0 & u_0 & 0 \\ 0 & \alpha_x & u_0 & 0 \\ 0 & 0 & 1 & 0 \end{bmatrix} \begin{bmatrix} R & t \\ 0^T & 1 \end{bmatrix} \begin{bmatrix} x_w \\ y_w \\ z_w \\ 1 \end{bmatrix} = KH \begin{bmatrix} x_w \\ y_w \\ z_w \\ 1 \end{bmatrix} = M \begin{bmatrix} x_w \\ y_w \\ z_w \\ 1 \end{bmatrix} \tag{11.70}$$

这就是针孔模型下相机的成像模型，其中$\alpha_x = f/\mathrm{d}x$，$\alpha_y = f/\mathrm{d}y$。

$$K = \begin{bmatrix} \alpha_x & 0 & u_0 \\ 0 & \alpha_y & v_0 \\ 0 & 0 & 1 \end{bmatrix}$$

$$K = \begin{bmatrix} R & t \\ 0^T & 1 \end{bmatrix}$$

$\boldsymbol{K}$称为内参数矩阵，$\boldsymbol{H}$称为外参数矩阵，$\boldsymbol{M}$为综合矩阵。

三维重建是上述成像过程的逆过程，其目的是从像素坐标系中的某一个像素点，反向映射成世界坐标系中的一个空间点。在进行逆向映射时，我们首先需要求解出内参数矩阵$\boldsymbol{K}$以及外参数矩阵$\boldsymbol{H}$中的所有未知元素，也即求解相机在拍摄图像的时候所用的内参数以及外参数，而求解$\boldsymbol{K}$和$\boldsymbol{H}$矩阵的未知参数的过程我们称为相机标定。由公式(11.70)可知，该式能够把一个处于世界坐标系中的三维点确定地转换为像素坐标系中的像素点，但是反之则不能，因为利用该公式只能建立3个方程，而逆向转换时总共需要求解出4个未知数。其主要原因是相机在成像过程中丢失掉了深度信息。所以要想完成这一逆向转换我们就需要有新的约束条件。计算机视觉中经常使用的一个办法就是：对同一个场景在不同的位置拍摄两幅图像，空间中同一个特征点在两幅图像中的投影存在一定的约束关系，我们在分别求出这两种情况下的相机外参数后，只要找到待求空间

点在两幅图像中的对应像素坐标，就可以建立 4 个方程，因此空间点的世界坐标就可以唯一地确定[31]。

11.4.2 图像对特征点检测和匹配

确定两幅图像中同一物体细节的对应像素坐标，在计算机视觉中属于图像特征提取与匹配，这也是基于图像集合的三维重建最为关键的一步，它的准确性直接关系到计算出来的投影矩阵的准确性，进而影响到整个重建结果。对于图像特征提取与匹配的技术，国内外许多学者都做了大量的相关研究。

特征提取就是将能识别对象的某些特征进行数字化，而反映图像特征的种类比较多，比如角点、斑点、区域、边缘等。特征提取根据特征种类分为，边缘提取：Sobel 算子、Prewitt 算子、Canny 算子[32]等；角点提取：Harris 角点检测算法、CSS 角点检测算法等；斑点提取：DoG 算子、SIFT、SURF 算法等；区域特征提取：MSER[33]等。目前的特征提取算法已经趋于成熟，本文主要研究的特征提取算法为 Harris 算子、DoG 算子以及 SURF 算法。

Harris 角点检测算法由于其简单高效，是一个很好的特征检测算法。其基本思想是通过图像局部的小窗 H 观察图像特征，窗口向任意方向移动都能够导致图像灰度明显变化，即角点。Harris 算子计算较为简单、复杂度较低，是一种很直观的角点检测算法。该算子具有旋转不变性和灰度仿射不变性，缺点是不具备尺度不变性。针对 Harris 角点检测不具备尺度不变的特征，1999 年 British Columbia 大学 David G. Lowe 教授[34]根据尺度空间理论提出了一种新型算子 DoG 算子，然后通过 SIFT 描述子得到了著名的 SIFT 算法。综合考虑检测特征点的多样性——角点与斑点、尺度的变化，计算时间，计算量比 LoG 有所减少。

如前所述，需要在多尺度下进行特征检测，SIFT 跟 SURF 算法很好地解决了这个问题。而选择 Harris 算子提取的角点以及 DoG 算子提取的斑点进行特征提取，可以起到相互补充的效果。

目前，特征点匹配算法包括基于灰度或者特征的匹配。

基于灰度的匹配是按相似性度，使特定大小窗口的灰度阵列依次对图像逐像元进行匹配。因为该算法直接处理图像的灰度信息，虽然它耗时低，但存在较大局限。然而，基于特征的匹配方法是对图像中在光照变化、仿射变换和遮挡等外部条件中维持不变的特征点先提取后匹配。与基于灰度的匹配方法相比，该方法计算复杂且耗时较长，但匹配性能高。

基于特征的匹配算法是以图像中的角点、边缘点、线段或交叉过零点等特征为匹配基元。虽然此方法只能得到稀疏匹配，但是由于特征的稀疏性和相对稳定性，能减少匹配的复杂度，降低错误匹配率。这类方法的特点是使用图像特征作为匹配基准元素，对光照影响有较好的抵抗性。

通过上述各匹配算法的介绍可知，各种匹配算法各有利弊，不具有普遍性。通过一定的几何约束关系减少匹配范围，即根据对极几何的性质辅助归一化互相关方法，可以有效地保证匹配的效率。在匹配的过程当中，由于图像的复杂性，会出现很多误匹配的点，而这些误匹配的点会对三维重建的结果有很大的影响。因此要对匹配好的特征点进行提纯，去除误匹配的特征点对。具体采用 RANSAC(Random Sample Consensus，随机抽样一致性)算法[35]。

由对极几何知，基本矩阵 $\boldsymbol{F}$ 定义了与第一幅图像中的点 x 对应的第二幅图像中的点 x' 位于点 x 在第二幅视图中对应的对极线 $l'Fx=0$ 上，这样就缩小了对应点 x' 的搜索区域，即可以在 l' 上搜索点 x 的匹配点 x'，从而提高匹配点的数目，这种方法就是引导匹配。引导匹配会引入少量误匹配点，但这些误匹配点在内点集合中的比率非常小，并且这些误匹配点在后期三焦点张量的鲁棒估计中将被剔除。参加计算的正确匹配点对越多，景物重建效果越好，而引导匹配大大增加了匹配点内点集，所以进行引导匹配之后的匹配点对更有利于目标物体的三维重建。

对极几何[36]关系的含义是：在一个物体的两幅图像中，匹配点(不同图像中来自同一个空间点的投影称为匹配点)的相对位置受到两个图像平面空间几何关系的约束，这种约束关系在计算机视觉中就称为对极几何关系，它可以用基础矩阵来准确地表达。

本质上，两幅图像之间的对极几何是图像平面与以基线(连接两摄像机中心的直线)为轴的平面束的交的几何。对于由同一个摄像机采集到的两幅图像来说，两者的对极几何关系如图 11.21 所示。I_1 和 I_2 分别是两个成像平面，P 是空间一点，C 和 C' 分别是摄像机位于不同视点处的光心位置，e 和 e' 是 C 和 C' 的连线与两个成像平面的交点，被称为极点。m 和 m' 分别是点空间点 P 在两个成像平面上的像点。对于这种用针孔模型摄像机采集到的同一景物的两幅未标定图像，对极几何约束是它们之间最基本的关系。由图可知，图像点 m 反向投影成三维空间的一条射线，它由第一个摄像机中心 C 和 m 确定，这条射线在第二个视图中被映射成一条直线 lm'，即是对应于 m 的对极线，点 m 在 I_2 上的对应点 m' 必然落在其对极线 lm' 上。同理，在第一个视图中也存在着一条对应于 m' 的对极线 lm，它们都分别通过其对应的对极点，这样就把对应点在相应二维平面上的搜索范围降到一维，同样也可据此对初始匹配点进行优化。

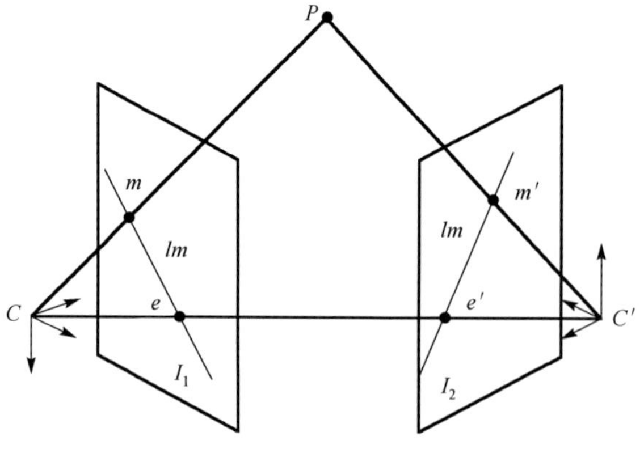

图 11.21　对极几何示意图

基础矩阵[37]是对极几何的代数形式表示。由前述讨论可知，对于一幅图像上的任意一点，在与其对应的另外一幅图像中必然存在着一条对应的极线。在第二幅图像上面，任意一个与该点匹配的点必然落在极线上。因此，存在这么一个从一幅图像上的点到另一幅图像上它的对应极线的映射，这个映射即被称为基础矩阵，基础矩阵 F 表示的是从点到直线的射影映射。数学上，F 可以用一个秩为 2 的 3 阶矩阵来表达，设 $m(x,y,1)^{\mathrm{T}}$ 为 l_1 上的点，那么它在 l_2 上的对极线方程由 $lm' = Fm$ 给出，由于 m 的对应点 $m'(x',y',1)^{\mathrm{T}}$ 落在 lm' 上，因此有：

$$m'^{T} Fm = 0 \tag{11.71}$$

由式(11.71)可以看出，基础矩阵的重要性在于不需要参考摄像机矩阵，即仅从对应的图像点对就能给出一种描述基础矩阵的方式，从而可仅由图像对应点来计算 F。基础矩阵有下述基本性质：

(1) F 为基础矩阵仅当 F 满足式(11-71)且 $rank(F)=2$，自由度为 7。

(2) 极点 e 满足 $Fe=0$，极点 e' 满足 $F^{T}e'=0$。

(3) F 在相差一个非零常数因子下是唯一的。

计算基础矩阵的基本思想由 Longuet-Higging[38]给出，其文中仅给出对标定矩阵的情形，但是其原则也适用于未标定的情形。对于未标定情形，Zhang[39]考虑了绝大多数最好的方法，Hartley[40]则详细研究了未标定时基本矩阵的 8 点算法，它通过在计算前对二维数据进行规范化处理来减少噪声干扰，其结果与最好的迭代法不相上下。强迫基本矩阵具有秩 2 的 SVD 分解方法由 Tsai 和 Huangm[41]给出，其他用到的算法还有 M 估计法(M-estimators)、最小中值法(LMedS)、基于遗传算法的估计等，其共同点就是把问题最终归结为无约束最优化问题。而随机采样的 8 点鲁棒算法，其结果最令人满意。

11.4.3 系统参数标定

系统参数标定主要是摄像机内外参数的精确反求。因为是已知摄像机内参的情况下，从运动恢复(校准的)结构，因此可保持相机内参数不变。相机内参数用张氏标定法[42]可以很方便得出，并且一次标定后可以在外界环境变化不大的情况下保持恒定。

其原理是：首先摄像机以至少 3 个不同方向对事先准备好的场景平面(平面模板如带棋盘纹理的纸张)进行拍摄，然后由场景平面和像平面之间的单应关系导出关于内参的约束方程，并由此标定内参。

基于多视角图像建模的过程就是利用一组图像序列生成三维模型的过程。多视角图像建模基于从姿态恢复结构(Structure From Motion，SFM)，它的目的就是从一组图像序列中恢复相机内参数、姿态估计，以及稀疏三维场景几何[36]。SFM 的方法类似于 Brown 和 Lowe[43]，不同的是对一些地方进行了修正以改善数据集的鲁棒性。这些改动包括为了避免局部最小，使用姿态评估初始化新相机位置；在加入新的重建点之前进行判断检查；从图片 EXIF 标签上获取焦距等信息。Schaffalitzky 和 Zisserman [44]使用了另一种已标定无序图像集合建模的技术，他们的方法集中于从图像集合中高效地找到匹配点对。

前面已经从每个图像对中获取一组几何一致的匹配点之后，需要把这些匹配点放到轨道中利用中，利用“轨道”信息恢复相机参数和三维位置信息，起始为两个相机估计参数，为了避免衰减情况的发生，选择具有最多匹配点的图像对作为初始的图像对；然后，加入另外一个相机进行优化，选择包含最多已经估计三维位置轨道的相机，用包含

RANSAC 算法的直接线性变化(DLT)技术初始化相机的外部参数矩阵，算法也给出了相机内部参数矩阵 $\boldsymbol{K}$，利用矩阵 $\boldsymbol{K}$ 和图像 eXIF 信息中估计的焦距来初始化相机焦距。如果这个“轨道”能够被另外已经标定好的相机观察到，并且三角化后能够为计算相机的位置提好的条件，则添加这个的相机观察到的“轨道”来进行下一步的优化。重复这个过程，每次添加一个相机，直到没有可以观察足够多的相机为止。

为了提高鲁棒性和速度，Snavely N[45]对上述过程做了一些修正。首先，在每次优化后，会判断是否有很多重投影误差的外点轨道，如果有会滤掉这些轨道。重复上述步骤直到没有外点为止。其次，可以一次增加多个相机，而不是每次只是增加一个相机到优化路径中。在估计起始两个相机参数的时候，假设它们的匹配点对数为 M，那么后面必须要有 0.75M 个匹配点对数的相机去生成空间点。

上述过程就是确定摄像机姿态的过程。为了用算法实现摄像机的姿态确定，首先要建立基于多视图的摄像机小孔成像透视投影模型：

$$\lambda_{ij}x_{ij}=P_iX_j(i=1,2,\cdots,M,j=1,2,\cdots,N) \tag{11.72}$$

其中 M 和 N 分别表示视图数和三维场景空间点数，P_i 为第 i 个摄像机的投影矩阵，$X_j=(X_j,Y_j,Z_j,1)^T$ 是第 j 个空间点的齐次坐标向量，$x_{ij}=(u_{ij},v_{ij},1)^T$ 是第 j 个空间点经第 i 个摄像机投影所成的像点的齐次坐标向量，λ_{ij} 是其投影深度(Projective Depth)。

理论证明，由未标定图像序列中的匹配像素和极线几何约束只能得到射影空间下的投影矩阵[36]，并称此过程为射影重建。之后还需求解射影变换 H 以将重建升级到度量空间。使用传统的摄像机标定即可得到相机的内参数[42]。

这些标定初值的精度还不能达到工业工件测量的要求，我们要寻找一种优化算法，进一步对摄像机参数的初值进行优化，提高摄像机标定精度。摄像机标定优化计算是无约束的非线性优化问题,计算机视觉和摄影测量学中包含了多种非线性优化计算的方法。在计算机视觉领域和工程领域中常采用的非线性优化计算方法包括：Gauss-Newton 方法、Hartley 方法、最速下降方法和 Levenberg-Marquardt 方法等[46-47]。与其他非线性优化方法相比，在迭代过程中，如果当前解远离局部最小值时，LM 算法类似最速下降法，收敛速度较慢，但是能够保证绝对收敛：如果当前解接近局部最小值时，LM 算法类似 Gauss-Newton 法，收敛速度较快。同时 LM 方法加入了阻尼因子，使得 LM 算法能够有效解决法方程奇异的问题。LM 算法实际上就是最速下降法和 Gauss-Newton 法的结合，能够保证迭代收敛且快速收敛。相对其他迭代方法，LM 方法中待定参数的初值给定范围很广。根据非线性优化方法的分析与比较可知，与其他非线性优化方法相比，LM 方法能够快速收敛且不依赖于参数初始估计值。此外，该方法也能解决法方程奇异的问题。根据本文研究的实际问题，选用 LM 算法作为光束法平差的求解方法，对摄像机内外参数、摄像机畸变参数及重建三维点坐标初值进行优化计算。

LM 算法的伪代码如下。

输入：一个向量函数 $f:R^m\to R^n,n\geqslant m$；

一个测量向量 $\boldsymbol{M}\in R^n$；

一个初始估计参数向量 $\boldsymbol{p}_0\in R^m$。

输出：一个参数向量 $\boldsymbol{P}^{+}$，使得 $\|M-f(P)\|^{2}$ 最小。

11.4.4 三维点云和图形重建

假定所有图像都是利用同一数码相机在不同位置对同一场景进行拍摄，因此可保持相机内参数 K 不变，K 预先用张氏标定法求出。不失一般性，我们可将世界坐标系的原点设在拍摄第一幅图像的相机的光心处，也就是说，世界坐标系与第一幅图像所在相机坐标系的原点重合。因此对于第一幅图像 $T=(0,0,0)^{T}$，$R=I$，则第一幅图像的投影矩阵可以表示为：

$$P_1=K\left[I\mid 0\right]=[K\mid 0] \tag{11.73}$$

其中，I 为 3×3 的单位矩阵，此处是假设第一幅图像没有旋转和平移，相对于第一幅图像确定的世界坐标系，第二幅图像相机所对应的旋转矩阵及平移向量分别为 R 和 t，其投影矩阵可以表示为：由于 K 已预先标定，所以 P_1 已知，只需求出第二幅图像相对于第一幅图像的 R 和 t，就可得出 P_2，根据三角形法就可以由两幅图像的匹配点对计算对应特征点在相差一个尺度因子情况下的三维坐标。

基础矩阵可由式 $F=\left[m\right]_{\times}M_{r1}M_{l1}^{-1}$ 求出，由于基础矩阵包含两幅图像的内外参数信息，因此，可由基础矩阵得到本质矩阵，再对本质矩阵进行奇异值分解就可获得第二幅图像的外参数。本质矩阵的定义为

$$E=K^{T}FK \tag{11.74}$$

对本质矩阵进行奇异值分解有

$$E=UDV^{T} \tag{11.75}$$

其中，U、V 分别是 3×3 的正交阵，$\boldsymbol{D}$ 为 3×3 的对角阵，其形式为

$$\boldsymbol{D}=\begin{bmatrix} s_1 & 0 & 0 \\ & s_2 & 0 \\ 0 & 0 & 0 \end{bmatrix} \tag{11.76}$$

理论上，对本质矩阵进行分解时，必有一个特征值为 0，另外两个特征值相等，实际计算中由于噪声的影响，不一定能够得到 0 特征值，我们可以将最小的那个特征值设为 0，将另外两个特征值的平均值作为对角矩阵的另两个相等特征值，用这个新的对角矩阵计算修正后的本质矩阵 E'，对 E' 重新进行奇异值分解，可得到两个 3 阶的矩阵 U、V，及一个 3 阶的对角阵 S。

$$E'=USV^{T}，\text{令}\ \boldsymbol{W}=\begin{bmatrix} 0 & -1 & 0 \\ 1 & 0 & 0 \\ 0 & 0 & 1 \end{bmatrix} \tag{11.77}$$

经推导可得，旋转矩阵 $\boldsymbol{R}$ 的可能取值为 $\boldsymbol{R}=UWV^{\mathrm{T}}$ 或者 $UW^{T}V^{T}$，平移向量 t 的可能取值为 u_3 或者 $-u_3$，其中 u_3 是矩阵 $\boldsymbol{U}$ 的最后一列。因此，第二幅图像的投影矩阵 P_2 的可能取值有 4 种情况，分别为

$$\begin{cases}R=UWV^{\mathrm{T}}\\T=u_3\end{cases},\quad \begin{cases}R=UWV^{\mathrm{T}}\\T=-u_3\end{cases},\quad \begin{cases}R=UW^{\mathrm{T}}V^{\mathrm{T}}\\T=u_3\end{cases},\quad \begin{cases}R=UW^{\mathrm{T}}V^{\mathrm{T}}\\T=-u_3\end{cases} \tag{11.78}$$

由于世界坐标系选取的是第一幅图像的相机坐标系，因此计算出的特征点的三维坐标在 Z 轴上都应该为正值，分别用上述 4 种情况计算重建物体的三维结构，选取满足这一条件的 R 和 t，即可得到正确的第二幅图像的投影矩阵。

两幅图像的投影矩阵都得到后，就可以根据两个投影矩阵计算匹配点对所对应的空间坐标。设 P_{1i} 和 P_{2i} $(i = 1, 2, 3)$ 分别是 P_1、P_2 的 3 个行向量，用齐次坐标表示的空间三维点 $\tilde{X}_w=(X,Y,Z,1)$ 在两幅图像上的投影分别是和 $(u_1,v_1,1)$，$(u_2,v_2,1)$，根据式(3.12)，对每一幅图像可以分别独立得到两个线性方程，这样对每一对匹配点，可得

$$\begin{bmatrix}P_{13}u_1-P_{11}\\P_{13}v_1-P_{12}\\P_{23}u_2-P_{11}\\P_{23}v_2-P_{12}\end{bmatrix}\tilde{X}_{\mathrm{w}}=0 \tag{11.79}$$

由极线几何关系可知，每一个图像点反投影后确定一条以相机光心为端点的射线，至少两幅图像形成的反投影射线相交就可以确定三维空间点的位置。由于噪声的影响，两条射线很难直接相交，因此通过最小二乘法可以由式线性解出每对匹配点所对应的空间坐标。

目前基于图像序列的三维重建主要有两种策略：一是顺序方法，是指从两幅图像的匹配和重建开始逐渐增加新的图像直至重建整个序列[48]；二是测量矩阵(Measurement Matrix)分解方法，首先根据所有图像间的匹配关系获得一个测量矩阵，对测量矩阵进行分解就可一次性解出所有的场景结构以及摄像机的运动参数。基于测量矩阵分解的方法最先由 Tomasi 等人[49]针对正射图像提出，随后 Poelman 等人[50]将它扩展到弱透视以及平行透视图像中，Sturm 等人[51]又将它扩展到了透视图像中。目前，基于多幅图像的三维重建有了新的研究方向，一种是针对室外大尺度场景的重建[52-53]，还有一种是针对直接从互联网上下载的图像进行重建[54-55]，为增强显示效果，也出现了多种多视图重建方法[56-57]。

顺序式重建的每一步都要首先恢复摄像机的运动，即投影矩阵，然后再用三角测量方法恢复场景的结构，因此顺序式重建方法也称为从运动恢复结构(SFM, Structure From Motion)。SFM 方法比矩阵分解方法更适合实时应用，而且 SFM 方法还能够处理数据缺失的情况。

顺序重建 N 幅视图的步骤如下：

(1) 两幅图像重建：分别对图像序列中相邻两幅图像之间利用特征匹配算法提取特征点，并进行匹配，再进行基于两幅图像的三维重建，得到两幅图像间的重建三维点，以及投影矩阵(包含两幅图像之间的旋转矩阵和平移向量)。

(2) 从第一幅图像开始利用三焦点张量计算相邻三幅图像之间的公共匹配点。

(3) 坐标变换和比例变换：对相邻三幅图像中的第一、第二幅以及第二、第三幅图像对由步骤(2)得到的公共匹配点进行基于两幅图像的三维重建，将第一、第二幅图像重建

三维点将其变换到第二、第三幅图像所在坐标系下，第二、第三幅图像的重建结果与变换后的第一、第二幅图像重建结果之间的比值即为比例系数λ(即射影深度)。由公共重建点求出λ后，将步骤(1)中得到的所有三维点进行坐标变换以及比例变换。

由物体或场景表面关键点组成的空间稀疏三维点云结构向稠密点云重建的过程中，Y. Furukawa 博士提出的 PMVS(Patch Multi-View Stereo)算法可以得到高稠密的三维点云[57]，该算法将重建出的三维空间点用矩形面片来表示，通过扩展近邻面片操作，将稀疏面片扩展成为致密的面片，使其能够覆盖整个物体或场景表面。PMVS 算法将重建出的稀疏的三维空间点用面片的形式来表示，定义三维点的空间位置为面片的中心，规定面片的单位法向为该三维空间点的方向。PMVS 算法重建过程分为 3 个步骤：特征匹配，种子面片扩展，过滤错误空间点。

但是 PMVS 不能保证重建表面的几何形状与重建面片法向保持好的一致性，并需要付出巨大的时间和空间代价。Pighin 等[58]提出的方法是通过用户在多幅图像中标定特征点，从而重建人脸结构的算法。LEE 等[59]提出了由两幅正交人脸图像估计几何结构的算法。Zhang[60]提出的方案非常有意义，他的算法是：首先提示用户在拍摄到的两幅人脸图像中各选取 5 个特征点；然后通过特征点匹配的算法，寻找出更多的匹配特征点；通过 SFM 算法计算出这些特征点的三维坐标，并重建三维模型；最后将该模型与基准人脸模型进行三维逼近，得到最终结果。这一方案比较成功，但是对于其他模型不具有普遍性。史利民等[61]提出了一种基于空间几何信息的面片调整和多分辨率分层扩散重建的改进策略，一方面提高了重建精度和表面的光滑性；另一方面改进保证了扩散重建的有向面片具有更好的法线、位置精度和更好的空间分布，保证一定细节描述能力。周俊[62]提出了在 PMVS 原算法的 Patch 扩展过程中，加入了几何空间约束及自适应扩展算法，用较少的图像序列即可生成鲁棒的、精确的几何估计，得到高稠密的三维点云。采用贪婪投影三角化算法或者泊松算法对有向点云进行三角化，进而得到三维图形数据。

图 11.22～图 11.27 分别是室内复杂背景和牙颌复杂表面的图形重建结果。

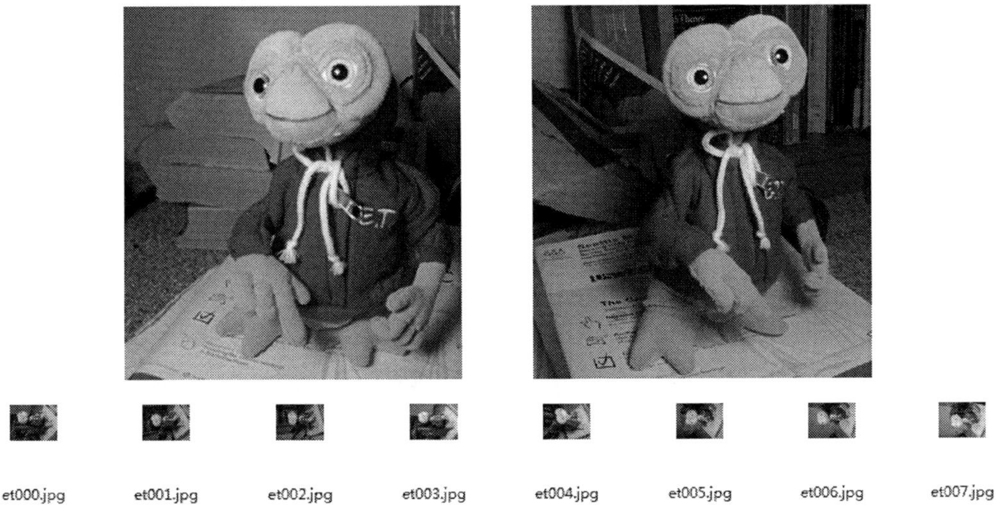

图 11.22　室内复杂背景的序列图像

图 11.23　重建点云模型

图 11.24　室内复杂背景的三角化后 OpenGL 渲染

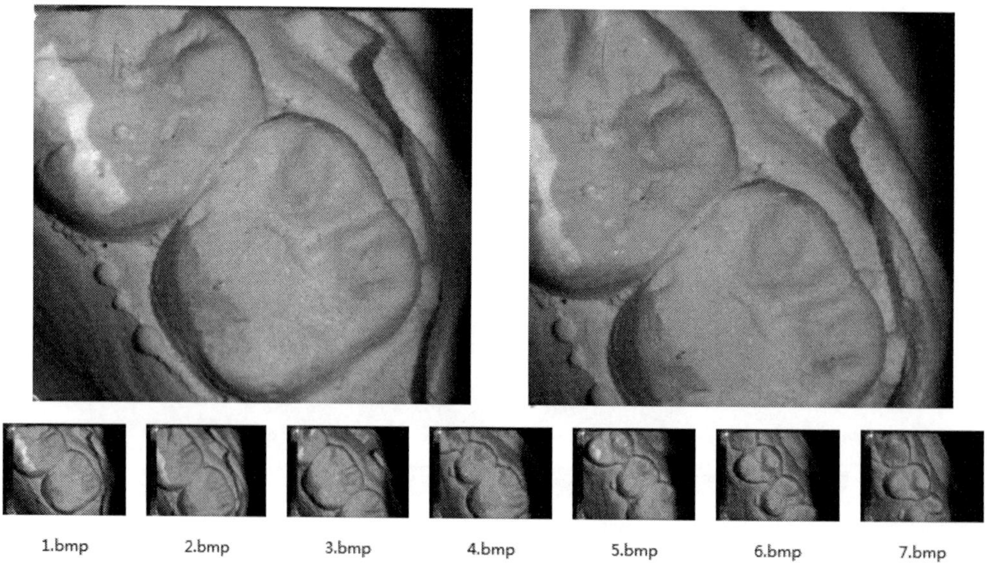

图 11.25　牙颌复杂表面的序列图像

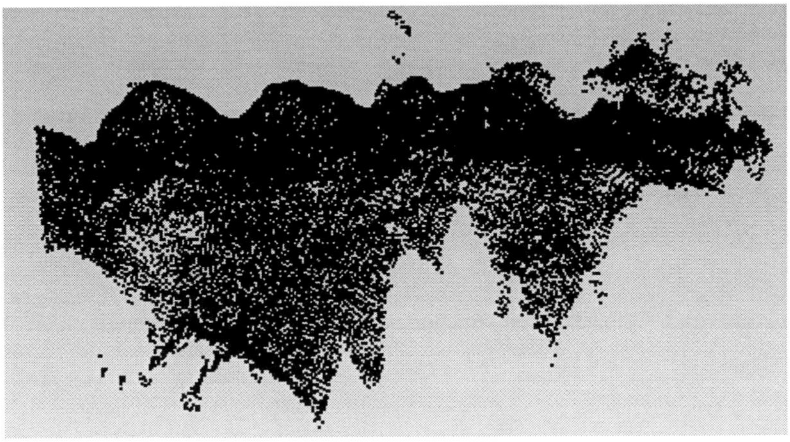

图 11.26　重建点云模型

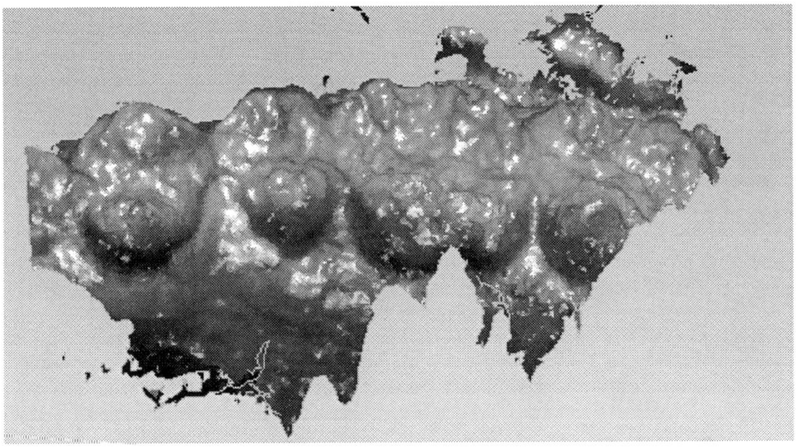

图 11.27　牙颌复杂表面的三角化后 OpenGL 渲染

参 考 文 献

[1] 张永军. 基于序列图像的视觉检测理论与方法. 武汉: 武汉大学出版社, 2008

[2] Sansoni G, Carocci M, Roberto R. Calibration and performance evaluation of a 3-D imaging sensor based on the projection of structured light. IEEE Ttrans. Instrum. Meas., 2000, 49:628-636

[3] Zhang G J, Wei Z Z. A novel calibration approach to structured light 3D vision inspection. Opt. laser technol, 2002, 34:373-380

[4] Ricardo Legarda-Sáenz, Thorsten Bothe, Werner P. Jüptner. Accurate procedure for the calibration of a structured light system[J]. Opt. eng, 2004, 43:1-8

[5] Chen L C, Liao C C. Calibration of 3D surface profilometryusing digital fringe projection. Measurement Science and Technology, 2005, 16:1554-1556

[6] Zhang S, Huang P S. Novel method for structured light system calibration[J]. Opt. Eng., 2006, 45(8):

083601-7
[7] 崔海华. 微小型数字化口腔测量关键技术研究及应用[D]. 南京：南京航空航天大学, 2012
[8] Batlle J, Mouaddib E M, Salvi J. Recent progress in coded structured light as a technique to solve the correspondence problem: A survey[J]. Pattern Recognition, 1998, 31(7): 963-982
[9] Pages J, Salvi J, Garcia R, et al. Overview of coded light projection techniques for automatic 3D profiling[C].Proceedings of the 2003 IEEE International Conference on Robotics and Automation, Taipei, Taiwan, 2003
[10] Boyer K L, Kak A C. Color-encoded structured light for rapid active ranging. IEEE Transactions on Pattern Analysis and Machine Intelligence, 1987, 9(1): 14-28
[11] Chen C, Hung Y, Chiang C, et al. Range data acquistion using colors structured lighting and stereo vision. Image and Vison Computing, 1997, 15:445-456
[12] Salvi J, Batlle J, Mouaddib E. A robust-coded pattern projection for dynamic 3d scene measurement. Pattern Recognition Letters, 1998, (19): 1055-1065
[13] Vuylsteke P, Oosterlinck A. Range image acquisition with a single binary-encoded light pattern. Pattern Analysis and Machine Intelligence, 1990, 12(2): 148-163
[14] Marr D. 姚国正, 等译. 视觉计算理论. 北京：科学出版社, 1998
[15] A.Fusiello,E.Trucco, A. Verri. A compact algorithm for rectification of stereo pairs. Machine Vision Applications, 2000, 12(1): 16-22
[16] O. D. Faugeras. Three-dimensional computer vision: A Geometric Viewpoint.Cambridge: The MIT Press, 1993
[17] Roy S, Meunier J, Cox J. Cylindrical rectification to minimize epipolar distortion. IEEE Computer Society Conference on Computer Vision and Pattern Recognition, 1997
[18] Hartley R. Theory and practice of projective rectification.International Journal of Computer Vision, 1999, 35(2): 115-127
[19] Pollefeys M. Self-calibration and metric 3D reconstruction from uncalibrated image sequences. Katholieke University, 1999
[20] Loop C, Zhengyou Z. Computing rectifying homographies for stereo vision.IEEE Computer Society Conference on Computer Vision and Pattern Recognition, 1999, 1:125-131
[21] Arun K S, Huang T S, Blostein S D. Least squares fitting of two 3-D point sets. IEEE Transactions on Pattern Analysis and Machine Intelligence, 1987, 9(5): 698-700
[22] Horn B K P. Closed-form solution of absolute orientation using unit quaternions. Journal of the Optical Society of America, 1987, 4(4): 629-642
[23] 张辉. 基于随机光照的双目立体测量关键技术及其系统研究. 南京：南京航空航天大学, 2008
[24] 马颂德, 张正友. 计算机视觉. 北京：科学出版社, 1998
[25] Paris S, Sillion F X, Quan L. A surface reconstruction method using global graph cut optimization. International Journal of Computer Vision, 2006, 66(2): 141-161
[26] Strecha C, Fransens R, Van Gool L. Combined depth and outlier estimation in multi-view stereo. //Computer Vision and Pattern Recognition, 2006 IEEE Computer Society Conference on. IEEE, 2006,

2: 2394-2401
[27] Zaharescu A, Boyer E, Horaud R. Transformesh: a topology-adaptive mesh-based approach to surface evolution. //Computer Vision-ACCV 2007. Springer Berlin Heidelberg, 2007
[28] Lhuillier M, Quan L. A quasi-dense approach to surface reconstruction from uncalibrated images. Pattern Analysis and Machine Intelligence, IEEE Transactions on, 2005, 27(3): 418-433
[29] Habbecke M, Kobbelt L. Iterative multi-view plane fitting. //Int. Fall Workshop of Vision, Modeling, and Visualization, 2006
[30] Furukawa Y, Ponce J. Accurate, dense, and robust multiview stereopsis. Pattern Analysis and Machine Intelligence. IEEE Transactions on, 2010, 32(8): 1362-1376
[31] 姜大志，丁秋林. 计算机视觉中三维重构的研究与应用. 南京：南京航空航天大学, 2002
[32] Canny J. A computational approach to edge detection. Pattern Analysis and Machine Intelligence. IEEE Transactions on, 1986, (6): 679-698
[33] Matas J, Chum O, Urban M, et al. Robust wide-baseline stereo from maximally stable extremal regions. Image and vision computing, 2004, 22(10): 761-767
[34] Lowe D G. Distinctive image features from scale-invariant keypoints. International journal of computer vision, 2004, 60(2): 91-110
[35] Fischler M A, Bolles R C. Random sample consensus: a paradigm for model fitting with applications to image analysis and automated cartography. Communications of the ACM, 1981, 24(6): 381-395
[36] Hartley R, Zisserman A, et al. 计算机视觉中的多视图几何. 合肥：安徽大学出版社, 2002
[37] Luong Q T, Faugeras O D. The fundamental matrix: Theory, algorithms, and stability analysis. International Journal of Computer Vision, 1996, 17(1): 43-75
[38] Longuet-Higgins H C. A computer algorithm for reconstructing a scene from two projections. Readings in Computer Vision: Issues, Problems, Principles, and Paradigms, MA Fischler and O. Firschein, eds, 1987
[39] Zhang Z. Determining the epipolar geometry and its uncertainty: A review. International journal of computer vision, 1998, 27(2): 161-195
[40] Hartley R I. In defense of the eight-point algorithm. Pattern Analysis and Machine Intelligence. IEEE Transactions on, 1997, 19(6): 580-593
[41] Shi P, Tsai C L. A note on the unification of the Akaike information criterion. Journal of the Royal Statistical Society: Series B (Statistical Methodology), 1998, 60(3): 551-558
[42] Zhang Z. A flexible new technique for camera calibration. Pattern Analysis and Machine Intelligence. IEEE Transactions on, 2000, 22(11): 1330-1334
[43] Brown M, Lowe D G. 2005. Unsupervised 3D object recognition and reconstruction in unordered datasets. 3-D Digital Imaging and Modeling, Fifth International Conference on. IEEE: 56-63
[44] Schaffalitzky F, Zisserman A. Multi-view matching for unordered image sets, or "How do I organize my holiday snaps?". Computer Vision—ECCV 2002. Springer Berlin Heidelberg, 2002
[45] Snavely N, Seitz S M, Szeliski R. Photo tourism: exploring photo collections in 3D. ACM transactions on graphics (TOG), 2006, 25(3): 835-846

[46] 张德荣, 王新民, 高安民. 计算方法与算法语言. 北京: 高等教育出版社, 1985
[47] 王德人. 非线性方程组解法与最优化方法. 北京: 人民教育出版社, 1979
[48] Micusik B, Kosecka J. Piecewise planar city 3D modeling from street view panoramic sequences. Computer Vision and Pattern Recognition. CVPR 2009. IEEE Conference on. 2009, IEEE: 2906-2912
[49] Tomasi C, Kanade T. Shape and motion from image streams under orthography: a factorization method. International Journal of Computer Vision, 1992, 9(2): 137-154
[50] Poelman C J, Kanade T. A paraperspective factorization method for shape and motion recovery[J]. Pattern Analysis and Machine Intelligence. IEEE Transactions on, 1997, 19(3): 206-218
[51] Sturm P, Triggs B. A factorization based algorithm for multi-image projective structure and motion. Computer Vision—ECCV'96. Springer Berlin Heidelberg, 1996
[52] Frahm J M, Pollefeys M, Lazebnik S, et al. Fast robust reconstruction of large-scale environments. Information Sciences and Systems (CISS), 2010 44th Annual Conference on. 2010, IEEE: 1-6
[53] Gallup D, Frahm J M, Pollefeys M. Piecewise planar and non-planar stereo for urban scene reconstruction. Computer Vision and Pattern Recognition (CVPR), 2010 IEEE Conference on. 2010, IEEE: 1418-1425
[54] Agarwal S, Furukawa Y, Snavely N, et al. Building rome in a day. Communications of the ACM, 2011, 54(10): 105-112
[55] Frahm J M, Fite-Georgel P, Gallup D, et al. Building Rome on a cloudless day. Computer Vision—ECCV 2010. Springer Berlin Heidelberg, 2010
[56] Lhuillier M, Quan L. Quasi-dense reconstruction from image sequence. Computer Vision—ECCV 2002. Springer Berlin Heidelberg, 2002
[57] Furukawa Y, Ponce J. Accurate, dense, and robust multiview stereopsis. Pattern Analysis and Machine Intelligence, IEEE Transactions on, 2010, 32(8): 1362-1376
[58] Pighin F, Hecker J, Lischinski D, et al. Synthesizing realistic facial expressions from photographs. New Yourk: ACM Press SIGGRAPH 2006 Courses. ACM, 2006
[59] Lee W S, Magnenat-Thalmann N. Fast head modeling for animation[J]. Image and Vision Computing, 2000, 18(4): 355-364
[60] Zhang Z. A new multistage approach to motion and structure estimation: From essential parameters to euclidean motion via fundamental matrix. France: INRIA Sophia-Antipo-Lis, 1996
[61] 史利民, 郭复胜, 胡占义. 利用空间几何信息的改进 PMVS 算法. 自动化学报, 2011, 37(5): 560-568
[62] 周骏. 多视图图像三维重建若干关键技术研究. 成都: 电子科技大学, 2013

附　　录

附录 1　Matlab 编程入门

本部分以 Matlab7.5.0(R2007b)为例讲述 Matlab 的基本使用方法。

(1) 安装完 Matlab 软件后会出现如附图 1 所示的界面。注意其中的 Command Window 子窗口，这是一个经常用到的窗口。为了使用的方便，可以仅仅只选择这个窗口：点击 Desktop，将弹出菜单 Command History，Current Directory 和 Workspace 前面的√去掉，如附图 2 所示。

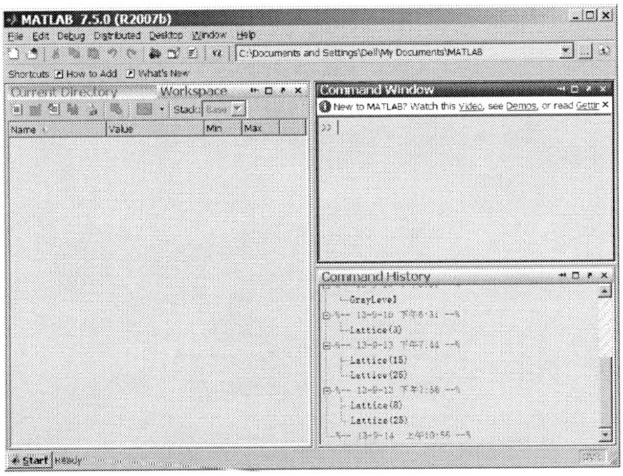

附图 1　Matlab 初始安装的界面

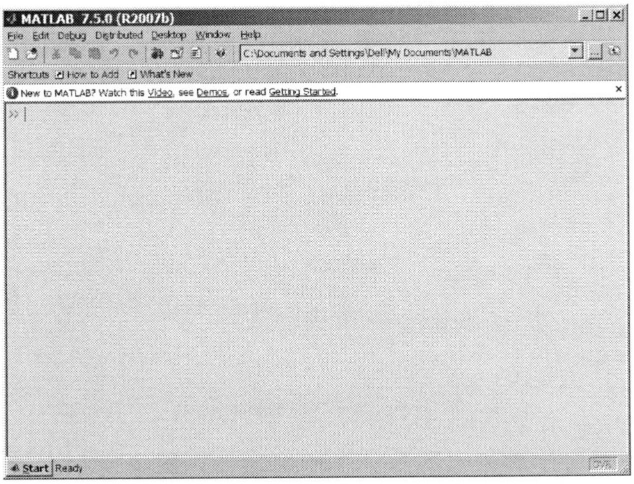

附图 2　只有命令窗口的界面

(2)选择当前目录，如附图 3 所示。图中反白显示的目录是默认目录。

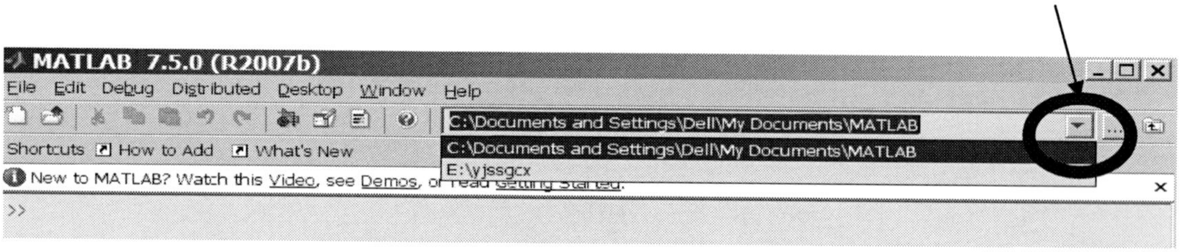

(a) 已经用过的目录

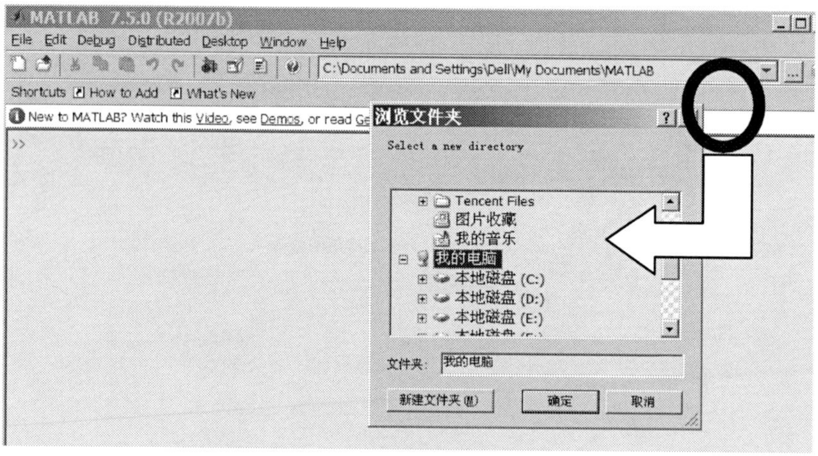

(b) 选择新目录

附图 3　选择当前目录

(3)如附图 4 所示，选择 M-file 菜单，弹出程序编制窗口，如附图 3 所示。

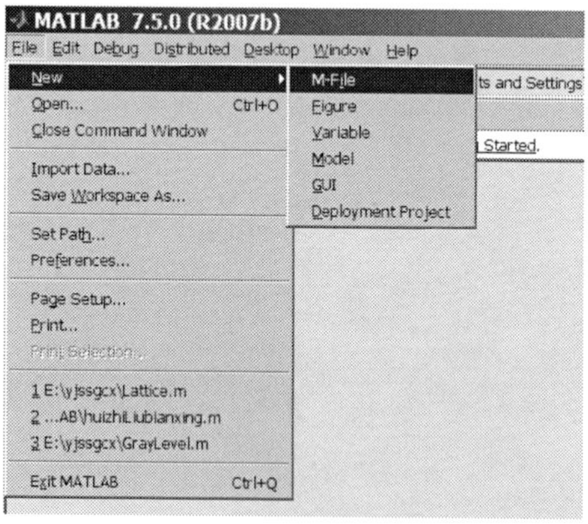

(a) 进入程序编辑窗口

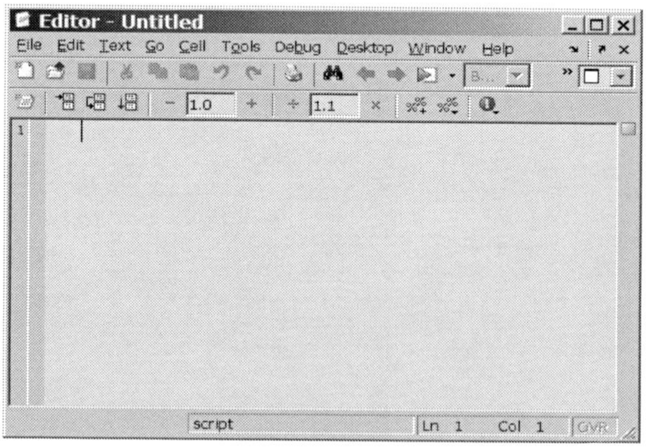

(b) 程序编辑窗口

附图 4　进入程序编辑窗口

(4)在程序编制窗口中编制你的第一个程序，如附图 5 所示。保存该文件时，让程序名和文件名一致。在 Matlab 中，不一致也是可以的。不过，让程序名和文件名一致是一个良好的编程习惯，可以避免混淆。这样文件就保存在了第 2 步中选择的当前目录下。

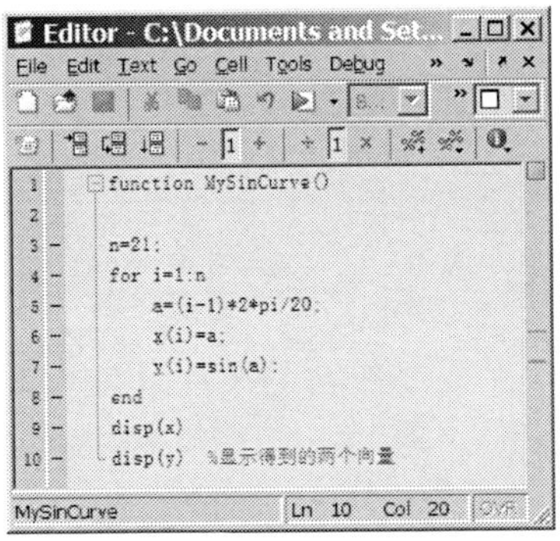

附图 5　程序编辑

(5) 在 Command Window 窗口中键入刚才保存的文件名，程序运行，得到运行结果，如附图 6 所示。

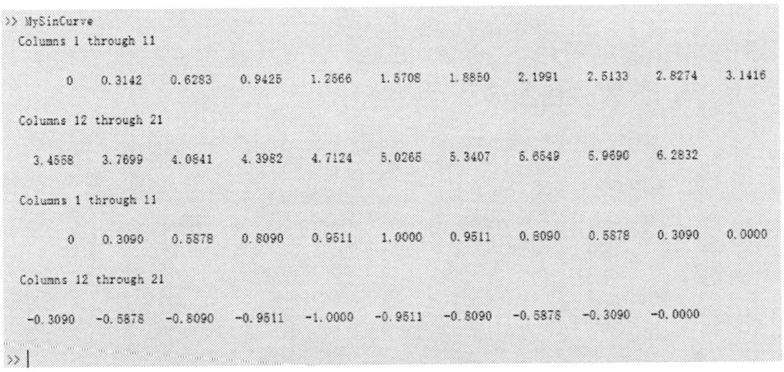

附图 6　显示运行结果

附录 2　绘制曲线

(1) 将附录 1 中的代码改写为如附图 7 所示。

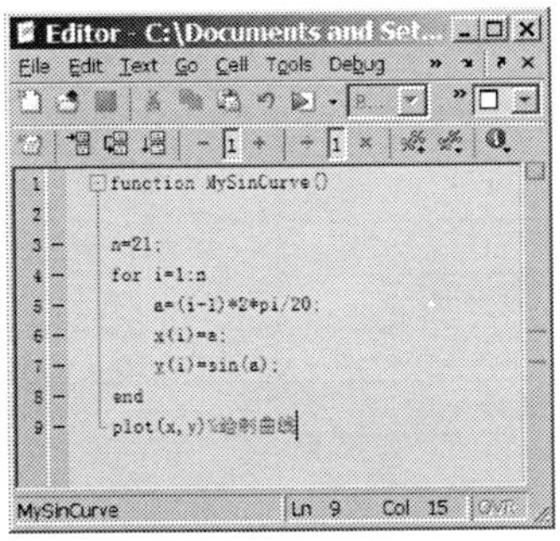

附图 7　绘图程序

(2)在命令窗口键入文件名，得到如附图 8 所示的窗口

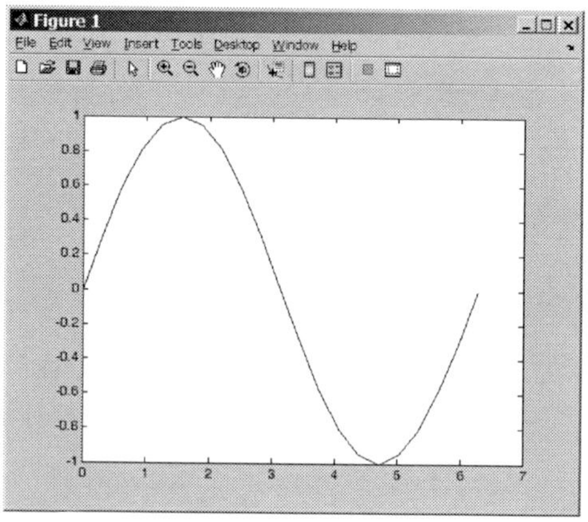

附图 8　图形窗口

(3)改变曲线的颜色和粗细：

```
plot(x,y,'k:','linewidth',4)
```

上面的程序中，'k:'表示黑色，“'linewidth',4”表示设置曲线的宽度。这个命令的运行效果如附图 8 所示。各种颜色的简洁设置符号如表 1 所示。

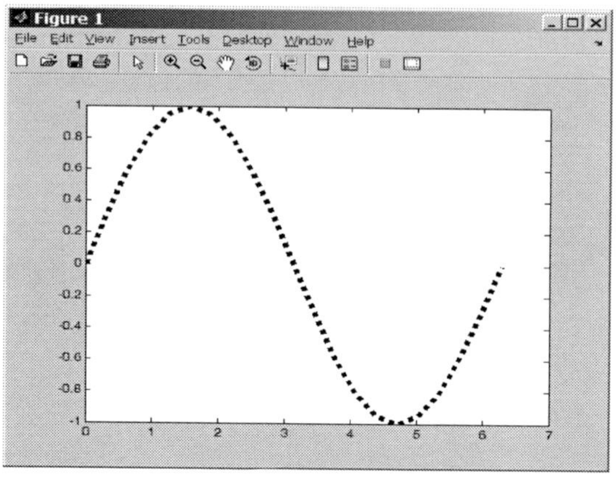

附图 8　以虚线显示曲线

表 1

代表字符	颜色(RGB 值)	代表符号	线型
c	青色	-	实线(默认值)
m	洋红	--	虚线
y	黄色	:	点连线
r	红色	-.	点划线
g	绿色		
b	蓝色		
w	白色		
k	黑色		

(4)在曲线上标记数据点，代码如附图 9 所示。运行效果如附图 10 所示。各种标记符号如表 2 所示。

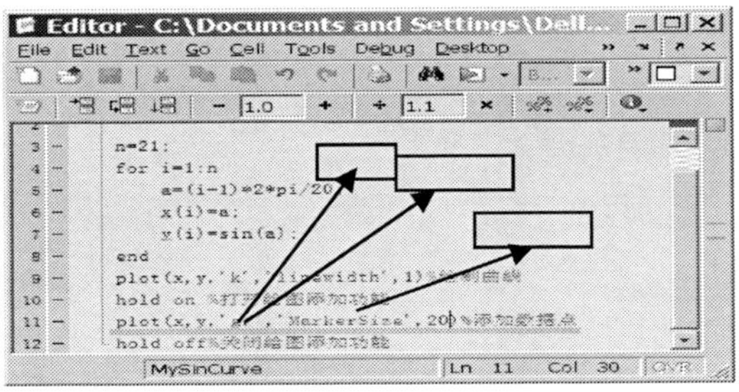

附图 9　标记数据点的代码

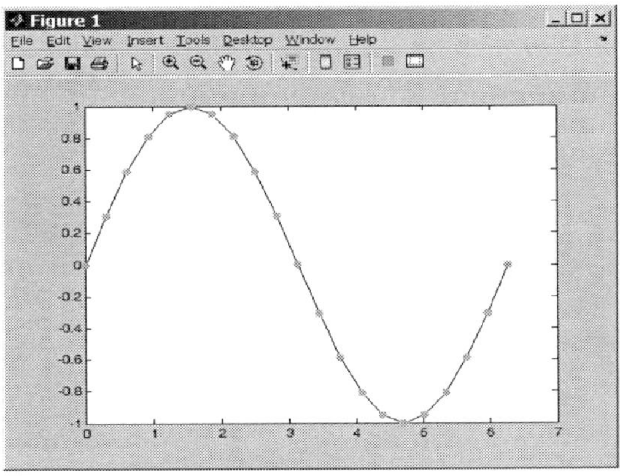

附图 10　数据点标记效果实例

表 2　常用的标记符号

标记符	绘图方式	标记符	绘图方式
+	十字号	^	反勾号
o	小圆圈	v	勾号
*	星号	>	大于号
.	小黑点	<	小于号
x	叉号	pentagram	五角星
square	小正方形	hexagram	六角星
diamond	菱形符号		

要说明的是，plot 是绘制平面曲线的函数，绘制三维空间中曲线的函数是 plot3，用法与 plot 相同。

附录 3　子函数的编写和调用

(1)编写一个 subfunction 函数，存储为 subfunction.m 文件，如附图 11 所示。这个函数可以在命令窗口中调用，也可以作子函数让其他函数调用。其中 n 是输入变量，x,y 是输出变量。

(2)编写一个 drawfunction，调用 subfunction 函数，如附图 12 所示。注意以这种方式调用时，存储这两个函数的文件放在同一个文件夹中。

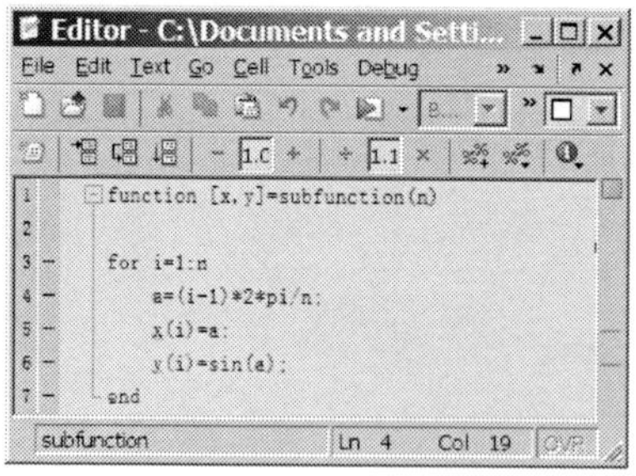

附图 11　子函数

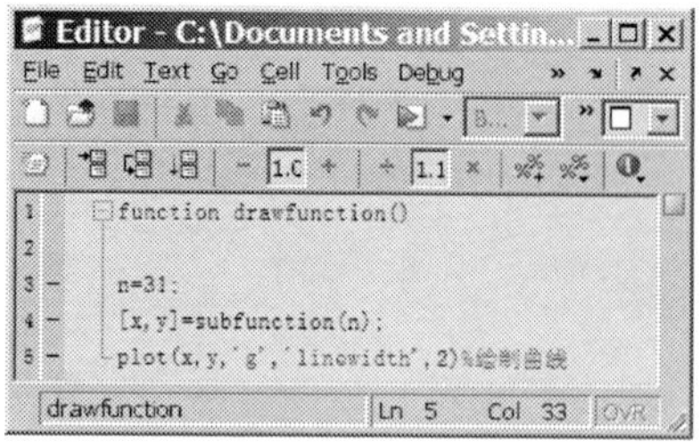

附图 12　子函数的调用

(3)在主窗口中键入 drawfunction 后如附图 13 所示。

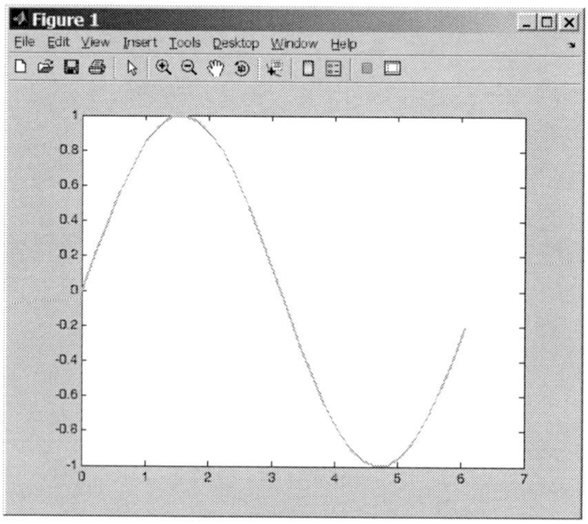

附图 13　子函数的调用和运行

附录 4　曲面网线图

(1)编写一个 MyMeshFig 函数如附图 14 所示

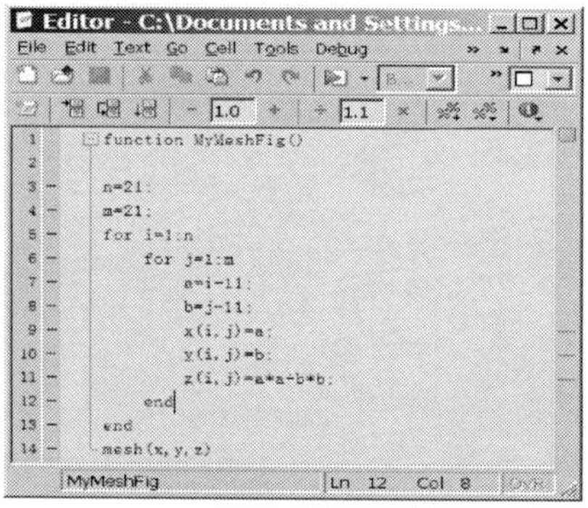

附图 14　绘制网格

(2)在主窗口中调用 MyMeshFig 得到如附图 15 的效果

(3)色图矩阵。Matlab 中有一个色图矩阵，在命令窗口键入 colormap，可以看到一个 64×3 的矩阵，这是各种颜色的真彩组合(RGB)。颜色的各个分量(Red,Green,Blue)采用浮点型数据记录。键入 colorbar 可以绘制出颜色条，如附图 16 所示。

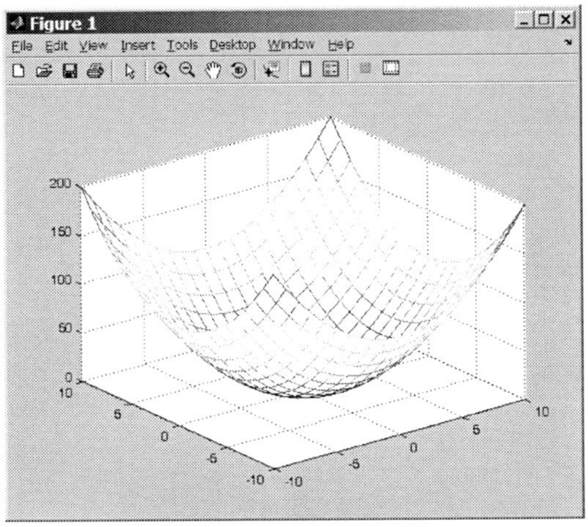

附图 15　网格绘制示例

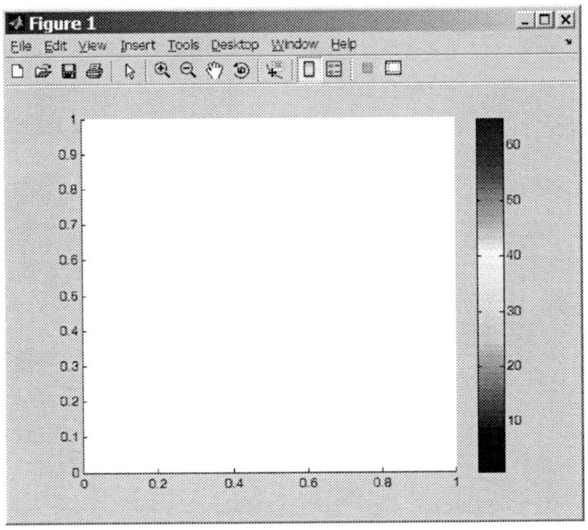

附图 16　彩色条

(4)为数据点添加颜色值。编写代码：

```
function MyMeshFig2()

n=21;
m=21;
for i=1:n
   for j=1:m
      a=i-11;
      b=j-11;
      x(i,j)=a;
      y(i,j)=b;
      z(i,j)=a*a+b*b;
      colord(i,j)=a;%为数据点指定颜色值
    end
end
mesh(x,y,z,colord)%绘制网线图时指定数据点的颜色
```

使用 mesh(x,y,z,colord)绘图时，系统会自动找出矩阵中的最大值 c_{max} 和最小值 c_{min}。它们分别对应 colorbar 顶端和底端的颜色。然后按照这样的对应关系利用插值方式在色图表中寻找相关数据点的颜色。

(5)绘制黑白网线图使用调用方式：

```
mesh(x,y,z,'edgecolor','k','facecolor','w')
```

得到的效果如附图 17 所示。

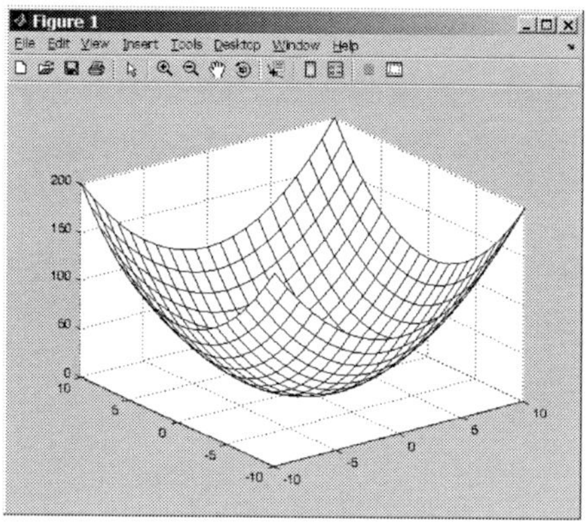

附图 17　黑白网线图

附录 5　在平面上交互选点

(1)编写一个 My2DPickPoints 函数

```
function My2DPickPoints()

axis([-10,10,-10,10]) %指定轴的范围并绘制轴
but=1;设置循环初始标记
k=0;
hold on
while(but==1)%如果点鼠标左键就可以循环否则退出循环
    [xp,yp,but]=ginput(1);%用鼠标交互选取一个点
    k=k+1;
    x(k)=xp;
    y(k)=yp;
    plot(xp,yp,'r diamond')%绘制点
    plot(x,y)%绘制折线
  end
  hold off
```

(2)运行这个程序就可以交互选点，如附图 18 所示。图中的大+表示鼠标形状：

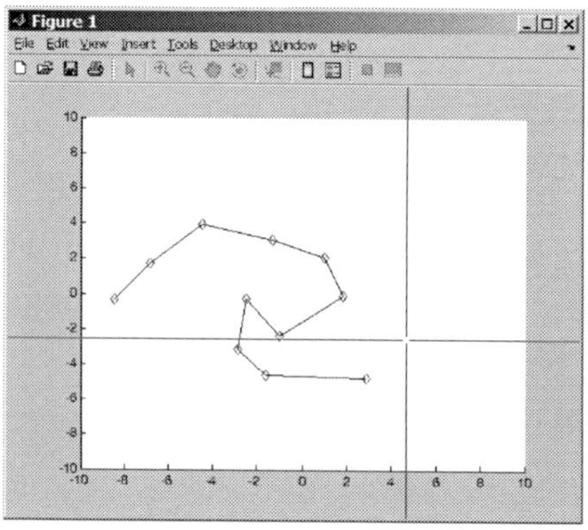

附图 18　交互式选点

附录 6　绘制多边形表面

(1)观察如下程序：

```
function DrawPolyFaces()

A=[0 0 0;1 0 0;1 1 0;0 1 0;0 0 1;1 0 1;1 1 1;0 1 1];
B=[1 2 6 5;2 3 7 6;3 4 8 7;4 1 5 8;1 2 3 4;5 6 7 8];
patch('Vertices',A,'Faces',B,'edgecolor','k','facecolor','w')
view(3)
```

在上面的程序中，绘制多边形表面使用的是函数 patch，这个函数有两个重要的参数：一个是顶点表，用矩阵 A 表示，每一行表示一个顶点的坐标，一个是面表，每个面由哪些顶点组成。在面表中，每一行表示一个面的顶点在顶点表中的索引号。View(3)表示采用默认的视角观察表面。运行这个程序有如图 19 所示的结果：

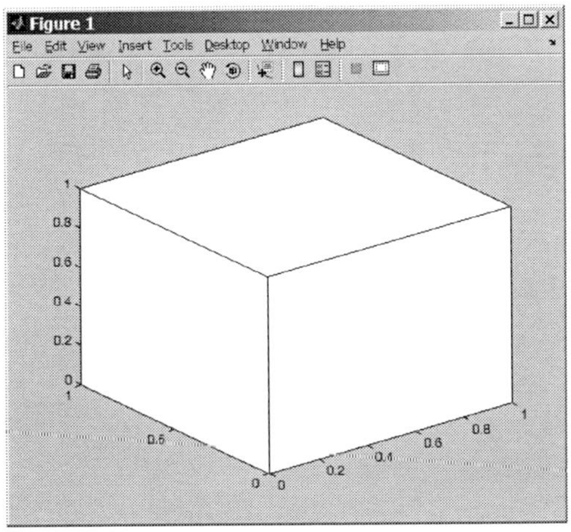

附图 19　绘制多边形

(2)为每个顶点添加颜色，观察如下代码：

```
function DrawPolyFace2()

A=[0 0 0;1 0 0;1 1 0;0 1 0;0 0 1;1 0 1;1 1 1;0 1 1];
B=[1 2 6 5;2 3 7 6;3 4 8 7;4 1 5 8;1 2 3 4;5 6 7 8];
CVF=1:9:64;
NowColorM=colormap;
CVFM=NowColorM(CVF,:);
patch('Vertices',A,'Faces',B,'FaceVertexCData',CVFM,'facecolor','interp')
view(3)
```

其中 CVFM 是颜色矩阵，如果有 N 个顶点，这个矩阵的规模就是 N×3。每一行代表一个矩阵对应的真彩着色。“'facecolor','interp'” 表示顶点围成的面以插值的方式着色。

运行这个程序如附图 20 结果：

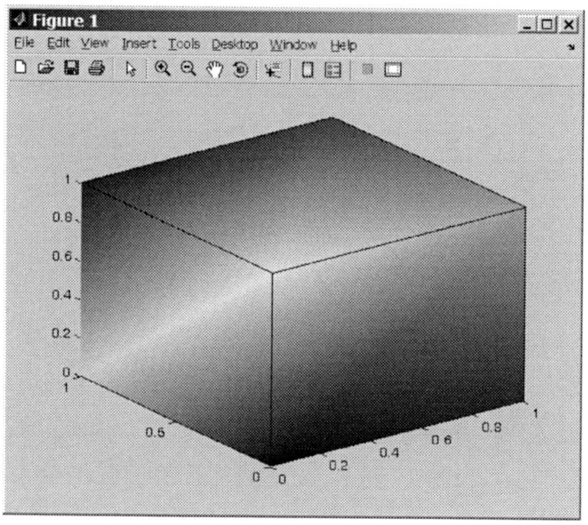

附图 20　多边形渲染

附录 7　读取 STL 文件

(1)读取 STL 文件，注意这里提供的程序是 ASCII 文件。下面的代码读取 ASCII 的 STL 文件。

```
function VerMat=ReadSTLFile()
 %
filename='model1or.stl'; %指定要打开的文件名
fid=fopen(filename,'r');  %打开文件得到操作柄
VerMat(1,:)=[0 0 0];%初始化保存顶点的数组
k=0;
while(feof(fid)==0)
    line=fgetl(fid);%读取文件的一行
matchev=findstr(line,'vertex');%检查该行中的数据是否包含
顶点数据
    if(matchev)
        k=k+1;
        VerMat(k,:)=OpenVertexCode(line);%提取顶点坐标
    end
end
fclose(fid);
```

(2)在 1 中的代码，OpenVertexCode 是本书作者编写的子程序，不是系统提供的函数，其代码如下：

```
function vec=OpenVertexCode(line)
 %输入变量 line 是一个字符串该字符串中包含一个坐标
 %本程序将这个用字符存储的坐标转换为浮点型数据
```

```
%输出变量是一个数组表示顶点坐标
n=length(line);
k=0;
BlSp(1)=0;%初始化保存空格位置的数组
for i=1:n
     if(line(i)==32)%发现空格
          k=k+1;
          BlSp(k)=i;
     end
end
Pos1=BlSp(1)+1;
Pos2=BlSp(2)-1;
N=Pos2-Pos1+1;
NumCode=line(Pos1:Pos2);%提取表示 x 坐标的字符
vec(1)=OpenNumCode(NumCode,N);%将字符转换为为浮点型数据
Pos1=BlSp(2)+1;
Pos2=BlSp(3)-1;
N=Pos2-Pos1+1;
NumCode=line(Pos1:Pos2); %提取表示 y 坐标的字符
vec(2)=OpenNumCode(NumCode,N); %将字符转换为为浮点型数据
Pos1=BlSp(3)+1;
Pos2=n;
N=Pos2-Pos1+1;
NumCode=line(Pos1:Pos2); %提取表示 z 坐标的字符
vec(3)=OpenNumCode(NumCode,N); %将字符转换为为浮点型数据
```

(3) 在(2)的代码中，OpenNumCode 是本书编者编写的代码：

```
function ab=OpenNumCode(NumCode,N)

is=1;
if(NumCode(1)==45)%发现-号
    is=2;
end
for i=1:N
     if(NumCode(i)==46)%发现小数点
          ip=i;
          break;
     end
end
isf=ip-1;
ise=ip+1;
af=0;
posnum=1/10;
for i=isf:-1:is
     posnum=posnum*10;
```

```
        af=af+(NumCode(i)-48)*posnum;
    end
    bf=0;
    posnum=1.0;
    for i=ise:N
        posnum=posnum/10;
        bf=bf+(NumCode(i)-48)*posnum;
    end
    ab=af+bf;
    if(is==2)
        ab=-ab;
    end
```

(4)构造三角网格拓扑。在这里的代码中，矩阵 VerMat 中每一行表示三个顶点，每三个顶点一组，形成一个三角形的顶点。这个子函数的作用就是建立顶点表和面表。VerMat 中有很多冗余，也就是说，有很多顶点是重复的。取出冗余顶点是建立拓扑的一个基础性工作。这里为了便于初学者理解，没有编写取出冗余点的程序。本书把编写程序去除冗余点的任务留给读者。

```
function [pt,pgon]=ConstrucTopology(VerMat)

N=length(VerMat(:,1));
Num=N/3;
for i=1:Num
    pgon{i}=[3*(i-1)+1 3*(i-1)+2 3*(i-1)+3];
end
pt=VerMat;
```

(5)显示三角网格：

```
function showpgon(pt,pgon)
view(3);
pat=zeros(1,length(pgon));
hold on
for i=1:length(pgon)
    ptpgoni=pt(pgon{i},:);
    pat(i)=patch(ptpgoni(:,1) , ptpgoni(:,2) , ptpgoni(:,3) ,
   [1.000   0.7000   0.3000], 'facelighting','flat','edgecolor',...
   [0 1.00 1.00], 'edgelighting','flat');
end
hold off
axis equal
```

(6)组合读取 STL 文件、构造拓扑和显示网格三个子函数，其代码如下：

```
function showpgon(pt,pgon)
view(3);
```

```
pat=zeros(1,length(pgon));
hold on
for i=1:length(pgon)
    ptpgoni=pt(pgon{i},:);
    pat(i)=patch(ptpgoni(:,1) , ptpgoni(:,2) , ptpgoni(:,3) ,
     [1.000   0.7000   0.3000], 'facelighting','flat','edgecolor',...
     [0 1.00 1.00], 'edgelighting','flat');
end
hold off
axis equal
```

运行这个代码得到如附图 21 效果：

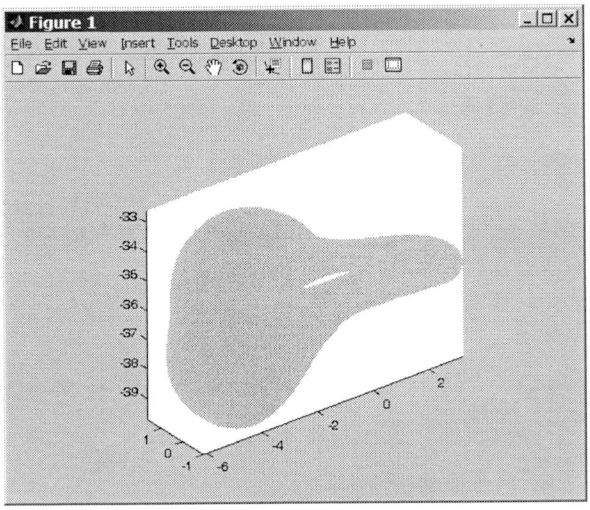

附图 21　STL 文件的显示

附录 8　读片的读取和显示

(1)用 Windows 绘图板绘制一幅附图 22 所示的图像：

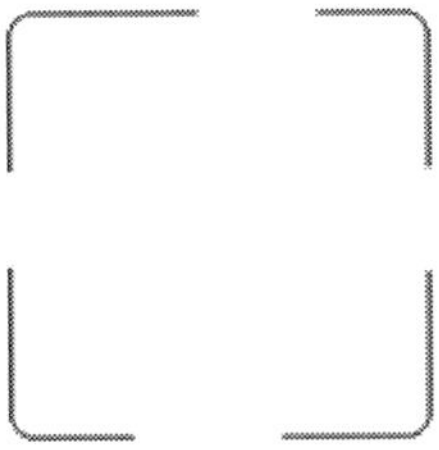

附图 22　处理图片实例

图像的属性设置如附图 23 所示：
将图像保存为单色位图，设置如附图 24 所示：

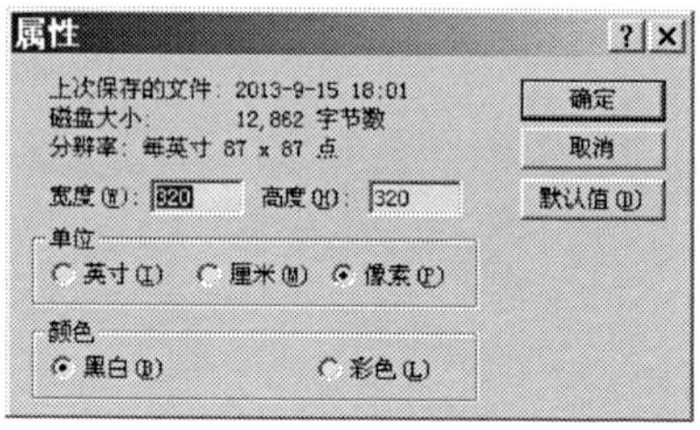

附图 23　图像的性质

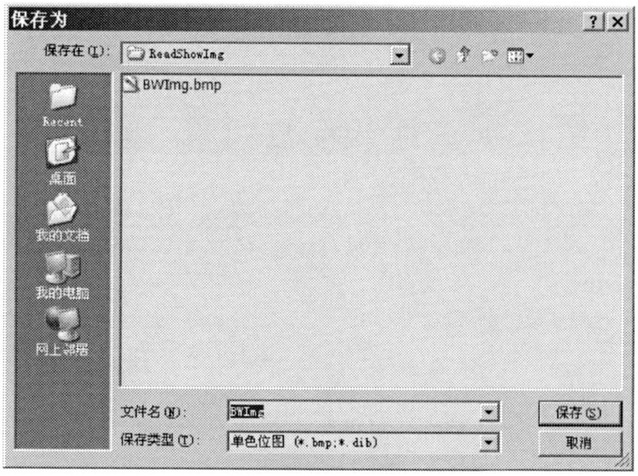

附图 24　Windowa 绘图板中的单色图像

(2)编写如下代码读取和显示文件：

```
function ReadShowImg()

Img=imread('BWImg.bmp'); %读取图片得到保存该图片的矩阵
[m,n,k]=size(Img);%取得该矩阵的大小
disp([m,n,k])%显示矩阵的大小
imshow(Img)%显示图片
```

该程序运行后，命令窗口的显示和图形窗口如图 25 所示。其中命令窗口中的 320 320 1 表示这么矩阵具有一个 $m \times n$ 的页面，其中 m=320,n=320.

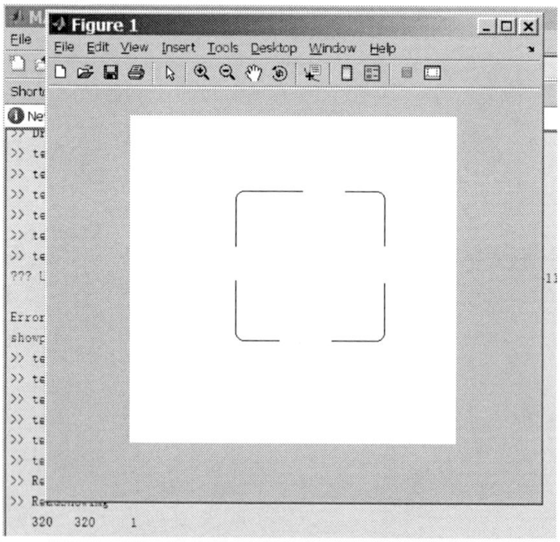

附图 25　Matlab 读入图像

(3)imshow 显示图片是按照图像的像素大小显示。图片还可以用坐标系显示：

```
function ReadShowIm2()
```

```
Img=imread('BWImg.bmp');
Img=double(Img(:,:,1));
%对于灰度图像来说无论其矩阵有多少个页面，我们也只需要第一个页面
%既然[0 255]是常见的灰度值的取值范围，把图像的灰度值调整到这个范围
mina=min(min(Img));
Img=Img-mina;
maxa=max(max(Img));
Img=Img/maxa;
Img=Img*255;
%既然[0 255]是常见的灰度值的取值范围，把图像的灰度值调整到这个范围
imagesc(Img,[0, 255]); %按照[0, 255]的灰度等级显示图像
colormap(gray);
```

该程序运行后有如附图 26 结果：

(4)把彩色图像转换为灰度图像：

```
function Col2Gray()
Img=imread('BH.bmp');
Img=rgb2gray(Img);
Img=double(Img(:,:,1));
mina=min(min(Img));
Img=Img-mina;
maxa=max(max(Img));
Img=Img/maxa;
Img=Img*255;
imagesc(Img,[0, 255]);
colormap(gray);
```

该程序运行后有如附图 17 结果：

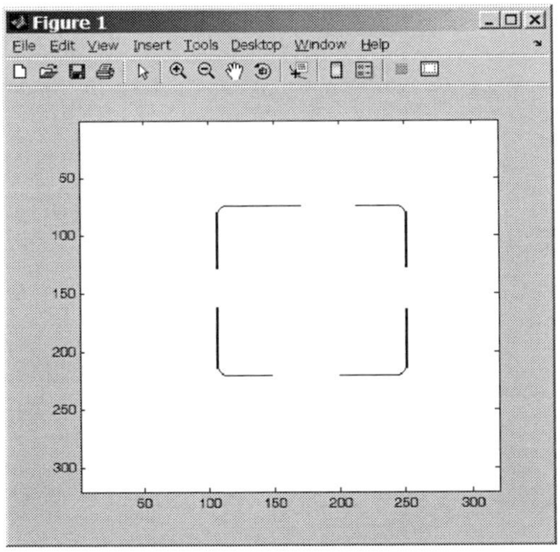

附图 26　Matlab 中的图像坐标

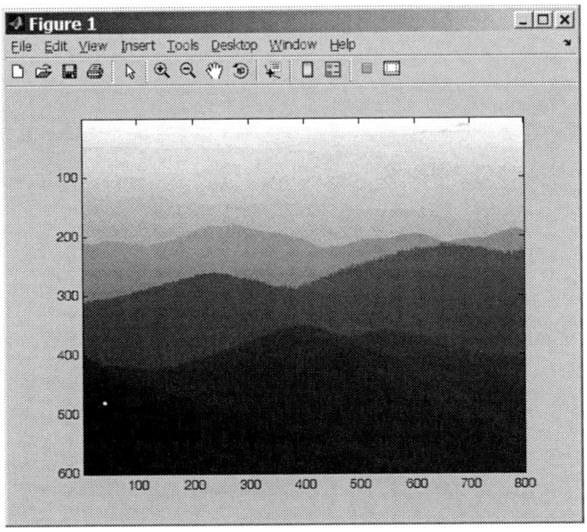

附图 27　将彩色图转化为灰